DIE PLANETEN

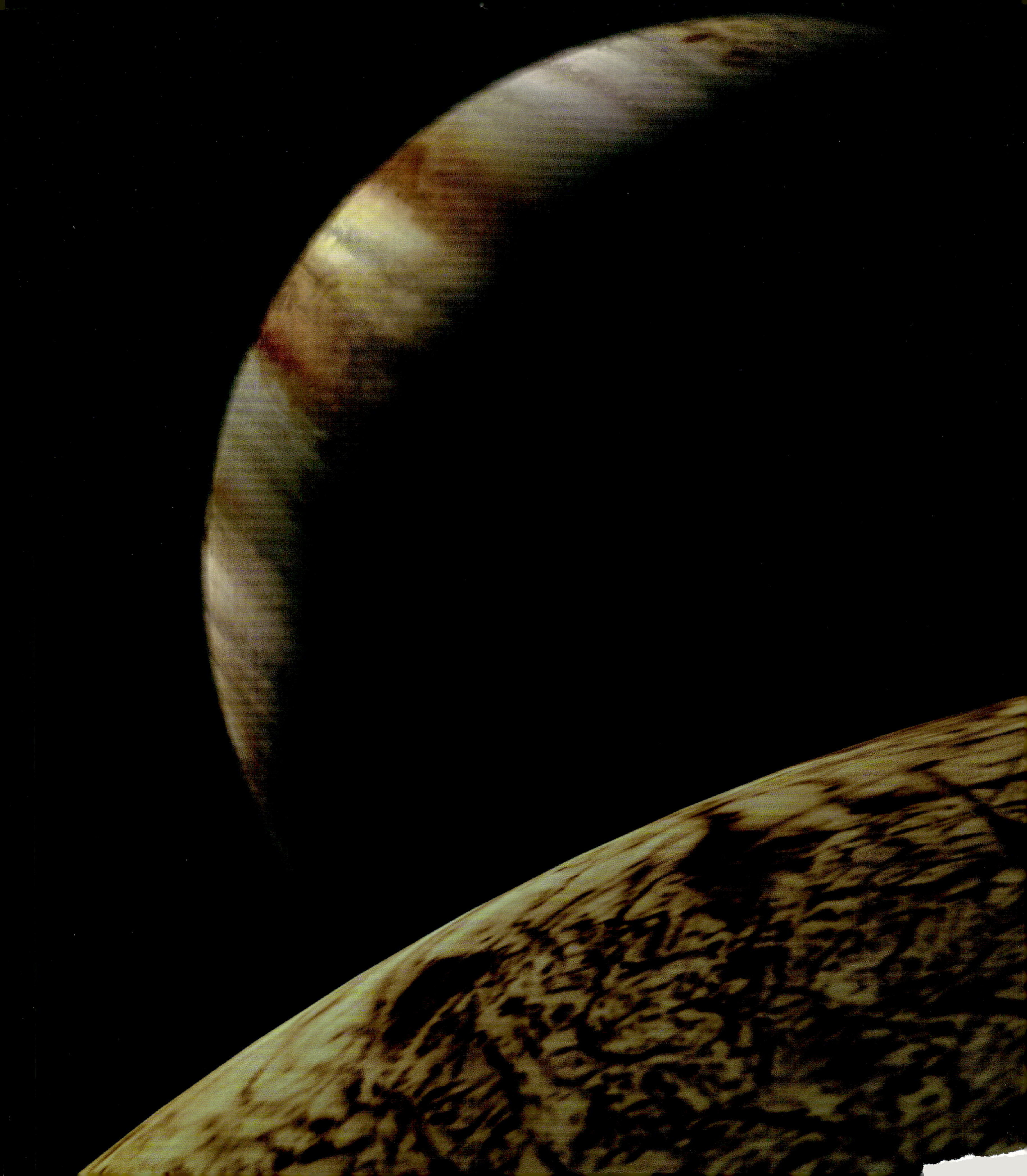

DAVID McNAB · JAMES YOUNGER

DIE PLANETEN

C. BERTELSMANN

Begleitbuch zur BBC-Fernsehserie
»The Planets/Die Planeten«.

Verantwortlicher Produzent: **John Lynch**
Reihenproduzent: **David McNab**
Produzenten: **James Younger, Jacqueline Smith** und **Blacky Jones**

Die Originalausgabe ist 1999 unter dem Titel »The Planets« bei BBC Worldwide Ltd., London, erschienen.

Herausgeber: **Sheila Ableman**
Projektredaktion: **Lara Speicher**
Beratung: **David Hawksett**
Redaktion: **Patricia Burgess**

Art Director: **Linda Blakemore**
Designer: **Bobby Birchall, DW Design**
Bildredaktion: **Miriam Hyman, Chris Riley, Sean O'Curneen**

Koordination und Bearbeitung der deutschen Ausgabe:
AMS Autoren- und Medienservice, Reute
Übersetzung aus dem Englischen: AMS/Dirk Oetzmann
Fachberatung: AMS/Dipl.-Physiker Wolfgang Steinicke

1. Auflage 1999

Umschlaggestaltung: Design Team München
Satz: AMS/Layoutsatz Kendlinger
Druck und Bindung: Butler & Tanner Ltd., Frome/London
Printed in Great Britain
ISBN 3-570-00350-7

Danksagung

Die Autoren danken allen Mitarbeitern der Fernsehserie »The Planets« (Die Planeten): Dr. Chris Riley, der uns für die Wunder des Sonnensystems und auch für Asteroiden zu interessieren verstand; Jacqueline Smith, die scheinbar mühelos mit der russischen Raumfahrtbehörde verhandelt hat; Sean O'Curneen, dessen verständliche Erklärungen komplexer astrophysikalischer Vorgänge uns immer wieder verblüfften.

Angela Pierce und Gina Seddon verdienen Dank für ihr Organisationstalent und ihre Unterstützung. Außerdem danken die Autoren dem gesamtverantwortlichen Produzenten John Lynch für Beratung und Unterstützung sowie Lara Speicher von BBC Books für ihre geduldige Begleitung des Projekts.

Der Dank der Autoren gilt nicht zuletzt auch den Planetenforschern Hal Levison, Carolyn Porco, Bruce Murray, Brad Smith, Jim Head, Sasha Basilevsky, Alvin Seiff, Imre Friedmann, Steve Mojzsis und David Grinspoon für ihre fachliche Begleitung.

Inhalt

Vorwort

Das Jahr 1959 ist gerade erst zwei Tage alt, als die Einsatzleiter am Kosmodrom von Baikonur den Countdown starten. Draußen drängt sich eine kleine Schar von aufgeregten Wissenschaftlern in Grüppchen zusammen, ihr eisiger Atem mischt sich mit dem Nachthimmel. Tief in der Steppe Kasachstans trotzen sie dem klirrend kalten Winter, um Zeugen eines epochalen, atemberaubenden Ereignisses zu werden: des Starts einer sowjetischen *SL3*-Trägerrakete. Alle Gespräche verstummen schlagartig, als die Erde zu beben beginnt und die Rakete sich mit anschwellendem Grollen rührt. Der Lärm steigt brüllend an, und schließlich hebt der 281 Tonnen schwere Metallrumpf wie in Zeitlupe vom Boden ab. Während der Lärmpegel langsam sinkt und der Feuerball mit zunehmender Geschwindigkeit in tiefhängenden Wolken verschwindet, macht sich im Kontrollzentrum vorsichtige Erleichterung breit. Nur Minuten später befindet sich die letzte Raketenstufe mit der kleinen Raumsonde *Luna 1*, Spitzname *Lunik* (etwa: Möndchen), in der Umlaufbahn. Dann gibt das Triebwerk der Sonde den letzten, unwiderruflichen Schub. *Lunik* rast auf den Mond zu und schreibt Geschichte – es hat als erstes Raumfahrzeug die Erdatmosphäre verlassen.

Eigentlich war *Lunik 1* keine erfolgreiche Mission. Wenige Stunden nach dem Start bemerkten die sowjetischen Ingenieure, daß ihre Raumsonde nicht mehr auf Kurs lag. Zwei Tage später passierte sie den Mond in gut 6000 km Entfernung. Aber während die niedergeschlagenen Fluglotsen noch das Schicksal ihrer fehlgeleiteten Sonde beklagten, kam ihnen plötzlich die rettende Idee. *Lunik 1* hatte sein Hauptziel zwar verfehlt, aber dabei unbeabsichtigt eine neue Seite im Buch der Geschichte aufgeschlagen: Es war das erste von Menschen geschaffene Objekt, das in die Welt der neun bekannten Planeten eingedrungen war, die sich um unsere Sonne drehen. »Möndchen« schien mit einem Mal kein angemessener Name mehr für ein Raumschiff, das zu einer unendlichen Reise in das Sonnensystem aufgebrochen war. Es stand nun auf einer Stufe mit den anderen Planeten, also änderte man seinen Namen in *Mechta* – Der Traum. Auch die Wissenschaftler hatten einen Traum, die Erforschung des Weltraums – bald sollten weitere Sonden dem »zehnten« Planeten folgen, um andere Welten des Sonnensystems zu erkunden.

Das 20. Jahrhundert steht für viele Dinge: das Wachstum einer pelzigen Penicillin-Kultur im Reagenzglas; die Entschlüsselung des genetischen Codes in einem DNS-Molekül; die Entwicklung künstlicher Intelligenz mit Hilfe mikroskopisch kleiner Siliziumstreifen (Chips); die Entfesselung ungeahnter Energien in einem Atom ... Man kann heute nicht vorhersagen, welchen Stellenwert unsere Nachkommen diesen Errungenschaften einmal beimessen werden. Aber eines steht zweifellos fest: Die hundert Jahre zwischen dem Ende des Dampfmaschinenzeitalters und dem Beginn des dritten Jahrtausends bilden die Epoche, in der wir die Erdgrenzen durchbrachen und uns aufmachten, andere Planeten in diesem Sonnensystem zu erforschen.

40 Jahre nach dem Beginn der Raumfahrt wird in diesem Buch die Reise der Menschheit ins All nachgezeichnet. 4000 Jahre haben Ägypter, Chinesen, Griechen, Araber und Europäer zu den leuchtenden Punkten am Nachthimmel aufgeschaut und versucht, ihren Platz im Universum zu finden. Sie fanden heraus, daß die Erde um die Sonne kreist. Die fünf sogenannten »Wandelsterne« waren ebenfalls Planeten, eingebunden in denselben Kreislauf um unseren zentralen Stern. Die Astronomen richteten ihre Teleskope auf sie, maßen Größe und Geschwindigkeit, ja sie entdeckten sogar noch drei weitere Planeten, die dem Altertum unbekannt waren. Die Planeten aber blieben gesichtslose Lichtpunkte, verwaschene Scheiben im günstigsten Fall. Doch ebenso wie die Natur kein Vakuum erträgt, mag der menschliche Geist keine Ungenauigkeiten und läßt daher seine Phantasie spielen. Frühe Sternforscher versahen die Planeten mit Landschaften, Ozeanen, Tierwelt und menschlichen Zivilisationen.

Drei Jahrzehnte nach *Mechta* passierte *Voyager 2*, eine unbemannte amerikanische Sonde, Neptun und brachte damit die erste Phase interplanetarischer Raumforschung zu einem glanzvollen Abschluß. In diesen 30 kurzen Jahren haben die Menschen ihre künstlichen Botschafter zu allen Planeten außer Pluto geschickt. Das Zeitalter der Raumfahrt setzte an Stelle der Phantasie noch unglaublichere Fakten. Vulkane von der dreifachen Größe des Mount Everest, Wirbelstürme mit einer Ausdehnung von etwa dem doppelten Erddurchmesser, Meere aus Methan, Lavaflüsse, länger als der Nil, und Wolken aus Schwefeldämpfen: Dinge, die uns im Reich der Planeten erwarten. Dies ist die Geschichte ihrer aufregenden Entdeckungen.

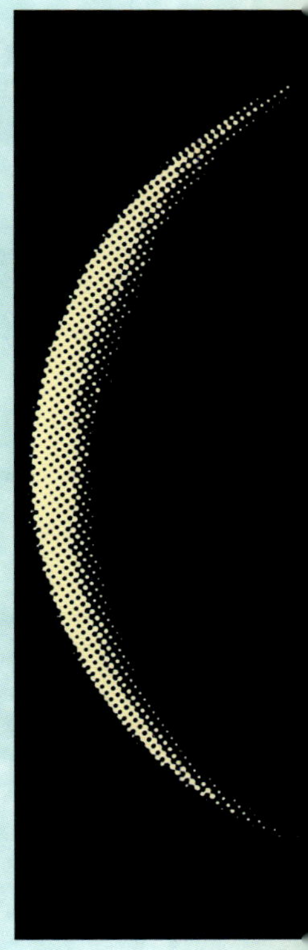

LINKS *Ein Traum wird geboren: Am 2. Januar 1959 setzte die eigentliche Phase der Raumfahrt in den interplanetaren Raum mit dem Start von* Luna 1 *ein.*

1

Fremde Welten

Aus dem Nichts schiebt sich eine Kugel von der Größe des Erdmonds durch den wabernden Nebel ins Blickfeld. Auf ihrer Oberfläche glühen blubbernde Lavaseen, ein Schwarm Meteoriten schlägt ein, und weißglühendes Gestein spritzt weit hinauf bis in die dünne, schwefelgrün schimmernde Wolkenschicht. Pausenlos prasselt das Gestein auf den Planeten ein, der mit jedem Kiesel, mit jedem Brocken und mit jedem Felsblock wächst und alles aufsaugt, was sich ihm in den Weg stellt. Anfangs nur ein ungeordneter Haufen Felsbrocken, der um eine ungeborene Sonne herumschwirrte, ist diese Welt nun größer geworden. Sie hat zahllose kleinere Konkurrenten einfach verschlungen und andere, die ihrem Sog entkommen konnten, aus der Bahn geworfen und in einen glühenden Tod im Herzen der Sonne geschickt. Die Überlebenschancen

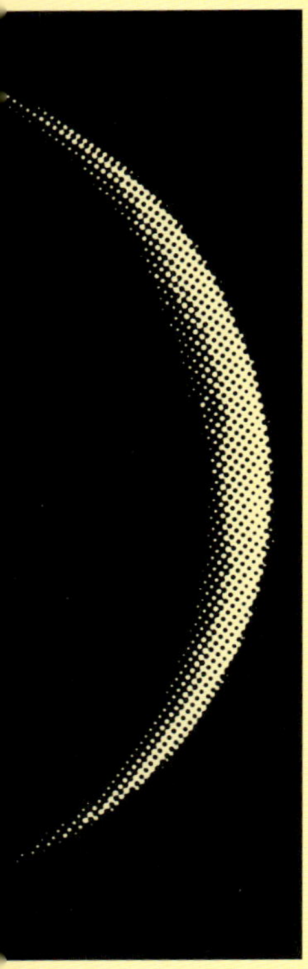

dieses jungen Planeten sind gering – jeden Moment könnte er durch eine verheerende Kollision mit einem anderen Gesteinsball auseinandergerissen werden. Es gibt noch Hunderte solcher Körper in dem jungen Sonnensystem, und nur eine Handvoll wird überdauern. Dieser hier schafft es jedoch irgendwie. In 100 Millionen Jahren wird er groß genug sein, um eine dickere Gasschicht an sich zu binden. Seine Oberfläche, jetzt noch heiß genug, um Gestein zu schmelzen, wird sich so weit abkühlen, daß Wasserdampf zu Ozeanen kondensiert, und eines Tages wird er Leben hervorbringen. In 4,6 Milliarden Jahren wird ihn eine spätentwickelte Spezies Erde nennen. Kleine Maschinen, geformt aus den Resten der Metalle, die jetzt vom Himmel herabregnen, werden die Gravitation des Planeten überwinden und ins All vorstoßen, um die anderen »Überlebenden« dieser großen Schlacht zu besuchen. Stück für Stück werden die kleinen Raumsonden Informationen über die Veteranen nach Hause schicken, und so wird man die Geschichte von der Entstehung der Planeten kennenlernen.

Am 15. Januar 1929 kam Clyde Tombaugh zum Lowell-Observatorium in Flagstaff, Arizona. Er war Amateurastronom und begierig, eine berufliche Karriere zu starten. Außer einem Koffer hatte er nicht viel bei sich, nicht einmal das Geld für eine Rückfahrkarte. Vesto Slipher, der Direktor des Observatoriums, holte Tombaugh am Bahnhof ab und führte ihn kurz durch das Gebäude, das in den nächsten Jahren sein Zuhause werden sollte. Auf dem Weg zu den Privaträumen wies Slipher ihn auf eine Astrokamera mit 33 cm Öffnung hin, die noch nicht fertiggestellt war. Im Lauf des nächsten Jahres lernte der junge Mann jede Niete und jeden Bolzen, jedes Rädchen und jeden Hebel dieses Teleskops genau kennen. Mit seiner Hilfe sollte er einen Planeten entdecken und die Grenzen unseres Sonnensystems aufzeigen.

SEITEN 8–9 *Zwei Welten kollidieren: Das im Computer erzeugte Bild verdeutlicht die unbändige Gewalt, die während der Entstehungszeit des Sonnensystems allgegenwärtig war.*

Obwohl es ihm damals wohl nicht bewußt war, führte Tombaugh damit einen sehr alten Berufsstand weiter. Er gehört in die Reihe der großen Planetenforscher.

Der in Florenz lebende Galileo Galilei war 1609 der erste Mensch überhaupt, der ein Teleskop auf den Nachthimmel richtete. Trotz mehrfacher Vergrößerung blieben die Sterne für ihn jedoch leider nur als Lichtpunkte sichtbar. Aber Galilei entdeckte, daß es dort oben noch eine zweite Art von Objekten gab, eine, die nicht nur als Punkt zu sehen war, sondern sich als kleine helle Scheibe von der Schwärze des Alls abhob. Schon die alten Griechen hatten diese Objekte entdeckt und *planetos*, oder »Wanderer«, genannt. Im Gegensatz zu den anderen »Sternen« standen die Planeten nicht in festen Konstellationen am Himmel, sondern bewegten sich Nacht für Nacht, Monat für Monat ein kleines Stück weiter am Firmament.

LINKS OBEN *Die kürzlich restaurierte Pluto-Kuppel des Lowell-Observatoriums in Flagstaff, Arizona. Dort steht das Teleskop, mit dem Tombaugh im Februar 1930 Pluto entdeckte.*

RECHTS OBEN *Porträt eines Planetenjägers: Clyde Tombaugh mit einem Fotoplattenhalter aus Holz. Auf einer solchen Platte war schließlich – unter Hunderttausenden anderer Sterne – der Beweis für die Existenz des letzten Planeten zu sehen.*

UNTEN *Clyde Tombaugh vergleicht mit dem Blinkkomparator einige Aufnahmen des Nachthimmels, die im Abstand von mehreren Nächten zur selben Zeit gemacht wurden. Da die Sterne unbeweglich am Himmel stehen, deutet jede Veränderung auf den Fotoplatten darauf hin, daß einer der »Sterne« in Wahrheit ein Planet ist.*

Außer Sonne und Mond kannten die frühen Astronomen der Vergangenheit noch fünf weitere Himmelskörper, die durch das Sternengewölbe wanderten. Sie schienen ihnen so wichtig, daß sie sie nach ihren Göttern benannten. Der helle Punkt, der mit elegantem Schwung den Nachthimmel durchkreuzte, wurde von den Babyloniern Marduck, von den Nordländern Odin und von den Griechen Zeus genannt. Erst die Römer gaben ihm den Namen Jupiter. Den schwachen, schnell beweglichen Lichtpunkt, der sich immer in der Nähe der Sonne aufhielt, benannten sie nach ihrem Götterboten Merkur. Der am prächtigsten funkelnde Lichtpunkt erhielt den Namen Venus, zu Ehren der Göttin der Liebe und der Schönheit; blutrot leuchtete der Mars, und den ruhigen, behäbigen nannte man Saturn, nach dem Gott der Zeit.

RECHTS OBEN *Tombaughs bester Freund – der Blinkkomparator. In monatelanger mühevoller Kleinarbeit überprüfte Tombaugh die Positionen von mehr als sieben Millionen Sternen.*

Zu der Zeit, als Galilei die Lichtpunkte durch sein Teleskop betrachtete, entstand die Theorie, die heute als Selbstverständlichkeit gilt: Diese wandernden Scheiben am Himmel waren Welten genau wie die Erde. Für Galilei war das Sonnensystem eine Planetenfamilie mit sechs Mitgliedern.

Als Clyde Tombaugh seine Stelle in Flagstaff antrat, waren bereits zwei weitere Planeten dazugestoßen. 1781 hatte man Uranus mit einem Teleskop entdeckt, das viel stärker war als das Galileis. Uranus bewegt sich auf einer Umlaufbahn, doppelt so weit entfernt wie Saturn. 1846 folgte die Entdeckung von Neptun, versteckt im Zwielicht des zerfasernden Sonnenlichts, 30mal so weit von der Sonne entfernt wie die Erde. Neptun markierte den äußeren Rand des bekannten Sonnensystems und war der Grund dafür, daß Tombaugh seine Arbeit am Observatorium aufnahm. Schon kurz nach der Entdeckung Neptuns hatten einige Astronomen nämlich bemerkt, daß der Planet

Abweichungen von seiner berechneten Umlaufbahn zeigte. Die Vermutung, daß die Schwerkraft eines noch weiter entfernten Planeten die Ursache für diesen Schlingerkurs sein könnte, löste eine fieberhafte Suche nach dem abgelegenen Himmelskörper mit dem Codenamen Planet X aus.

Tombaugh war kein ausgebildeter Astronom; was er über die Planeten wußte, hatte er in einem Buch gelesen, das ihm sein Onkel geliehen hatte. In seiner Jugend versuchte er aus allem möglichen, was er auf der Farm seiner Eltern finden konnte, Teleskope zu bauen, er verbrachte jede freie Minute damit, den Himmel zu beobachten und die Planeten zu zeichnen. Auf der Suche nach einer Arbeitsstelle wandte er sich an das Lowell-Observatorium, die einzige Sternwarte, von der er gehört hatte. Zu seiner großen Überraschung bot man ihm einen Job an. Im Februar 1929 wurde

LINKS UNTEN *Irgendwo zwischen den Stapeln von Fotoplatten im Keller des Lowell-Observatoriums liegen heute noch Tombaughs Originalaufnahmen von Pluto.*

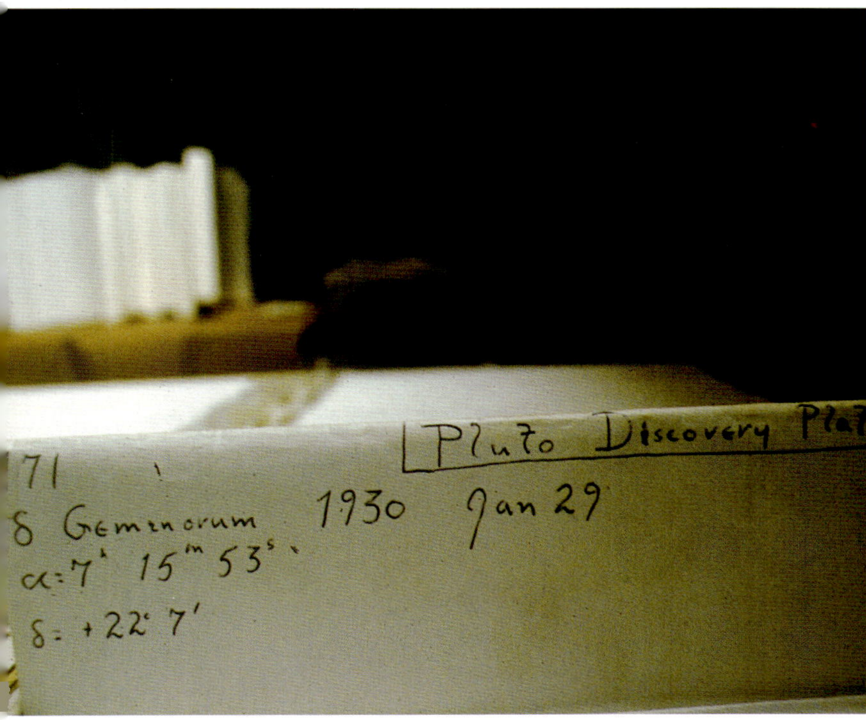

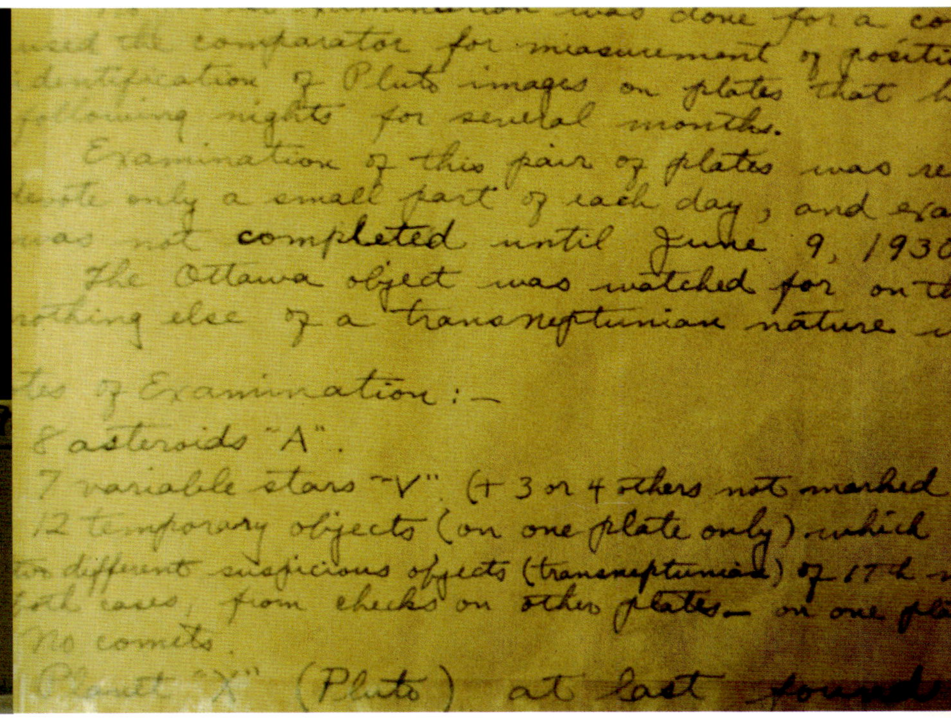

das neue Teleskop fertig, und Slipher hatte Tombaugh in die Astrofotografie eingeführt. Von da an war Tombaugh allein mit einer Astrokamera und einem Himmel voller Sterne.

Entdeckung

Die Suche nach Planet X war, wissenschaftlich gesehen, einfach, aber zeitaufwendig. Zuerst wurde der Nachthimmel in kleine Abschnitte eingeteilt und diese im Abstand von einigen Nächten fotografiert. Danach steckte man immer zwei Aufnahmen nebeneinander in einen Blinkkomparator, wie

OBEN *Als das Medieninteresse nach einigen Monaten langsam nachließ, öffnete der zutiefst bescheidene Tombaugh noch einmal den Umschlag mit der Plutoaufnahme und fügte seinem Bericht die Bemerkung hinzu: »Planet X (Pluto) endlich gefunden!!!«.*

er auf der Abbildung unten der gegenüberliegenden Seite zu sehen ist. Dieses Gerät erlaubte es, zwei scheinbar identische Aufnahmen direkt miteinander zu vergleichen.

Nur durch sehr sorgfältiges Studieren der Positionen jedes einzelnen Lichtpunkts konnte man herausfinden, ob sich einer der Sterne bewegt, also in Wirklichkeit ein Planet ist. Bei Sommeranfang hatte Tombaugh schon einen ganzen Berg von Fotoplatten belichtet, die nun darauf warteten, sorgfältig bearbeitet zu werden. Slipher entschied, keinen erfahreneren Astronomen mit dieser Arbeit zu betrauen, sondern dem jungen Mann die Chance zu lassen, das Material selbst zu bearbeiten. Tombaugh war überwältigt.

UNTEN *Pluto wird entdeckt – ein winzig kleiner Fleck, der sich im Lauf von sechs Tagen ein Stück über den Himmel geschoben hat. Hätten Sie ihn bemerkt?*

Leicht wurde es ihm allerdings nicht gemacht. Auf jeder Aufnahme waren zwischen 50 000 und einer Million Sterne zu sehen. Es dauerte manchmal eine Woche oder noch länger, nur um ein einziges Paar zu vergleichen. Und als wäre es noch nicht anstrengend genug, Fotoplatten mit Tausenden von Sternen zu untersuchen, mußte Tombaugh ununterbrochen vor Täuschungen auf der Hut sein. Vorbeiziehende Kometen und Asteroiden verwischten die Aufnahmen, auch Sterne, deren Helligkeit sich änderte, brachten Verwirrung. Dann waren da noch die sieben bekannten Planeten, die manchmal als unterschiedlich große und helle Lichtscheiben auf den Aufnahmen auftauchten.

Im Januar 1930 bildeten Tombaughs Aufnahmen ein Puzzle des gesamten Nachthimmels. Am 15. Februar schob er wieder einmal zwei Aufnahmen in den Blinkkomparator.

Sie waren vier Wochen zuvor gemacht worden und zeigten das Gebiet rund um den Stern Delta Geminorum. Drei Tage lang verglich er die beiden Aufnahmen. In dieser Zeit konnte er bereits ein Viertel der Lichtpunkte als Sterne identifizieren. Dann plötzlich nach monatelanger Arbeit fand er ihn. Der schwach leuchtende Punkt, der an verschiedenen Stellen der beiden Aufnahmen auftauchte, war Planet X. Später erzählte er: »Ich wurde schlagartig hellwach. Immer wieder verglich ich die beiden Bilder. Dann sagte ich mir, daß ich besser einen Blick auf meine Armbanduhr werfen und die Zeit notieren sollte, denn dies war ein historischer Moment.«

Tombaughs Armbanduhr zeigte vier Uhr nachmittags an, es war der 18. Februar 1930. An diesem Abend ging Tombaugh in die Stadt und feierte diesen Erfolg auf seine Weise. Er ging ins Kino und sah sich den Film »Der Mann aus Virginia« mit Gary Cooper an.

OBEN *Rätselhaft bis zum heutigen Tag: 64 Jahre nach seiner Entdeckung entstand diese undeutliche Aufnahme von Pluto und seinem Mond Charon (rechts) mit Hilfe des Hubble-Teleskops. Es ist das beste Bild, das es heute gibt.*

Sobald Vesto Slipher die Entdeckung bekanntgegeben hatte, wurden überall auf der Welt Fernrohre auf Pluto, so der Name von Tombaughs Planeten, gerichtet. Pluto bedeutete eine Überraschung für die Wissenschaft, denn seine Erscheinung widersprach allen Erwartungen. Man hatte damit gerechnet, daß Planet X ein großer, schwerer Körper sein mußte, um in der Lage zu sein, Neptuns Bahn zu beeinflussen. Aber Pluto war winzig, sogar kleiner als unser Mond. Mehrere Jahre nach Tombaughs Entdeckung stellten die Astronomen übrigens fest, daß Neptuns Bahnabweichung reine Täuschung gewesen war – der Planet hatte seit seiner Entdeckung ein zu kurzes Stück auf seiner Bahn zurückgelegt, um Störungen sicher berechnen zu können. Der mysteriöse Planet X existierte also überhaupt nicht. Tombaughs Entdeckung brachte jedoch die Sicherheit, daß es keine weiteren großen Planeten in diesem Sonnensystem gab. Die Größe des Systems war somit geklärt, und die Planetenfamilie war nunmehr komplett.

Die Planeten stellen sich vor

Die Entfernung des innersten Planeten zur Sonne beträgt nur etwa ein Hundertstel von Plutos Abstand. Vor Beginn des Zeitalters der Raumfahrt war eine genauere Untersuchung Merkurs unmöglich, denn der Planet entfernt sich nie so weit von der Sonne, daß er von einem Astronomen klar zu erkennen ist. Merkur ist ein Felsbrocken und nur etwa doppelt so groß wie Pluto, doch was ihm an Größe fehlt, gleicht er durch Geschwindigkeit aus. Er benötigt nur 88 Erdentage für eine vollständige

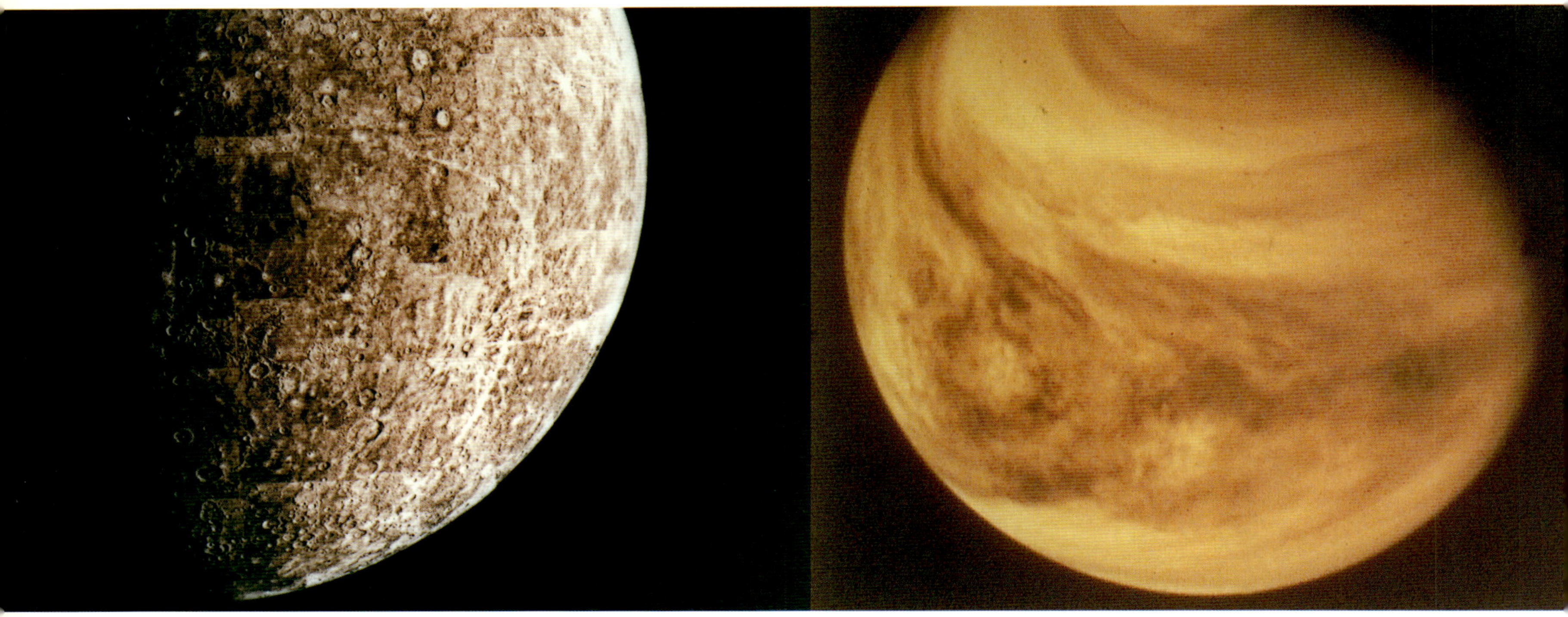

SEITEN 16, 17, 18 *Die Planetenfamilie, wie man sie vor Tombaughs Entdeckung des Pluto kannte. Nach der Entfernung von der Sonne (ohne die Erde): Merkur, Venus, Mars, Jupiter, Saturn, Uranus und Neptun.*

Umkreisung der Sonne, ein Merkurjahr dauert also nur etwa drei Erdmonate. Die amerikanische Raumsonde *Mariner 10* sendete 1974 die ersten Bilder von Merkurs kraterzerfurchter Oberfläche zur Erde. Sie zeigten einen Planeten, der aussah wie der große Bruder unseres Mondes.

Auf halbem Weg zwischen Merkur und Erde liegt die Venus, die zweite von insgesamt vier steinigen Welten in unserem Sonnensystem. Sie ist der hellste Planet am Nachthimmel. Wie alle anderen bewegt sich auch Venus um die Sonne. Die Zeit, die ein Planet benötigt, um sich einmal um sich selbst zu drehen, bezeichnet man als Tag. Auf der Erde dauert er 24 Stunden, aber die Venus dreht sich unglaublich langsam. Ein Tag auf der Venus dauert fast 243 Erdentage! Das ist länger, als die Venus für eine Umrundung der Sonne braucht, so daß ein Tag auf der Venus länger ist als ein Venusjahr. Früher hielt man die Venus für die göttliche Zwillingsschwester der Erde, denn sie steht ihr nicht nur am nächsten, sondern ist auch fast gleich groß.

Der nächstäußere Planet ist im Mittel etwa 80 Millionen Kilometer von der Erde und 230 Millionen Kilometer von der Sonne entfernt. Durch das Teleskop erscheint Mars als matte, rötliche Scheibe. Er ist der äußerste der vier Gesteinsplaneten, seine Oberfläche ist eine sturmdurchtoste Wüste. Obwohl er nur etwa halb so groß wie die Erde ist, haben beide vieles gemeinsam. Der Mars dreht sich in 24 Stunden und 36 Minuten einmal um sich selbst, ein Tag auf dem Mars dauert also fast genauso lange wie auf der Erde.

Die Polachsen der Planeten stehen im allgemeinen nicht senkrecht zu ihren Bahnebenen. Die Polachse der Erde z. B. ist um etwa 23 Grad geneigt, dadurch entstehen auf ihrem Weg um die

Sonne die unterschiedlichen Jahreszeiten. Der Neigungswinkel der Marsachse beträgt 25 Grad, ist also fast identisch. Allerdings braucht der Mars länger, um die Sonne zu umkreisen.

Wenn Mond und Venus nicht am Nachthimmel zu sehen sind, ist Jupiter der hellste Punkt am Firmament. Seine Entfernung zur Sonne beträgt etwa 800 Millionen Kilometer, er ist so groß, daß alle anderen Planeten des Sonnensystems problemlos in ihm untergebracht werden könnten und immer noch eine Menge Platz bliebe. Im späten 17. Jahrhundert gelang es dem Astronomen Gian Domenico Cassini erstmals, geisterhaft anmutende Wolkenfetzen und einen gigantischen Sturm auszumachen, den es heute noch gibt – den Großen Roten Fleck. So bekam die Menschheit eine erste Vorstellung von der Welt jenseits des Mars. Jupiter, vom Volumen her 1300mal so groß wie die Erde, besteht nicht aus Gestein und Metall – er ist ein Gasriese, eine mächtige Kugel aus umherwirbelnden Dämpfen mit einer mehrere tausend Kilometer dicken Atmosphäre.

Selbst mit einem schwachen Teleskop wird deutlich: Saturn ist der schönste Planet des gesamten Sonnensystems. Ein Satz heller Ringe umgibt seinen Äquator. Der Planet selbst wirkt wie ein kleiner Verwandter von Jupiter.

Die Stürme auf der Oberfläche wirbeln cremefarbene, ockergelbe und sepiabraune Wolkenbänder durcheinander. Die anderen beiden Riesenplaneten sind weit weg. Sie sind beide kleiner als der Saturn, aber immer noch deutlich größer als die vier Gesteinsplaneten Erde, Mars, Merkur und Venus. Uranus ist so weit von der Sonne entfernt – fast drei Milliarden Kilometer –, daß er 84 Erdjahre benötigt, um die Sonne einmal zu umkreisen. Von der Erde aus gesehen drehen sich seine Monde wie die Lichter eines Riesenrads um ihn herum. Dieser Eindruck entsteht, weil seine

Polachse in seiner Bahnebene liegt, Uranus rollt praktisch wie ein Faß um die Sonne herum. Der blaue Neptun, 30mal so weit von der Sonne entfernt wie die Erde, ist so unglaublich weit weg, daß die Sonne von ihm aus gesehen nicht viel mehr wäre als ein heller Stern.

Und Pluto? Durch die stärksten Teleskope gesehen erscheint er als winziges Scheibchen – ein Körper aus Eis und Gestein. Selbst Raumsonden haben ihn noch nie aus der Nähe aufgenommen. Seit seiner Entdeckung im Jahr 1930 wurden auch die Fragen über die Entstehung der Planeten neu gestellt. Warum haben sich die Planeten so unterschiedlich entwickelt? Warum sind die inneren vier Planeten des Sonnensystems klein und fest, die nächsten vier jedoch groß und Gaskugeln? Und dann ist da noch Pluto, der zwar zur Kategorie der kleinen und festen Planeten zählt, aber aufgrund seiner Umlaufbahn aus dem Rahmen fällt. Seit Jahrhunderten versuchen die Forscher, die

Tombaughs seltsamer Planet

Plutos Umlaufbahn ist nicht etwa rund, sondern hat die Form einer langgestreckten Ellipse, die relativ zu den Bahnebenen der anderen Planeten stark geneigt ist. Dadurch schwingt Pluto sich auf der einen Seite seiner Umlaufbahn hoch über die Bahnen der anderen Planeten, während er auf der gegenüberliegenden Seite weit nach unten abtaucht. Außerdem führt sein außergewöhnlicher Orbit dazu, daß er für mehrere Jahre der Sonne näher als Neptun ist. 248 Jahre benötigt Pluto für einen Umlauf auf seiner elliptischen Bahn, die so langgestreckt ist, daß die Entfernung zwischen seinem sonnennächsten und sonnenfernsten Punkt ungefähr genauso groß ist wie die Entfernung von Uranus zur Sonne. Am sonnennächsten Punkt seiner Bahn verflüchtigt sich der gefrorene Stickstoff und erzeugt zeitweilig eine Atmosphäre auf Pluto. Mit zunehmendem Abstand gefriert der Stickstoff jedoch wieder und kondensiert an der Oberfläche.

1978 entdeckte man, daß Pluto sich in Begleitung eines Mondes, Charon, befindet, dessen Masse ungefähr ein Achtel seiner eigenen beträgt. Relativ zu seinem Bezugsplaneten ist Charon damit der bei weitem größte Mond des gesamten Sonnensystems (die Masse unseres Mondes beträgt nur etwa ein Achtzigstel der Erdmasse). Pluto und Charon sind lediglich 20 000 km voneinander entfernt – die Entfernung von der Erde zum Mond ist 20mal so groß – und drehen sich in nur sechseinhalb Tagen einmal um ihren gemeinsamen Schwerpunkt. Sie sind sich so nahe, daß ihre Gezeitenkräfte jegliche Eigendrehung verhindern und sie sich immer dieselbe Seite zuwenden. Von Pluto aus gesehen würde Charon unbeweglich am Himmel stehen.

1 *Ein computergeneriertes Bild von Pluto und seinem Mond Charon. Die NASA plant den ersten unbemannten Flug zum Pluto für das Jahr 2004. Der* Pluto Express *wird planmäßig etwa zwölf Jahre für seine Reise brauchen und dann die ersten Bilder von Pluto und Charon zur Erde funken.*

1

GEGENÜBER *Diese gigantische Staub- und Gaswolke befindet sich in ca. 2,7 Millionen Lichtjahren Entfernung von der Erde. Sie ist ein Brutkasten für Sterne. Die Riesensterne in ihrem Zentrum sind so heiß, daß sie die gesamte Wolke zum Leuchten bringen. Aufgenommen wurde dieses spektakuläre Bild 1995 vom Hubble-Teleskop.*

Entstehungsgeschichte der Planeten zu entschlüsseln, aber das letzte Kapitel dieses spannenden Krimis ist bis heute nicht geschrieben. Am Ende des 20. Jahrhunderts scheinen sich die Hinweise darauf zu verdichten, daß Pluto, ohne den heutigen Kenntnisstand der Wissenschaft zu untergraben, das fehlende Mosaiksteinchen in der Planetenformation sein könnte, das zu dessen Erklärung bisher gefehlt hat. Aber wie die Geschichte der Planeten und des Sonnensystems auch immer enden wird, sie beginnt mit der Geburt der Sonne.

Vier Milliarden Jahre v. Chr.

Die Abgaswolken, die am 24. April 1990 von der Startrampe 39A am Cape Canaveral in Florida aufstiegen, zeugten vom Start des Space-Shuttles *STS-31*. Es sollte das Hubble-Raumteleskop in eine Erdumlaufbahn bringen, mit dem es möglich sein würde, einen tiefen Blick ins All zu werfen, ohne dabei von atmosphärischen Störungen beeinträchtigt zu werden, wie sie den Astronomen auf der Erde seit jeher das Leben erschwert hatten. Als das Teleskop 1994 gerade auf den Orion-Nebel, eine mehrere 100 Milliarden Kilometer große Gas- und Staubwolke, gerichtet war, bot sich ein fesselnder Anblick. Helle Lichtpunkte funkelten durch den Nebel, während Teile der Wolke in sich zusammenfielen und Sterne gebaren. Das Hubble-Teleskop fand während dieses Besuchs in einem interstellaren »Kreißsaal« Hinweise darauf, daß Sterne selten einzeln, sondern in Gruppen geboren werden. Ein entstehender oder verlöschender Stern verursacht Gravitationsschwankungen, die nahe gelegene Regionen zum Kollabieren bringen. Das Hubble-Teleskop fing spektakuläre Szenen ein, die sich in ähnlicher Form vor mehr als vier Milliarden Jahren auch abgespielt haben, als unser eigenes Sonnensystem entstand.

Damals trieb eine riesige Materiewolke, etwa 23 000 Lichtjahre vom Zentrum der Milchstraße entfernt, gemächlich durch den Orion-Arm der Galaxie. Ungefähr acht Milliarden Jahre zuvor war das Universum und alle Materie darin durch den sogenannten Urknall entstanden. Schon kurz darauf waren Teile der Materie kollabiert und zu Galaxien verklumpt. Inzwischen ist unsere Galaxie bereits Milliarden Jahre alt und voller Sterne. Als jene Wolke aber zwischen fernen Sternfeldern hindurchtrieb, durch die Schwerkräfte verschiedener Sterne sanft mal hierhin, mal dorthin abgelenkt, begannen einzelne Gebiete auf einmal, in sich selbst zusammenzustürzen. Irgendwann erreichten die implodierenden Materiewölkchen eine kritische Dichte, heizten sich auf und begannen zu glühen – Sterne wurden geboren. Könnten wir die Geschehnisse der folgenden Äonen auf ein paar Minuten zusammenraffen, würden wir beobachten, wie kleine Lichter an verschiedenen Stellen der Wolke aufflackern und die Entstehung von Nachbarsternen anzeigen. Die meisten kleineren Lichtpunkte würden ein paar Minuten lang gleichmäßig leuchten und dann langsam verlöschen. Mit zunehmender Ausbreitung der Lichtpunkte entstünden aber auch große, gleißend helle Lichter, die nur ein paar Sekunden aufglühen würden und dann wieder verschwänden. Diese Lichter sind helle Riesensterne, die nur einen Bruchteil der Lebensdauer ihrer kleineren Geschwister besitzen. Wenn sie sterben, explodieren sie in gewaltigen Supernovae. Irgendwo in jener Wolke im Orion-Arm der Milchstraße explodierte vor 4,6 Milliarden Jahren eine Supernova. Sie löste eine Druckwelle aus, die mit einer Geschwindigkeit von 32 Millionen Kilometer pro Stunde durch das All schoß. Ganz in der Nähe begann ein Haufen Materie zu rotieren und zu kontrahieren, schon bald wurde dieser Haufen

zu einer flachen Scheibe von herumwirbelnden Trümmern. Tief in der funkelnden Wolke flackerte ein weiteres Licht auf – unsere Sonne.

Wolken der Schöpfung

Der Königsberger Philosoph Immanuel Kant, stets sehr an physikalischen Fragen interessiert, vermutete im 18. Jahrhundert als erster, daß auch die Planeten unseres Sonnensystems aus einer solchen Wolke entstanden sind. Kant hatte durch das Fernrohr milchige Flecken am Himmel gesehen und sie als Wolken interstellarer Materie gedeutet. Er hatte auch Sternforscher von wirbelnden, spiralförmigen Materieansammlungen sprechen hören, die über den Himmel verteilt waren und die, wie wir heute wissen, weit entfernte Spiralgalaxien sind. Kant folgerte ebenso einfach wie brillant, daß unsere Planeten auf dieselbe Weise entstanden waren – aus einer um die Sonne rotierenden Staubscheibe. Der französische Mathematiker Pierre Simon de Laplace veröffentlichte 1797 ein Buch über Himmelsmechanik, in dem er eine einfache Frage stellte: Warum drehen sich alle Planeten in derselben Richtung um die Sonne? Natürlich, argumentierte Laplace, weil sie alle aus einer einzigen Materiewolke entstanden waren, die sich früher um die Sonne gedreht hatte. Immanuel Kant und Pierre Simon de Laplace erkannten die Planeten als Nebenprodukte von Sternengeburten. Aber sie konnten nichts beweisen.

OBEN *Die Spiralgalaxie M 100 ist einem jungen, riesigen Sonnensystem sehr ähnlich – alles dreht sich um ein massereiches Zentrum.*

RECHTS *Immanuel Kant (1724–1804), der Königsberger Philosoph, erkannte intuitiv den Zusammenhang zwischen der Geburt der Sonnen und der Entstehung der Planeten.*

UNTEN *Der französische Mathematiker Pierre Simon de Laplace (1749–1827), der Kants Theorien über die Planetenentstehung wissenschaftlich untermauerte.*

1984 unterbrachen die Planetenforscher Brad Smith und Rich Terrile, Mitarbeiter der *Voyager*-Mission zu den äußeren Planeten (siehe Kapitel 4), ihre Arbeit und begaben sich für ein paar Tage zu einer Sternwarte hoch oben in den Bergen Chiles, um die Ringe des Uranus zu beobachten und nach möglichen Wolkenbewegungen auf Neptun zu suchen. Erst zwei oder drei Monate nach ihrer Rückkehr in das Jet Propulsion Laboratory (JPL; Laboratorium für Strahlenantrieb) der NASA in Pasadena, Kalifornien, fand Terrile die Zeit, sich einige Fotos von jungen Sternen anzusehen, die Smith gemacht hatte. Unter ihnen war eines der erstaunlichsten Bilder, das sie je gesehen hatten. Terrile konnte kaum glauben, was er sah, als Beta Pictoris auf seinem Monitor erschien: Eine milchig-weiße Staubscheibe umgab den Stern. Eine optische Täuschung vielleicht? »Es war ein unglaublicher Anblick. Ich prüfte, ob irgendwo ein Fehler vorlag, aber das Bild blieb«, erinnerte er sich später. Smith und Terrile hatten ein fremdes Sonnensystem in der Entstehungsphase entdeckt.

Vor 4,5 Milliarden Jahren muß unser Sonnensystem so ähnlich ausgesehen haben wie Beta Pictoris. Der Raum war nicht leer, sondern angefüllt mit einem riesigen Nebel aus spiralförmig kreisenden Staubteilchen und wabernden Gaswolken. Ungefähr in dem Abstand zur Sonne, den die Erde hat, herrschte damals eine angenehme Zimmertemperatur; die Wärmequelle war ein

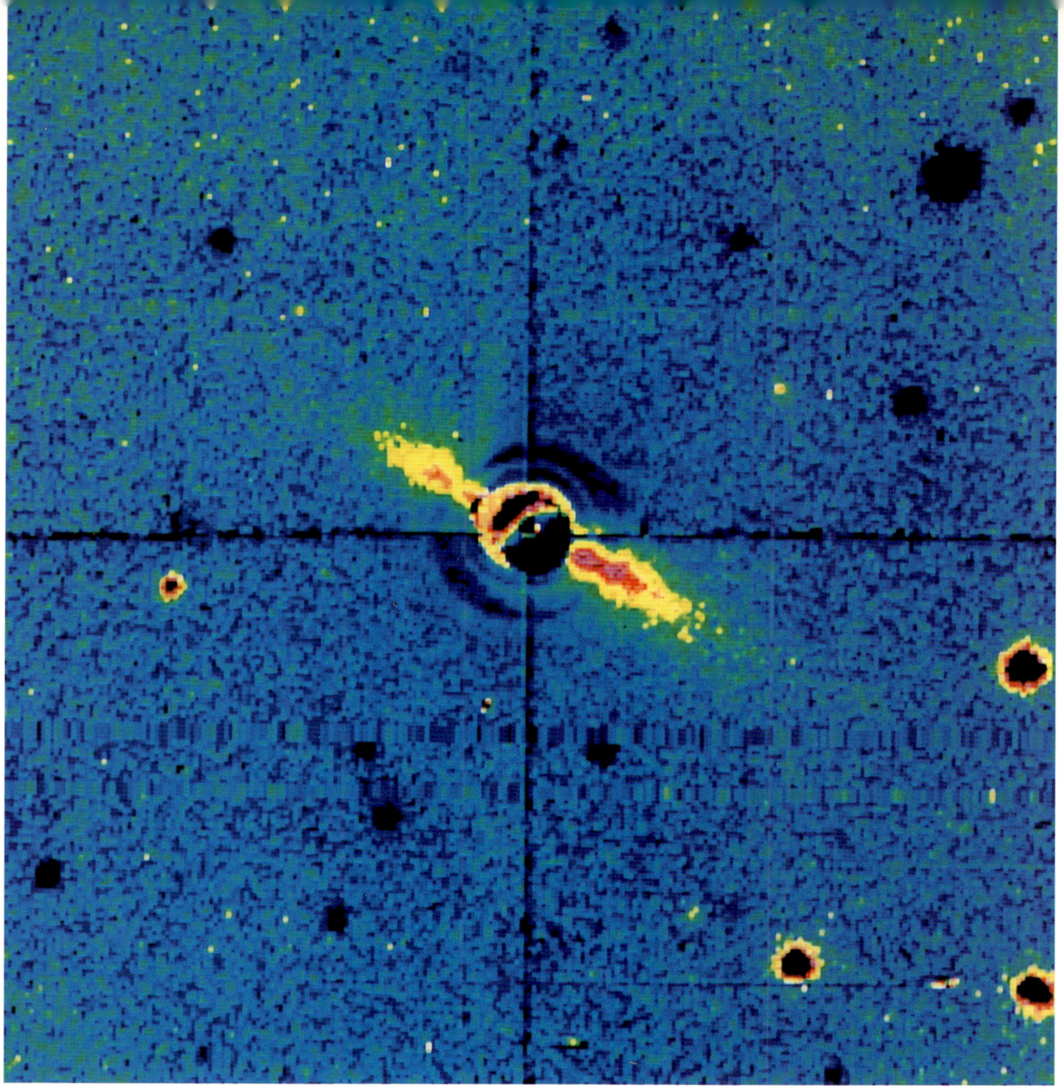

LINKS *Das erste Foto, das jemals von einem Sonnensystem in seiner Entstehungsphase gemacht wurde. Brad Smith und Rich Terrile nahmen den jungen Stern Beta Pictoris 1984 auf. Man nimmt an, daß die rot und gelb eingefärbte Materie um den Stern herum ein ähnliches Bild zeigt wie unser Sonnensystem vor 4,6 Milliarden Jahren, bevor sich die Planeten entwickelten.*

sanft leuchtender Ball gelblichen Lichts: Unsere junge Sonne, die durch ihre Gravitationskraft die sie umgebende Materiesuppe stetig anzog.

Schließlich sog ihre zunehmende Anziehungskraft fast die gesamte Materiewolke auf – aber eben nur fast. Ein Bruchteil der Materie hatte gerade genug Schwung, um zu entkommen. Aus diesem winzigen Rest, nur 0,2 % der Gesamtmasse, entstanden die Planeten, entstand die Erde, entstanden wir. Wie war das möglich? Was geschah unter den Augen der Sonne? In der Mitte des 20. Jahrhunderts erhielt diese Frage noch mehr Brisanz. Die Entwicklung der Raketentechnik eröffnete dem Menschen neue Perspektiven.

Die Überwindung des dritten Planeten

Nachdem Clyde Tombaugh Pluto entdeckt hatte, untersuchte er noch 14 Jahre lang den Nachthimmel. Vielleicht gab es ja noch mehr unentdeckte Planeten. Tombaugh fand eine Menge Dinge in dieser Zeit – Kometen, Asteroiden –, aber keine neuen Planeten. Im Zusammenhang mit seinen Entdeckungen blieb dennoch auch sein Ruf als Konstrukteur von Präzisionsteleskopen unübertroffen.

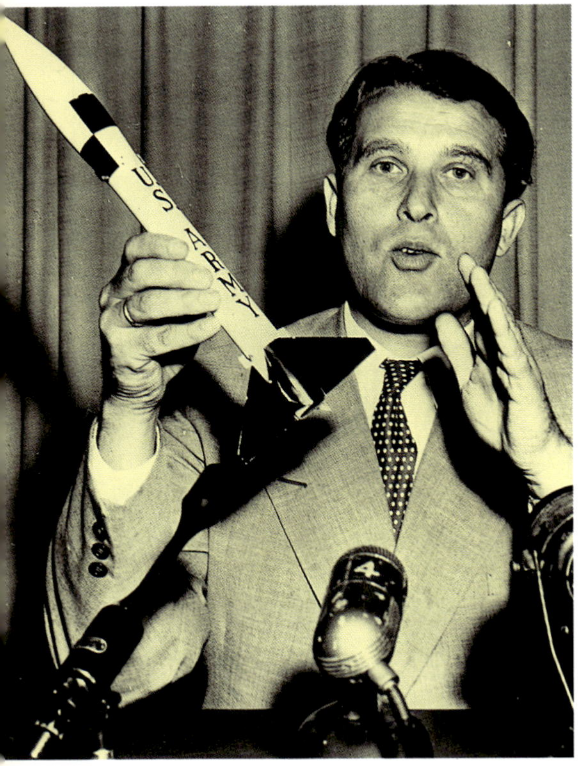

Dann aber nahm seine Karriere eine unerwartete Wendung. Er wurde an eine amerikanische Militärbasis in der Wüste von White Sands in New Mexico berufen, um die Flugbahnen von Raketen auf ihrem Weg zum Rand der Atmosphäre zu verfolgen.

Als die Raketen-Prototypen sich so weit in den Himmel hinaufschraubten, daß sie von konventionellen Kameras nicht mehr erfaßt werden konnten, benötigten die Pioniere der Raumfahrt neuartige Instrumente, um ihre Erfolge – bzw. ihre Mißerfolge – auf Film zu bannen. Dadurch konnten sie Bild für Bild analysieren, weshalb manche Raketen funktionierten und andere nicht. Ein deutscher Wissenschaftler namens Wernher von Braun hatte die Raketen entwickelt. Ursprünglich waren sie von Adolf Hitler in Auftrag gegeben worden, der damit London bombardiert hatte. Von Braun war jedoch trotz seiner militärischen Erfolge nicht an der Weiterentwicklung zerstörerischer Waffen interessiert, er träumte von der Raumfahrt. Nach seinen frühen Experimenten mit Raketen gefragt, antwortete er mit dem berühmt gewordenen Satz, daß »die Rakete ausgezeichnet funktionierte – sie landete nur auf dem falschen Planeten«.

Nach dem Zweiten Weltkrieg wurden von Braun und fast 200 seiner Ingenieure von den USA angeworben, um Raketen für die Armee zu entwickeln. Ihre Arbeit war aber schon vorher so weit fortgeschritten gewesen, daß sie beide Seiten des Eisernen Vorhangs voranbrachte. Da die Sowjetunion den Deutschen nicht einstellen konnte, schickte sie ihren besten Raketenwissenschaftler Sergej Korolew, der die Überreste von Brauns aufgegebener Fabrik durchstöbern sollte. Viel hatten die Amerikaner nicht zurückgelassen, aber trotzdem traf es den jungen Wissenschaftler wie ein Schlag: Von Brauns Raketen schienen unglaublich viel weiter entwickelt. Als er in die Sowjetunion zurückkehrte, hatte Korolew jedoch genügend Informationen gesammelt, um die Raketenindustrie seines Landes wieder konkurrenzfähig zu machen.

1947 schwebten die neuesten von Braunschen *V2*-Raketen dank Tombaughs verbesserter Kameratechnik hoch über der Atmosphäre im luftleeren Raum. Aus 400 km Höhe fotografierten sie den einzigen Planeten, den Tombaugh nicht durch sein Teleskop beobachten konnte: die Erde. Ein paar Jahre darauf schickten die Sowjets ihren ersten Satelliten ins All. 21 Tage lang waren die bedeutungslosen, aber triumphierenden Funksignale des *Sputnik* auf der Erde zu hören. Dies war der offizielle Beginn des Raumzeitalters. Im März 1965 schob sich der Kosmonaut Alexej Leonow durch eine Klappe seiner im Orbit kreisenden Raumsonde *Sojus* nach draußen. Er war zwar nicht der erste Mensch im All (diese Ehre gebührte seinem Freund und Kollegen Juri Gagarin),

aber der erste, der sein Raumschiff verließ, um einen freien Blick auf die Erde genießen zu können. Außer sich vor Aufregung rief Leonow: »Die Erde *ist* rund.«

Heute wissen wir alle, wie die Erde aus der Ferne aussieht, der Anblick ist für die meisten eine Selbstverständlichkeit. Doch all die Berge, Ozeane und Kontinente sind nur die hauchdünne Außenhülle einer mächtigen Kugel aus Stein und Eisen.

Welten im Computer

In der Sowjetunion erschien 1969 das Buch eines modernen Laplace. Es trug den Titel *Die Entwicklung der protoplanetarischen Wolke* und stammte aus der Feder des im Westen völlig unbekannten Mathematikers Viktor Safronow. Safronow beschäftigte sich mit der Entstehung der Planeten, er vermutete, daß im Zentrum des Sonnensystems zuerst einzelne Staubteilchen zusammenklebten, die zu Körnern, Steinen, Felsen, Inseln aus Stein und Metall, und schließlich zu Planeten wurden. Er zog den Schluß, daß Erde, Mars, Venus und Merkur durch Verschmelzung dieser kleinen Teilchen entstanden sind. Safronows zeitliche Berechnungen paßten im übrigen genau zum geschätzten Alter der Erde. Messungen der abnehmenden Radioaktivität uralten Gesteins ergaben ein ungefähres Alter von 4,5 Milliarden Jahren. Durch Altersbestimmung einiger fossiler Meteoriten (Urgestein aus zusammengepreßten Staubteilchen) ließ sich das Alter des Sonnensystems mit ungefähr 4,6 Milliarden Jahren angeben. Nach Safronows Berechnungen hätte es ca. 100 Millionen Jahre gedauert, bis die Planeten ihre volle Größe erreichten. Die Zahlen paßten perfekt, aber war die Theorie auch glaubwürdig?

In den frühen 70er Jahren erschien Safronows Arbeit auch in den USA, wo sie schließlich der Geologe George Wetherill aufnahm und weiterführte. Er simulierte Safronows wachsendes Sonnensystem zahllose Male am Computer. Ausgestattet mit technischen Möglichkeiten, die der sowjetische Wissenschaftler nicht zur Verfügung gehabt hatte, experimentierte Wetherill mit verschiedenen Zahlen und Parametern, um die Grenzen dieser Theorie auszuloten. Bei Programmende waren unterschiedliche Planeten immer wieder in etwa demselben Zeitraum entstanden – 100 Millionen Jahre. Damit waren die Würfel gefallen und die Akkretionstheorie als Standardmodell für die Entstehung der Planeten allgemein anerkannt. (Bis heute gilt sie als wahrscheinlichste Theorie, sie ist jedoch keineswegs das einzige Modell. Kapitel 8 befaßt sich damit, wie die Entdeckung weit entfernter Sternsysteme zur Entwicklung anderer Theorien führte.) Wetherills Computersimulationen bestätigten jedoch Safronows mathematische Fingerübungen nicht nur, sie zeigten außerdem, daß die Entstehung der Planeten vollkommen ungeordnet verläuft.

Zeugen des Chaos

Am 29. März 1974 näherte sich die Raumsonde *Mariner 10* dem Merkur. Sobald sie in Reichweite kam, erwachten ihre Kameras zu Leben und nahmen die ersten Fotos des kleinen Planeten auf, die einige Wissenschaftler in Erstaunen versetzten. Der Merkur war mit Kratern übersät.

OBEN *In diesem Querschnitt eines Meteoriten ist der Staub der Schöpfung zu sehen. Myriaden solcher Brocken aus Stein und Eisen füllten einst unser Sonnensystem und begründeten seine Entstehung.*

GEGENÜBER OBEN *Der deutsche Raketenforscher Wernher von Braun (1912–1977). Seine V2-Raketen gewannen zwar nicht den Krieg für Hitler, ihre Nachfolger stießen jedoch den Wettlauf im All auf beiden Seiten des Eisernen Vorhangs an.*

GEGENÜBER MITTE *Die erste V2 schlug in der Stanley Road 5 in Chiswick ein. Auf ihrem Weg vom Festland hatte sie für kurze Zeit die Erdatmosphäre verlassen.*

GEGENÜBER UNTEN *Der einzige Planet, den kein Astronom vor Beginn der Raumfahrt sehen konnte: die Erde.*

OBEN *Krater über Krater. Dem ersten Eindruck nach schien die Geschichte von Merkur genauso von Meteoriteneinschlägen bestimmt gewesen zu sein wie die von unserem Mond und dem Mars.*

Im Gästeraum der NASA-Testlabors hielten sich zum selben Zeitpunkt einige hochrangige Militärs auf, die kommentierten, der Planet sähe ja aus, als hätte er gerade einen längeren Angriff von *B-52*-Bombern hinter sich. In gewissem Sinn hatten sie damit sogar recht – der Planet Merkur war tatsächlich bombardiert worden –, aber die Wucht des Angriffs war viel größer gewesen, als sie sich vorstellen konnten.

Verwüstete Landschaften wie diese hatten die Weltraumforscher schon früher zu Gesicht bekommen. Im Jahr 1964 hatten die Sonden der *Ranger*-Serie (siehe Kapitel 2) die ersten Nahaufnahmen von der Mondoberfläche gemacht, die ein ähnliches Bild aufzeigten. Damals hatten die Forscher noch vermutet, daß das Gebiet rund um die Erde aus irgendeinem Grund, der mit dem Mond zusammenhängen mußte, früher eine außergewöhnlich hohe Konzentration an Trümmerteilen aufgewiesen hatte.

Doch nur ein Jahr später zeigten die ersten Bilder vom Mars dieselbe von Kratern zerklüftete Oberfläche (siehe Kapitel 3). Merkurs pockennarbiges Gesicht stellte nun sicher, daß keiner der inneren Planeten von dem steinernen Regen verschont geblieben war. Ein wohliger Schauer lief George Wetherill über den Rücken, als er die ersten Bilder sah – genau diese Form des Bombardements hatte der Computer vorausgesagt.

Kosmische Flipperkugeln

Wetherills Computermodelle hatten demonstriert, daß Safronows Akkretionsprozeß klar in zwei Phasen gegliedert war. Die erste bezeichnete er als eine Periode »beschleunigten Wachstums«. Wetherill wies nach, daß ein Teil der riesigen wirbelnden Materiewolke, nämlich der Staub im Innern des Sonnensystems, innerhalb von nur 50 000 Jahren zu ca. 30 Planeten von der Größe Merkurs oder Mars' kondensiert war – aus kosmischer Sicht ein unglaublich kurzer Zeitraum. Dies war eine Phase gleichmäßigen Wachstums, als Milliarden von Felsbrocken, genannt »Planetesimale«, mit einem

Asteroiden

Zwischen den Bahnen von Mars und Jupiter windet sich ein breites Band von kleinen Körpern um die Sonne: der Asteroidengürtel. Der größte Asteroid, Ceres, ist so groß wie ein kleiner Mond, er mißt 770 km im Durchmesser. Die meisten Asteroiden sind aber viel kleiner, etwa 1 km. Ihre Zahl geht nach Schätzungen in die Millionen. Das erscheint zwar als sehr viel, bedenkt man aber die Größe des Asteroidenbands mit einer Breite von 550 Millionen Kilometer, erkennt man, daß Asteroiden in Wirklichkeit rar und weit verstreut sind. Die NASA-Raumsonde *Galileo* befand sich auf dem Weg zum Jupiter, um ihn und seine Monde zu studieren, als sie 1991 und 1993 zwei der größeren Asteroiden im Hauptgürtel passierte. Der erste, unförmige Fels trägt den Namen Gaspra und ist ca. 18 km breit. Zwei Jahre später fotografierte *Galileo* den 56 km messenden Brocken Ida, der sogar einen eigenen kleinen Mond, genannt Dactyl, besitzt. Dies waren die ersten Asteroiden, von denen Nahaufnahmen mit der Raumsonde *Galileo* gelangen.

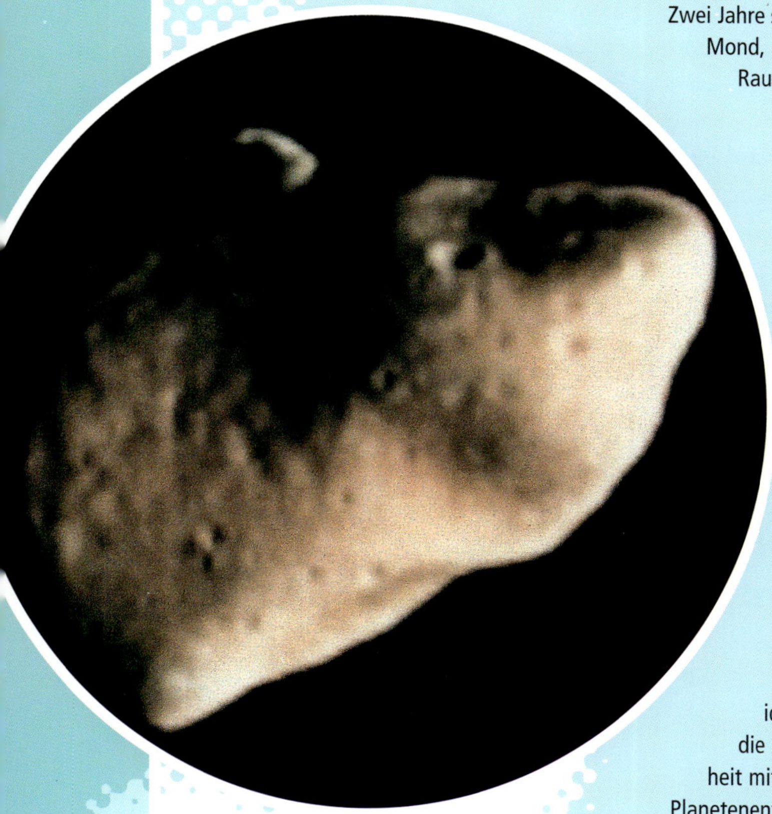

Nicht alle Asteroiden befinden sich im Hauptgürtel. Einige wagen sich auch in den inneren Teil des Sonnensystems und kommen dabei der Erde manchmal ziemlich nahe. 1989 wurde ein solcher Asteroid, genannt Castalia, mit dem Arecibo-Radioteleskop auf Puerto Rico beobachtet. Aus fünf Millionen Kilometer Entfernung sind natürlich keine Details erkennbar, aber man sieht deutlich, daß er aus zwei Brocken besteht, die wie miteinander verschweißt wirken. Dies ist das erste bekannte Beispiel »binären Kontakts« – zwei Felsen, die durch die Schwerkraft miteinander verbunden sind, genau so, wie sich einst Milliarden von Planetesimalen zu Planeten verbanden.

1 *Der Asteroid (951) Gaspra war der erste, der je aus der Nähe fotografiert wurde. Aufgenommen wurde das Bild 1991 von der Raumsonde* Galileo.

2 *Ein dreidimensionales Computermodell des erdnahen Asteroiden (4769) Castalia. Er wurde 1989 von der Erde aus mit einem Radioteleskop vermessen. Man nimmt an, daß er früher aus zwei Teilen bestand (jeder hat weniger als 1 km Durchmesser), die sich irgendwann berührten und danach nie mehr trennten.*

1997 schwebte die Sonde *NEAR* (Near-Earth Asteroid Rendezvous; etwa: erdnahes Asteroidentreffen) am Asteroiden (253) Mathilde vorbei, es war die dritte Begegnung der Menschheit mit den steinernen Zeugen der Planetenentstehung. Das Treffen förderte jedoch eine Überraschung zutage. Die Wissenschaftler maßen die Dichte des Asteroiden anhand der Ablenkung ihres Kommunikationssignals und bemerkten, daß Mathilde unerwartet leicht war. Nachdem sie Millionen von Einschlägen überstanden hat, ist Mathilde nicht nur mit Kratern übersät, sondern auch innerlich durchlöchert wie eine Bienenwabe. Mathilde ist das löchrigste Gebilde, das je gefunden wurde – ein Vermächtnis des ständigen Bombardements, das früher im gesamten Sonnensystem herrschte (siehe Seiten 28 und 29).

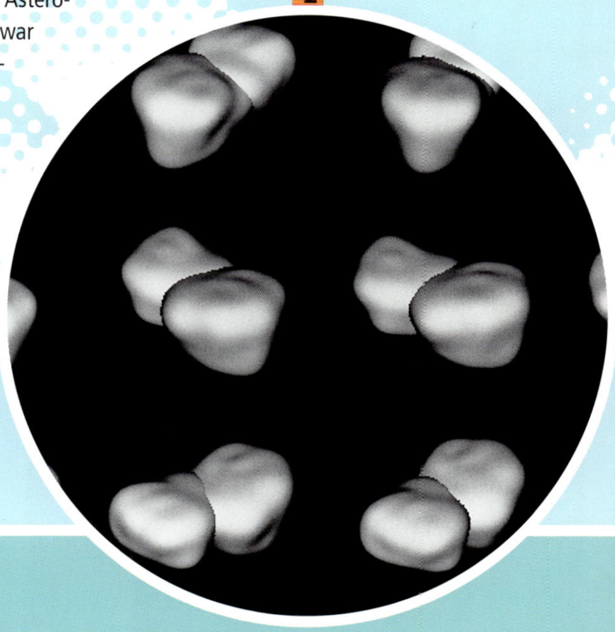

Durchmesser zwischen einem und 1000 km, gemächlich um die Sonne trieben, ab und zu zusammenstießen und mittels der Gravitation locker aneinandergebunden waren.

Wenn mehrere dieser Felsbrocken aufeinander trafen, wurde der Kernbereich von den ständig wachsenden Gravitationskräften zusammengedrückt, so daß er zu schmelzen begann. Innerhalb bemerkenswert kurzer Zeit wurden aus den Trümmern kleine, eigenständige Welten, deren Kerne so heiß wurden, daß die schwerer schmelzbaren Elemente wie z. B. Eisen begannen, sich vom Gestein zu lösen, und zum Zentrum drifteten. Hätte diese Entwicklung einfach weiter angehalten, wären heute alle Planeten glatt wie Billardkugeln. Aber es kam anders – eine zweite Phase begann, die den Planeten Narben für die Ewigkeit zufügen sollte.

Irgendwann kam der Zeitpunkt, an dem die Gravitationskräfte der einzelnen Protoplaneten groß genug wurden, um die bis dahin kreisrunden Bahnen ihrer Konkurrenten zu beeinflussen. Schon nach kurzer Zeit führten diese gegenseitigen Störungen zu einem heillosen Durcheinander kreuz und quer überlappender Umlaufbahnen. Der gemächliche Prozeß der Akkretionsphase war schnell dahin. Wetherill nannte diese zweite Phase die »Periode schweren Bombardements«. Meteoriten regneten nun vom Himmel. Gewaltige, ganze Welten zerstörende Kollisionen waren unvermeidlich, und bald war aus dem gemeinsamen Wachstum ein Kampf ums Überleben geworden, den nur die größten gewinnen konnten. Diese Phase dauerte etwa 100 Millionen Jahre. Viele Planeten besaßen in dieser Zeit Ringe, wie sie auch Saturn später haben sollte. Die Energie dieser Einschläge schmolz große Teile der Planetenoberflächen.

Inmitten dieses Durcheinanders gelang es einem Protoplaneten, mehr Materie zu sammeln als alle anderen Planeten. Aus ihm entstand später die Erde, eine Oase des Lebens, aber in diesen

UNTEN *Der Meteorkrater in Arizona, etwa 40 000 Jahre alt, also sehr jung für geologische Verhältnisse. Obwohl 160 m tief und fast 1,6 km breit, ist er im Vergleich zu den um ein Vielfaches größeren Kratern auf Mond und Merkur nur eine kleine Mulde.*

ersten 100 Millionen Jahren, in denen alles durcheinander wirbelte, mußte der Planet selbst erst einmal überleben.

Nach und nach verringerte sich die Zahl der freien Trümmerstücke. Was nicht von den wachsenden Planeten aufgesogen wurde, stießen deren Schwerkräfte in ungeordnete Umlaufbahnen. Schließlich kam der Großteil der Sonne zu nahe und fiel auf ihre glühende Oberfläche. Am Ende dieser umwälzenden Epoche blieben nur vier massive Planeten im inneren Sonnensystem übrig: Merkur, Venus, Erde und Mars.

Eine Milliarde Jahre später waren alle noch übrigen Gesteinstrümmer auf den Umlaufbahnen der Planeten verschwunden. Dennoch hat die Entstehungszeit Spuren hinterlassen. Die Achsen von Mars und Erde sind geneigt, sie taumeln als Folge zahlloser Kollisionen mit anderen Planetesimalen, die sie hin- und hergestoßen haben. *Mariner 10* fand heraus, daß der Metallkern des Merkur relativ zur Gesamtgröße viel voluminöser ist als der der anderen Planeten. Das führte George Wetherill zu der Schlußfolgerung, daß der Merkur heute wohl doppelt so groß sein könnte, wäre nicht der Großteil seiner Außenhülle durch eine gigantische Kollision abgesprengt worden. Einer der Krater auf der Oberfläche ist so groß, daß die beim Einschlag ausgelöste Druckwelle auf der anderen Seite eine Gebirgskette aufgetürmt hat. Und die wohl spektakulärste aller Kollisionen im inneren Sonnensystem war der monumentale Zusammenprall zweier Körper, der zur Bildung von Erde und Mond führte (siehe Kapitel 2).

Obwohl sich das Sonnensystem inzwischen beruhigt hat, ist die Zeit der Kollisionen nicht vorbei. Eine Menge Bruchstücke hat die Entstehungszeit der inneren Planeten als sogenannter Asteroidengürtel überstanden und ist heute Gegenstand eines gravitativen Tauziehens von Mars und Jupiter. Man nimmt an, daß dieser Asteroidengürtel eigentlich ein Planet ist, der sich aufgrund der mächtigen Jupiterschwerkraft nur nicht bilden konnte. Gelegentlich durchdringen kleine Asteroidensplitter, genannt Meteoriten, die Atmosphäre unseres Planeten und fallen zur Erde. Die Muster der dicht gepackten Steinkörnchen im Innern der Meteoriten geben einen Eindruck von der ersten Phase der Planetenentstehung.

Die Schlacht jenseits der Schneegrenze

In der Nähe der Sonne herrschte eine so hohe Temperatur, daß der größte Teil der Materie nur in Form von Gas existieren konnte. Nur Materialien wie Stein und Metall, die einen sehr hohen Schmelzpunkt besaßen, kondensierten aus dem solaren Nebel aus und klumpten zu festen Planetesimalen zusammen. In einer Entfernung von der Sonne, die ungefähr der Jupiters entspricht, war die Temperatur jedoch so niedrig, daß Wasserdampf und Gase wie Kohlendioxid zu Eisblöcken gefroren. Manche Wissenschaftler nennen diese Entfernung die »Schneegrenze«. Jenseits der Schneegrenze bildeten sich die Planeten nicht nur aus Gesteinsbrocken und Metall, sondern auch aus Eis und gefrorenen Gasen in einem tosenden Schneesturm.

In den 70er und 80er Jahren reiste die Raumsonde *Voyager 2* in den äußeren Teil des Sonnensystems, um die Familie der Riesenplaneten zu besuchen. Überall fanden sich dabei Hinweise

Der Tanz im Orbit

Warum drehen sich die Planeten um die Sonne und die Monde um die Planeten? Im Weltraum herrscht eine extrem geringe Dichte. Es gibt fast nichts, das ein bewegtes Objekt abbremsen kann. Einmal angestoßen, würde ein Körper so lange geradeaus treiben, bis er auf ein Hindernis trifft. Auch die Planeten sind bestrebt, eine gerade Flugbahn ins All hinaus zu nehmen, werden aber von der Schwerkraft der Sonne abgelenkt und in eine Kreisbahn gezwungen. Die Masse der Sonne ist 500mal so groß wie der gesamte Rest des Sonnensystems und besitzt eine enorme Anziehungskraft. Zwischen der Sonnengravitation und dem Bewegungsimpuls der Planeten existiert ein empfindliches Gleichgewicht, das sich bereits bildete, bevor die Planeten entstanden. Dasselbe gilt für die Monde und ihre Mutterplaneten.

Im 17. Jahrhundert erkannte der englische Physiker Isaac Newton als erster den Zusammenhang zwischen Gravitation und Bahnbewegung, indem er bewies, daß dieselbe Kraft, die einen Körper zu Boden fallen läßt, die Planeten auf ihren Umlaufbahnen hält. Außerdem errechnete der berühmte Physiker, daß die Gravitation mit zunehmender Entfernung vom Zentrum abnimmt.

So lieferte Isaac Newton die Erklärung dafür, warum die inneren Planeten sich schneller bewegen als die auf den hinteren Rängen. Merkur tanzt praktisch auf den Ausläufern der Sonne und bekommt die volle Stärke der Sonnengravitation zu spüren – so spurtet der geflügelte Bote mit 200 000 km/h durch den Weltraum, knapp 88 Tage benötigt er für einen Umlauf. Ganz anders verhält es sich weit draußen, wo der Planet Neptun gemütlich im Kreis schlendert. Hier ist die Anziehungskraft der Sonne so schwach, daß Neptun nur ein Zehntel der Merkurgeschwindigkeit erreicht und 164,8 Erdjahre für die Beschreibung eines vollen Sonnenumlaufs benötigt.

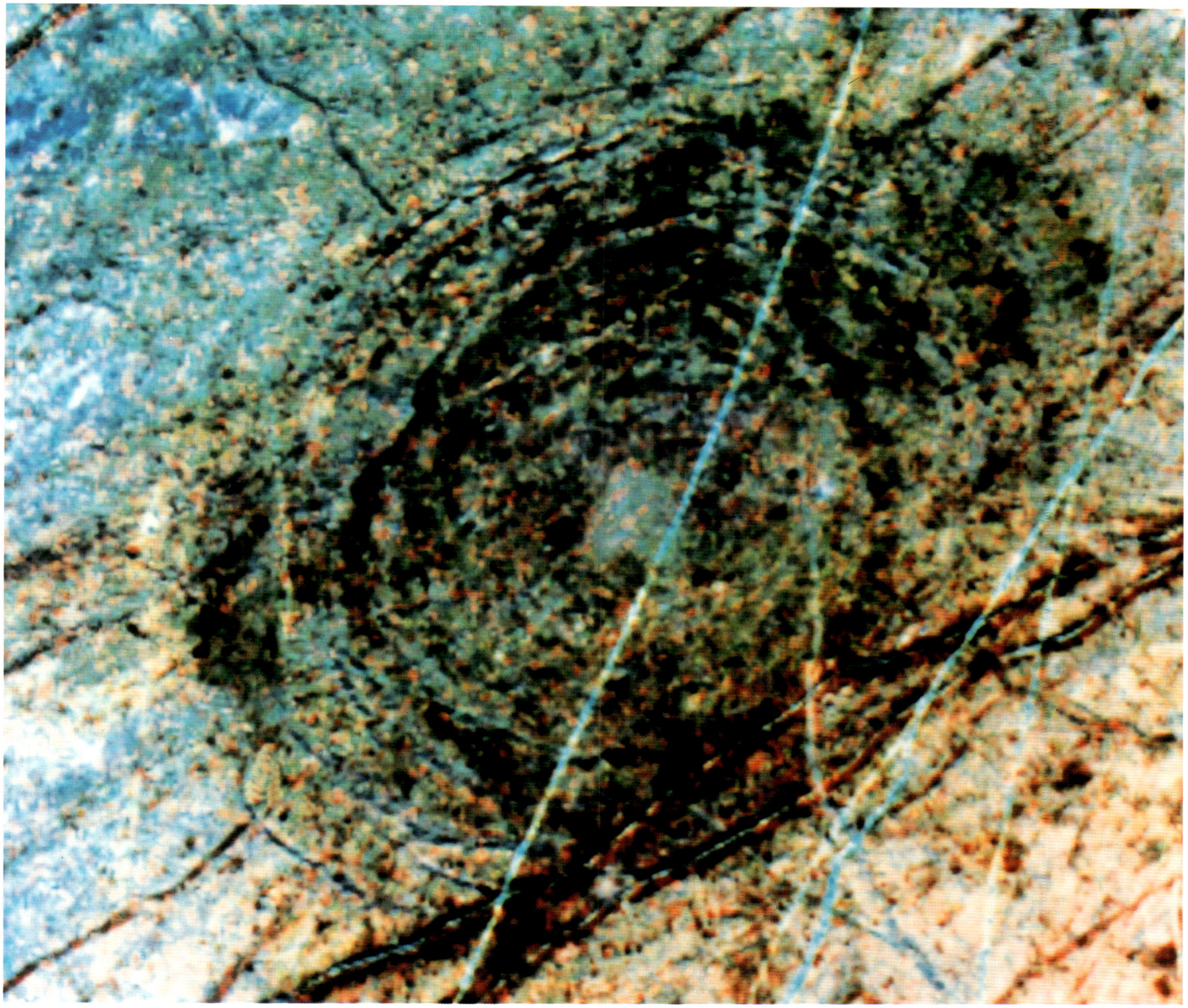

auf ein Bombardement, das dem Überlebenskampf im inneren Teil an Vehemenz und Heftigkeit in nichts nachstand.

Da die Riesenplaneten Welten aus Gas sind, zeigen ihre Oberflächen zwar keine bleibenden Schäden durch das Bombardement, doch die zahlreichen Eismonde um sie herum erzählen eine dramatische Geschichte. Die meisten Trabanten sind mit Kratern übersät. Der Sonde *Voyager 2* verdanken wir ebenfalls phantastische Aufnahmen der Saturnringe, sie sind wahrscheinlich die Überbleibsel eines zerstörten Eismonds. Ihre Reise führte sie auch am Uranus mit seiner ausgefal-

OBEN *Dieses Bild wurde am 4. April 1997 aufgenommen. Es zeigt einen Krater mit 140 km Durchmesser auf Europa, einem der eisigen Jupitermonde. Hier muß ein Komet oder ein Asteroid von der Größe eines Bergs eingeschlagen sein.*

GEGENÜBER *Mitte Juli 1994 waren alle Teleskope der Erde auf Jupiter gerichtet, um den Aufschlag von Teilstück G des Kometen Shoemaker-Levy zu beobachten.*

GEGENÜBER (KLEINE BILDER) *In der oberen Atmosphäre des Jupiter sind die Löcher gut zu erkennen, die die einschlagenden Kometenfragmente verursacht haben. Im Gegensatz zu den Kratern auf anderen Planeten waren die Wunden der riesigen Gaskugel Jupiter aber nach ein paar Monaten wieder verschwunden.*

lenen Stellung der Rotationsachse vorbei. Ein Objekt von der Größe der Erde muß Uranus irgendwann in der Vergangenheit getroffen und einfach auf den »Rücken« geworfen haben.

Es ist der 25. März 1993, drei Kometenjäger vertreiben sich die Nachtschicht im Mt.-Palomar-Observatorium bei San Diego, Kalifornien. Caroline und Eugene Shoemaker sowie David Levy hatten im Lauf ihrer Karrieren schon viele historische Entdeckungen gemacht, aber was sie in dieser Nacht erblickten, veränderte ihr Leben für immer. Caroline bemerkte als erste, daß etwas nicht stimmte, als sie auf den Fotoplatten ein Objekt fand, das aussah wie ein »kaputter Komet«. Tatsächlich hatten sie einen zerbrochenen Kometen mit 21 Teilen fotografiert, die wie an einer Perlenkette aufgereiht durch den Raum zogen. Diese Entdeckung brachte es immerhin auf Seite 23 der *Times*. Etwa zwei Monate später gab das Central Bureau for Astronomical Telegrams bekannt, daß sich der inzwischen Shoemaker-Levy-9 (SL-9) genannte Komet auf direktem Kollisionskurs mit Jupiter befand. David Levy sagte später: »Das war jetzt nicht mehr Seite 23 der *Times* – das war Seite eins!«

Als der Komet Jupiter erreichte, war längst jedes verfügbare Teleskop der Erde auf den Riesenplaneten gerichtet. Jeder wollte Zeuge des größten Ereignisses in der Geschichte der Astronomie sein. Niemand wurde enttäuscht. Mit einer Geschwindigkeit von 216 000 km/h tauchten die bis zu 4 km großen SL-9-Teilstücke der Reihe nach in die Jupiterwolken. Die Einschläge verursachten 3000 km hohe Feuersäulen und hinterließen tiefe Narben in der oberen Planetenatmosphäre, die mehrere Monate lang sichtbar blieben.

»So ist das Sonnensystem entstanden«, erzählt Levy begeistert, »Kometen trafen auf Planeten. An jenem Tag ist Jupiter ein Stückchen gewachsen. Er enthält jetzt mehr Wasser, mehr Kohlenmonoxid, mehr Kohlensulfid als vorher.« SL-9 zeigte, daß das Ende der Akkretionsphase noch nicht erreicht ist. »Im Sommer 1994 hätte man ein großes Warnschild aufstellen müssen, auf dem stand: Achtung! Betreten verboten! – Sonnensystem noch im Bau!«

Die unmöglichen Riesen

Als Safronow und Wetherill zwei Jahrzehnte zuvor versuchten, ihre Einfangshypothese auf die Riesenplaneten anzuwenden, stießen sie auf ein Problem. Laut Computer dauerte die Entstehung eines Planeten um so länger, je weiter er von der Sonne entfernt war. Jupiter hätte danach trotz der Eismonde um ihn herum 100 Millionen Jahre gebraucht, der weiter entfernte Saturn hätte weniger Bauteile zur Verfügung gehabt und noch mehr Zeit benötigt. Diese Vorhersage bedeutete ein Problem, denn es war allgemein bekannt, daß Jupiter und Saturn sehr viel schneller entstanden waren. Die Geschichte der Sonne selbst setzte hier ein festes Zeitlimit.

Etwa zwei bis zehn Millionen Jahre nachdem der solare Nebel begonnen hatte, zu kollabieren, durchlief die Wolke aus Staub und Gas eine dramatische Veränderung. Das kontrahierende Zentrum des Nebels wurde durch die wachsende Gravitation immer stärker zusammengepreßt und aufgeheizt. Der entstehende Druck wurde im Zentrum irgendwann groß genug, um eine Kernfusion auszulösen. In dem Augenblick, als das »Atomkraftwerk« angeschaltet wurde, leuchtete unsere Sonne auf. Ein grimmiger Wind aus geladenen Teilchen blies vom Zentrum weg in alle Richtungen. Während sich die zahllosen Planetesimale mit aller Macht dagegen stemmten, löste sich der Nebel plötzlich auf.

Der Wind blies die leichten Gase wie Wasserstoff und Helium aus dem Sonnensystem tief in den Weltraum.

Jupiter und Saturn bestehen fast ausschließlich aus Wasserstoff und Helium. Das bedeutet, daß ihre Kerne aus Gestein und Eis schon groß genug sein mußten, um mit ihrer Schwerkraft große Mengen Gas anzuziehen und festzuhalten, bevor der Sonnenwind aufkam – also im Alter von nur zehn Millionen Jahren. Wie diese Planetenkerne, die etwa zehnmal so groß sind wie die Erde, so schnell wachsen konnten, ist bis heute ein Rätsel. Jupiter und Saturn stellen jedoch nicht die einzigen Probleme dar.

Uranus und Neptun sind offensichtlich auf ganz andere Art und Weise entstanden. Die fast völlige Abwesenheit von Wasserstoff und Helium läßt vermuten, daß die Entstehung dieser beiden Planeten erst lange nachdem die junge Sonne die Gase weggeblasen hatte, beendet war. Nach der Einfangshypothese hätte ihre Entstehung Milliarden Jahre dauern müssen. Neptun dürfte eigentlich bis heute nicht fertig sein. Irgend etwas kann an den Berechnungen also nicht stimmen.

Fehlende Materie

Die Entdeckung jupitergroßer Planeten um nahe Sterne (siehe Kapitel 8) hat bei den Astronomen Hoffnungen geweckt, bald einen Riesenplaneten zu finden, der sich um einen jungen Stern dreht – jünger als zehn Millionen Jahre. Damit wäre bewiesen, daß sich Riesenplaneten in sehr kurzer Zeit bilden können. Bliebe nur die Frage nach dem »Wie?«.

Vielleicht stimmt ja die Überlegung einiger Theoretiker, daß die Gegenwart von Schnee den Verschmelzungsprozeß der Planetesimale beschleunigt. Wahrscheinlicher ist aber, daß Jupiter und die anderen Riesenplaneten einfach viel mehr Material zur Verfügung hatten, als das Modell von Safronow und Wetherill voraussetzt. Leider ist das genaue Maß äußerst schwierig zu bestimmen. Heutzutage ist das riesige, vier Milliarden Kilometer umfassende Gebiet zwischen Jupiter und Saturn kalt und leer.

Früher war das anders. Ähnlich wie im inneren Sonnensystem führten hier die schnell wachsende Gravitation von Jupiter und Saturn zu chaotischen Verhältnissen unter den akkurat kreisenden Eisbrocken, die sie begleiteten. Weil die Riesen aber viel mehr Masse besaßen als ihre vergleichsweise kleinen Brüder, übten sie auch viel stärkere Kräfte auf die umherwirbelnden Eisbrocken aus. Viele von ihnen wurden schlichtweg aus dem Sonnensystem geschleudert, andere in Umlaufbahnen weit jenseits von Pluto gestoßen. Wahrscheinlich fochten über 1000 Planetoiden von der Größe der Erde einen aussichtslosen Kampf mit Jupiter und Saturn um die Vorherrschaft im Orbit. Die Schräglagen von Uranus und Neptun lassen darauf schließen, daß auch sie mit vielen Rivalen wetteifern mußten. Pluto war einer davon, er allerdings weder verschlungen noch aus dem Sonnensystem geschleudert.

Alle übrige Materie wurde von den Planeten aber systematisch aus dem Weg geräumt und kreist heute jenseits der Umlaufbahnen von Neptun und Pluto. Wenn man genau bestimmen kann, wo sich diese fehlende Materie befindet – und wieviel es davon gibt –, werden die Geheimnisse der Riesenplaneten vielleicht gelüftet.

Kometen

In regelmäßigen Abständen kommen Kometen der Erde so nahe, daß man sie mit bloßem Auge erkennen kann. Wie ein erstarrtes Feuerwerk glühen sie dann am Himmel, periodisch wiederkehrende Besucher aus den dunklen Weiten unseres Sonnensystems. Kometen werden schon seit Tausenden von Jahren beobachtet, aber was sie sind und woher sie kommen, weiß man erst seit wenigen Jahrzehnten. In den 50er Jahren fand der niederländische Astronom Jan Oort heraus, daß die Kometen, die das innere Sonnensystem durchkreuzen, nur ein Bruchteil einer Unmenge weit verstreuter Eisbrocken bilden, die bis zu 1000mal weiter von der Sonne entfernt sind als Neptun. Sie sind so weit entfernt, daß selbst die stärksten Teleskope sie nicht mehr erfassen können. Man schätzt, daß die Zahl dieser Kometen in die Billionen geht und daß die Mehrzahl von Jupiter und Saturn aus dem Sonnensystem geschleudert wurde.

1986 fand eines der ehrgeizigsten Raumfahrtprojekte überhaupt seinen Höhepunkt. Die russischen Raumsonden *Vega 1* und *2* erforschten zunächst die Atmosphäre der Venus und führten danach die europäische Sonde *Giotto* bis auf 605 km an den Halleyschen Kometen heran. Alle 76 Jahre nähert Halley sich der Erde und fasziniert seine Betrachter. Die Bilder, die *Giotto* aufnahm, waren von einer Qualität, die Erdteleskope nicht annähernd erreichen konnten. Sie zeigten, daß sich in Halleys Innerem ein pechschwarzer Kern befindet – ein gefrorenes Fossil aus solarem Urnebel mit einer Ausdehnung von 16 km. Wenn Halley sich der Sonne nähert, beginnt seine äußere Eishülle zu verdampfen, was als leuchtender Schweif sichtbar wird. Dieser Schweif kann mehrere Millionen Kilometer lang werden.

Im Jahr 2004 soll die amerikanische Sonde *Stardust* in den Schweif des Kometen Wild 2 eindringen, Gas- und Partikelproben aufnehmen und diese zur Analyse zur Erde bringen. Dann werden Wissenschaftler zum ersten Mal nach der Rohmaterie greifen können, aus der sich unser Sonnensystem bildete.

1 *Der Kern des Halleyschen Kometen, aufgenommen von der ESA-Sonde* Giotto *im März 1986.*

2 *1810 sorgte das Auftauchen des Halleyschen Kometen für helle Aufregung bei den Astronomen, die seine Wiederkehr erwartet hatten, aber auch für Panik unter der Bevölkerung.*

3 *Von der Erde aus gesehen erscheint der Halleysche Komet als heller Punkt mit einem leuchtenden Schweif aus Eis und Staubpartikeln, der mehrere Millionen Kilometer lang ist.*

Zurück zu den Anfängen

UNTEN *Clyde Tombaugh im Jahr 1980.*

RECHTS *Das Keck-Zwillingsteleskop des Mauna-Kea-Observatoriums auf Hawaii. Mitte des 20. Jahrhunderts war man überzeugt, daß es von der Erde aus nichts Neues mehr über die Planeten zu erfahren gäbe. Jetzt, da neue Kleinplaneten am Rand des Sonnensystems entdeckt werden, sind Teleskope wichtiger denn je.*

Clyde Tombaugh benötigte mehr als ein Jahr, um den neunten Planeten zu entdecken. Am 28. April 1998 beobachteten Dave Jewitt und Jane Luu den Himmel durch das Kanada-Frankreich-Hawaii-Teleskop (CFHT), das sich in 4200 m Höhe auf dem Mauna Kea befindet, und entdeckten fünf Kleinplaneten, die weiter entfernt sind als Neptun. Diese Handvoll neuentdeckter Objekte bilden nur den Bruchteil eines riesigen Schwarms von Eisbrocken, der kürzlich jenseits der Neptunbahn nachgewiesen wurde.

Seit 1930 fragten die Wissenschaftler sich, ob sich in diesem Bereich des Sonnensystems noch Kleinplaneten befinden; es erschien einfach unwahrscheinlich, daß das Sonnensystem hinter Neptun – mit Ausnahme von Pluto – so abrupt enden sollte. Heute weiß man, daß der Edgeworth-Kuiper-Gürtel – benannt nach den Forschern, die erstmals auf seine Existenz hinwiesen – tatsächlich die Körper enthält, die von den Planetenriesen weggeschleudert wurden. Einige dieser Eisberge besitzen stark elliptische Umlaufbahnen und kommen zeitweilig der Sonne so nahe, daß sie schmelzen und als Kometen erscheinen. Früher zogen unzählige Eisbrocken durch das Sonnensystem, heute statten nur noch wenige dem inneren Teil gelegentlich einen Besuch ab.

Nach heutigem Forschungsstand verteilen sich noch Milliarden von Himmelskörpern jenseits des Neptun über einen Bereich von einigen Milliarden Kilometern. Pluto ist beileibe nicht das äußerste Objekt des Sonnensystems, er ist vielmehr der »König« des Edgeworth-Kuiper-Gürtels. Dave Jewitt und Jane Luu sind davon überzeugt, daß dort noch viele Pluto-ähnliche Objekte auf ihre Entdeckung warten. Sie sind die Bausteine nie entstandener Welten, die nun gefangen in der eisigen Schwärze hinter Neptun durch das All treiben. Um die Geheimnisse zu lüften, die sich um die Entstehung des Sonnensystems ranken, müssen wir noch weiter gehen als zum Pluto – in das Reich der Eiszwerge.

Clyde Tombaugh war eine Säule der astronomischen Gesellschaft, er starb Ende 1996. Jahrzehntelang war er bei allen Raummissionen Ehrengast in den Kontrollstationen gewesen. Der Mann, der Pluto entdeckte, hatte das Glück, miterleben zu können, wie die leuchtenden Punkte seiner Jugend durch die Raumfahrt allmählich Gesichter bekamen. Dennoch sind sein Planet und dessen Begleiter auch heute noch ein Mysterium.

Es ist eine Mission mit der Bezeichnung *Pluto Express* geplant, die den neunten Planeten etwa 2012 erreichen soll. Als sie vor ein paar Jahren erstmals angeregt wurde, bat man Tombaugh schriftlich um die Erlaubnis, seinen Planeten besuchen zu dürfen. Etwas Schöneres hätte man ihn nicht fragen können.

Wenn alles nach Plan läuft, wird die Raumsonde Pluto und seinen Mond Charon aus der Nähe erkennen und Daten über Struktur und Atmosphäre der Körper zur Erde senden. Anschließend soll sie ein Objekt des Edgeworth-Kuiper-Gürtels auswählen und sich auf eine Entdeckungsreise ins Ungewisse machen. Der Projektleiter dieser Mission, Rich Terrile, gibt offen zu, nicht zu wissen, was der *Pluto Express* im äußeren Gürtel vorfinden wird. Vielleicht birgt die Zusammensetzung der Eisbrocken eine Überraschung, vielleicht liegt ein Schlüssel zu ihrer Geschichte auch in ihrer Oberflächenstruktur.

80 Jahre nach der Entdeckung Plutos dringen wir schließlich in jene Welt ein, die unser Modell der Entstehung des Sonnensystems so in Frage gestellt hat. Der kleine unförmige Ball und sein Begleiter halten womöglich bis heute Informationen zurück, die die Entstehungsgeschichte von Jupiter, Saturn, Uranus und Neptun aufklären. Was immer der *Pluto Express* auch herausfinden mag, es wird auf jeden Fall neue Debatten auslösen und anerkannte Theorien möglicherweise über den Haufen werfen. Das einzige, was sich nach 40 Jahren Raumfahrt mit Sicherheit sagen läßt, ist, daß wir immer noch ganz am Anfang stehen.

2

Nachbar Mond

Mit einem Schlag bleiben alle blinkenden Digitalanzeigen in der Kontrollstation stehen, die versammelten Techniker der *Apollo*-Mission in Houston atmen tief durch. In ungefähr 380 000 km Entfernung sind gerade drei Männer mit einer Geschwindigkeit von 8000 km/h hinter dem Mond verschwunden. Während der folgenden 45 Minuten ist zwischen der Bodenstation und *Apollo 8* kein Funkkontakt möglich. Das Trio schwebt über der Rückseite des Mondes.

Bis dahin haben sie noch nicht viel vom Ziel ihrer Reise gesehen, aber als sich ihre Augen an das Zwielicht gewöhnen, füllt sich der Himmel plötzlich mit zahllosen Sternen. Durch das Fenster der Raumkapsel sieht Bill Anders einen Streifen totaler Dunkelheit. Dann, nur drei Minuten bevor die Bremsrakete des Service-Moduls zünden soll, um die Kapsel in eine Umlaufbahn in 110 km Höhe über der Mondoberfläche zu bringen, dringt gleißendes Sonnenlicht durch die Dunkelheit. »Oh mein Gott«, raunt Anders seiner Crew zu. »Seht euch das an!« Durch die dicken Glasscheiben werden nun Gebirge sichtbar, die sich langsam aus den langen Schatten des Mondmorgens heben. Die drei beobachten etwas, wovon die Menschheit jahrhundertelang geträumt hat. Aber in der nächsten halben Stunde dieses Weihnachtsabends 1968 wird noch niemand etwas davon erfahren.

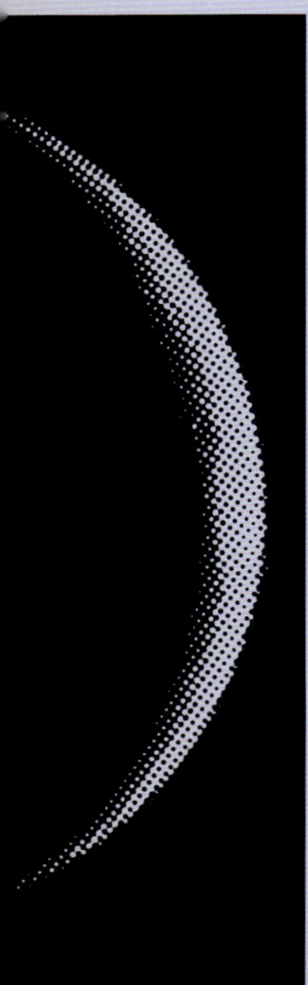

Lange bevor Bill Anders, Frank Borman und Jim Lovell als erste Menschen den Mond aus der Nähe sahen, richtete Galileo Galilei 1609 sein neues Fernrohr auf die helle Scheibe am Himmel über Florenz. Diese neue, bahnbrechende Erfindung ließ ihn als ersten erkennen, daß der Rand der Mondscheibe nicht glatt und rund war, sondern eckig und uneben. In dieser Nacht wußte nur er, einer der Väter der modernen Astronomie, daß der Mond eine Welt aus Gestein ist und unserer eigenen vielleicht gar nicht so unähnlich.

Einige Zeit später gab der Himmel mit Hilfe des Fernrohrs noch mehr seiner Geheimnisse preis. Auf der Suche nach neuen Abenteuern richtete Galilei es auf Jupiter und entdeckte vier kleine Lichtpunkte in seiner Nähe. Nachdem er ihre Bewegungen einige Nächte hindurch aufgezeichnet

SEITEN 38–39 *Logenplatz: Dieser Schnappschuß, aufgenommen von den Astronauten der Apollo 8, zeigt den Aufgang der Erde über dem Mond.*

hatte, stellte er überrascht fest, daß sie den Planeten umkreisten. Es schien so, als ob unser Mond nicht der einzige Trabant wäre. Das Sonnensystem hatte also auch »Bürger zweiter Klasse« – Objekte, die um Planeten und nicht um die Sonne kreisten. Es gab nicht nur einen, sondern viele Monde.

Die Zahl der bekannten Trabanten, die das Sonnensystem schmücken, hat sich seit 1610 von fünf (der Erdmond plus die vier »Galileischen Monde« des Jupiter) auf über 50 erhöht, viele von ihnen wurden zwischen 1979 und 1989 von den *Voyager*-Sonden während ihrer Besuche der äußeren Planeten Jupiter, Saturn, Uranus und Neptun entdeckt. Diese Monde bieten einen einzigartigen Anblick. Sie sind kraterübersäte Eiskugeln, Felsbrocken, die aussehen, als ob sie erst gesprengt und dann lose zusammengesetzt worden wären; einer besitzt Geysire aus gefrorenem Stickstoff, ein anderer eine dichtere Atmosphäre als die Erde.

LINKS OBEN *Diese Zeichnungen stammen von Galileo Galilei (1564–1642), sie sind fast 400 Jahre alt.*

RECHTS OBEN *Galilei präsentiert den Musen sein Fernrohr und deutet auf Jupiter mit seinen Trabanten, daneben Venus und Saturn.*

Die Erde ist neben Pluto der einzige feste Planet mit einem vergleichsweise großen Mond. Um den Mars kreisen zwei winzige eiförmige Körper, nur 9 bzw. 17 km groß. Es handelt sich vermutlich um Asteroiden, die dem roten Planeten zu nahe gekommen sind und durch seine Gravitation in eine Umlaufbahn gezwungen wurden. Venus und Merkur haben überhaupt keine Begleiter. Warum gerade die Erde einen Mond von immerhin einem Viertel ihrer Größe besitzt, ist bis heute eines der größten Rätsel des Sonnensystems. Für die Sterngucker der Antike war der Mond wie ein himmlischer Spiegel. Sie glaubten, seine Oberfläche würde deshalb so unregelmäßig erscheinen, weil er die Ozeane und Kontinente auf der Erde widerspiegelte. Galilei spottete über diese Theorie. Er hielt die schwarzen Gebiete auf der Mondoberfläche für wirkliche Ozeane und nannte sie »Maria«. Später entdeckten andere Astronomen mit verbesserten Teleskopen, daß auch die Maria mit kleineren Kratern übersät sind und daß sie in Wirklichkeit trockener sind als jede Wüste auf der Erde. Wissenschaftliche Fortschritte konnten dem Mond jedoch nie etwas von seiner Faszination nehmen.

Im Zeitalter der Raumfahrt war eine Reise zum Mond plötzlich keine Utopie mehr. Das Wettrennen zwischen den USA und der Sowjetunion um die erste Mondlandung ist bereits Legende. In einer Sommernacht Ende der 60er Jahre traten zwei Amerikaner in das Mare Tranquillitatis. Hinter dem unvergeßlichen Foto des Astronauten, der in unwirtlicher, lebensfeindlicher Umgebung die amerikanische Flagge hißt, verbirgt sich jedoch die Geschichte eines bisher einmaligen Abenteuers der Wissenschaft. Was für eine Welt ist unser nächster Nachbar? Wie alt ist sie und woher kommt sie? Der 20. Juli 1969 ist ein wichtiges Datum in der Geschichte der Menschheit, denn es markiert den Anfangspunkt zum modernen Verständnis des Mondes.

Auf zum Mond!

Wir haben beschlossen, zum Mond zu fliegen! Wir haben beschlossen, in diesem Jahrzehnt zum Mond zu fliegen und einiges andere zu tun – nicht weil es einfach ist, sondern weil es schwierig ist.

Präsident John F. Kennedy in einer Rede an der Rice University, Houston, Texas, am 12. September 1962

Seit der sowjetische Sputnik 1957 Radiosignale aus dem Orbit gesendet hatte, war der Weltraum zum symbolischen Schlachtfeld der Supermächte geworden. Während die meisten Menschen in Angst vor der drohenden gegenseitigen Vernichtung lebten, hätte den Mondforschern kaum etwas Besseres passieren können. Der beliebteste Präsident der USA hatte versprochen, einen Menschen zum Mond zu schicken, bevor das Jahrzehnt zu Ende ging (um den konkurrierenden Sowjets zuvorzukommen), also würden die Wissenschaftler bald erstmals eine andere Welt aus der Nähe sehen können. Vor ihnen lag jedoch noch ein ganzes Stück Arbeit.

Auf den Tag genau drei Jahre vor Kennedys bewegender Rede vor texanischen Studenten startete eine Rakete mit den Insignien von Hammer und Sichel zum ersten Mondflug. Sie trug die Sonde *Luna 2*, die am 15. September 1959 im Mare Serenitatis niederging. Der wissenschaftliche Nutzen dieser Mission war zwar gering, aber der staubbedeckte Haufen Metallschrott bedeutete die Führung für die Sowjetunion im Wettrennen zum Mond.

GEGENÜBER *Graue Schatten: Die Oberfläche unseres Mondes ist mit dunklen Flecken übersät, die Maria genannt werden. Eines der Ziele der bemannten Mondmissionen war herauszufinden, wie der Mond und seine Maria entstanden sind.*

Der Doppelplanet

Wenn man nachts zur fahlen Mondsichel hinaufschaut, kann man sich kaum vorstellen, daß dieses Himmelsobjekt tatsächlich eine 70 Trillionen Tonnen schwere Gesteinskugel ist, die mit 3700 km/h um die Erde kreist. Kein anderer Planet des Sonnensystems, mit Ausnahme des kleinen Pluto, besitzt einen vergleichsweise ähnlich großen Trabanten. Mond und Erde sind in bezug auf Größe und Abstand so eng verbunden, daß manche Astronomen gerne von einem »Doppelplanetensystem« sprechen.

Betrachtet man den Mond über den Zeitraum von einem Monat, bemerkt man Veränderungen. Natürlich sieht es nur so aus, als ob der Mond ab- und zunimmt. Eine optische Täuschung, die dadurch entsteht, daß der Mond auf seinem 27,3 Tage dauernden Erdumlauf aus verschiedenen Richtungen beleuchtet wird.

Bei Vollmond stehen Mond, Erde und Sonne nahezu in einer Linie, bei Halbmond bilden Mond, Erde und Sonne einen rechten Winkel. Der matt leuchtende Neumond steht nahezu zwischen Erde und Sonne, er wirft nur das von der Erde reflektierte Licht zurück. Es fällt auf, daß der Mond der Erde immer dieselbe Seite zuwendet. Eine Hälfte des Mondes ist etwas schwerer als die andere, die Erde nützt die Schwerkraft ihrer 80fachen Masse, um den Mond immer in dieser Position zu halten.

Umgekehrt wirkt auch der Mond auf die Erde. Seine Anziehungskraft bewirkt die täglichen Gezeiten der Meere. Dabei wölbt sich das Meer sowohl am mondnächsten als auch am mondfernsten Punkt der Erde etwa einen Meter hoch. Die Erde dreht sich in 24 Stunden einmal um sich selbst, die Doppelwölbung des Meeres bleibt aber relativ zum Mond immer an derselben Stelle, so daß jeder Punkt des Meeres zweimal am Tag Ebbe und Flut erlebt.

George Darwin, der Sohn des berühmten Biologen, entwickelte als erster die Theorie, daß das Zusammenspiel von Erde und Mond nicht immer so ablief wie heute. Seiner Hypothese zufolge bremsen die Gezeiten die Erddrehung. Darwin untersuchte die Spuren der Gezeiten auf fossile Korallen und fand heraus, daß ein Erdtag vor mehreren hundert Millionen Jahren nur 20 Stunden dauerte.

Harold Jeffreys, ein weiterer britischer Forscher, verfolgte die Aufzeichnungen über jede Mond- bzw. Sonnenfinsternis zurück bis in die Zeit der Babylonier und kam ebenfalls zu dem Ergebnis, daß der Mond sich von der Erde fortzubewegen scheint – er schätzte die Rate auf etwa 3 cm pro Jahr.

Als *Apollo 11* 1969 auf dem Mond landete, bestätigte sich Jeffreys' Theorie. Der Abstand vergrößert sich derzeit um 3,8 cm pro Jahr. Parallel dazu verlängert sich der Erdtag um zwei Tausendstelsekunden pro Jahrhundert. Das erscheint zwar ziemlich gering, ergibt aber über größere Zeiträume einen merklichen Effekt. Als unser Doppelplanet noch jung war, befand sich der Mond in nur einem Zehntel seiner heutigen Entfernung, und ein Erdtag dauerte lediglich sechs Stunden.

Mit dem Gefühl des Triumphs überbrachte Nikita Chruschtschow, der erste sowjetische Staatschef, der je in die USA reiste, Präsident Eisenhower eine Kopie des *Luna-2*-Emblems. Ein herber Schlag für das Selbstbewußtsein Amerikas, doch es sollte noch schlimmer kommen.

Auf einer Silvesterparty im selben Jahr ließen einige junge Weltraumforscher in Moskau die Sektkorken knallen. Der Genuß französischen Champagners im russischen Winter erschien ihnen fast noch phantastischer als das, was sie erreicht hatten: Er war nämlich die Belohnung für die Lieferung der ersten Fotos von der Rückseite des Mondes.

Ein paar Jahre zuvor hatte ein reicher französischer Exzentriker öffentlich erklärt, er werde demjenigen eine Kiste Sekt spendieren, der ihm die Seite des Mondes zeige, die immer von der Erde abgewandt ist. Im Oktober 1959 tat *Luna 3* genau dies, und der Franzose hielt sein Versprechen. Obwohl ein paar gierige »Apparatschiks« in der Russischen Botschaft in Paris die meisten Flaschen für sich behielten, erinnert sich Boris Chertok, einer der Ingenieure im Team, noch gern an den Geschmack des prickelnden Getränks: »Wer kann schon von sich behaupten, den Mond gegen französischen Champagner eingetauscht zu haben!«

Gegen die sowjetischen Erfolge wirkten die Bemühungen der NASA recht armselig. Die einzig erfolgreiche Mondmission war *Pioneer 4*, die aber keine Kamera an Bord hatte und den Mond in 60 000 km Entfernung passierte. Die USA lagen in dem Wettrennen weit zurück, und dieses Mal konnten sie nicht einmal behaupten, daß die sowjetische Mission wissenschaftlich wertlos gewesen sei, denn die Aufnahmen der Mondrückseite erwiesen sich als bedeutsam. Die 17 Fotos der Kamera von *Luna 3* zeigten zwar zusammengesetzt nicht viel mehr als ein paar undeutliche Flecken. Es wurde jedoch deutlich, daß die Mondrückseite fast völlig frei von dunklen Maria war, Galileis »Meeren«, die die erdzugewandte Seite bedeckten. Die Mondrückseite zeigte sich grau und war mit Kratern übersät. Diese fremde, doch so verlockend nahe Welt war ganz offensichtlich noch eine eingehendere Untersuchung wert.

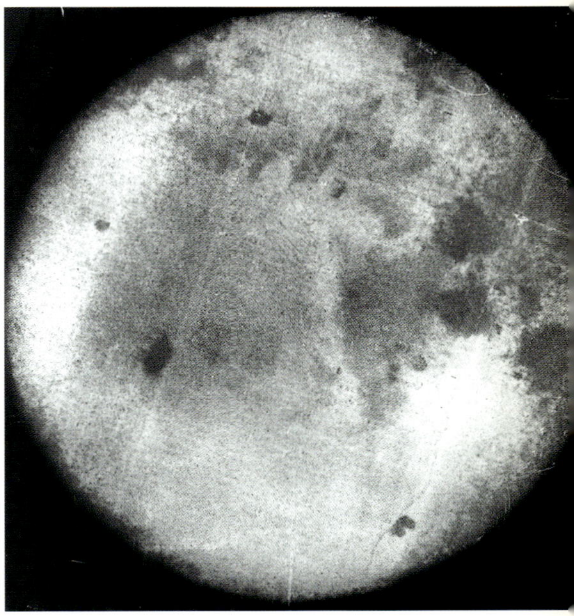

OBEN *Das erste Bild von der Rückseite des Mondes, zusammengesetzt aus 17 Fotos, die 1959 von* Luna 3 *aufgenommen wurden. Rechts sieht man einen Teil der erdzugewandten Seite.*

Wenn die Politik nicht wäre ...

Der amerikanische Geologe Jim Head erinnert sich noch gut an die ganzseitige Anzeige in einer wissenschaftlichen Fachzeitschrift aus den frühen 60er Jahren. Sie zeigte den Mond, und die Zeile darunter lautete: »Wir bereiten den Weg zum Mond und zurück.« Als Head es einige Zeit später geschafft hatte, in das wachsende Geologenteam des *Apollo*-Programms der NASA aufgenommen zu werden, ahnte er, daß sie Geschichte schreiben würden. Für die erste Mondlandung kamen als Astronauten nur Armeepiloten mit außergewöhnlichen Fähigkeiten in Frage. Head half bei der Wahl des Landeplatzes und erklärte den Astronauten, worauf sie nach der Mondlandung zu achten hätten. Sie würden seine Augen und seine Hände auf dem Mond sein. Der Höhepunkt seiner wissenschaftlichen Karriere stand bevor. Während die Astronauten sich in ihrem Ruhm sonnen würden, bekämen die Geologen endlich die Chance, die neue Welt genauer unter die Lupe zu nehmen. Es gab zahllose offene Fragen.

Das Geheimnis der Mondrückseite war ein neuer Eintrag in die lange Liste ungelöster Rätsel der Geologen, die Entstehung der Maria selbst stand jedoch ganz oben. Am Ende des 19. Jahrhunderts waren die meisten Astronomen und Geologen übereinstimmend der Ansicht, die Maria seien durch große Lavaströme entstanden, die aus Spalten in der Mondkruste gequollen waren. Wo aber waren diese Spalten? Die Teleskope auf der Erde konnten nur Objekte ausmachen, die mehrere hundert Meter lang waren – zu ungenau, um die Quellen der Lavaströme zu finden. Eine Raumsonde würde neue, weiter reichende Möglichkeiten eröffnen.

Nun sollten auch die Spekulationen um die Entstehung der zahllosen Krater beendet werden, die die Mondoberfläche wie Pockennarben überzogen. Einige Astronomen neigten zu der Ansicht, sie seien Vulkankrater, aber die meisten – vor allem diejenigen, die den berühmten Meteorkrater in Arizona mit eigenen Augen gesehen hatten – tippten auf Einschläge von Asteroiden, die mit mehreren 1000 km/h mit dem Mond kollidiert waren.

Für die Gruppe englischer Mönche, die vor einem knappen Jahrtausend eine seltsame Beobachtung machte, hätte sich diese Frage gar nicht erst gestellt. Gervase von Canterbury schrieb 1178 über eine Erhebung, die plötzlich am Rand der Mondsichel erschien; eine Erhebung, die »entzwei brach ... eine brennende Fackel schoß auf und ... spie Feuer, glühende Kohle und Funken. Währenddessen wand sich der Mond und zuckte wie eine verletzte Schlange«. Der Mönch fand keine Erklärung für seine Beobachtung, vermutlich war er Zeuge eines Meteoriteneinschlags geworden, der eine große, das Sonnenlicht reflektierende Staubwolke aufgewirbelt hatte.

Je besser die Fotografien der Mondoberfläche wurden, desto mehr setzte sich die Einschlagtheorie durch. Die flachen Mulden, die radialen Strahlen, die sich weit um die größten Krater ausdehnten, ihre schiere Anzahl ... alles deutete daraufhin, daß die Mondoberfläche durch äußere Einwirkungen deformiert worden war und nicht von innen. Traf dies zu, dann war der Mond eine uralte Welt, deren Kruste sich in den letzten Milliarden Jahren kaum verändert hatte, vielleicht seit ihrer Entstehung nicht mehr. Der Mond ist ein Relikt und damit vielleicht ein Schlüssel zur Frühgeschichte des Sonnensystems, einer Geschichte, deren Spuren auf der Erde von Wind, Wasser, vulkanischer Aktivität und natürlich vom Leben verwischt worden sind.

Näher dran

GEGENÜBER GANZ RECHTS *Diese Fotos wurden von der Kamikaze-Sonde* Ranger 9 *beim Anflug auf den Krater Alphonsus aufgenommen. Kurz vor dem Aufprall wurden die Kameras von den Sonden abgesprengt. Ihre Motive: Krater über Krater.*

GEGENÜBER LINKS *Eine Karte vom Zielgebiet der* Ranger 7, *1964. Die letzten Fotos der Sonde waren 1000mal genauer als die besten Teleskopaufnahmen von der Erde aus.*

Wenn eine bemannte Mondlandung erfolgreich verlaufen sollte, mußten unbemannte Sonden die Oberfläche vorher natürlich genau erkunden. Während die 60er Jahre immer weiter voranschritten, beeilten sich Russen und Amerikaner, eine ganze Flotte von Mondfähren zu entwerfen, zu testen und zu starten.

Die NASA ging den einfachsten Weg und baute eine Serie von Kamikaze-Sonden mit dem Namen *Ranger*. Entworfen wurde die Serie im JPL in Pasadena, Kalifornien, wo später auch die äußerst erfolgreichen *Mariner-*, *Viking-* und *Voyager*-Sonden entwickelt wurden. Das neugegründete Forschungszentrum erwischte jedoch einen miserablen Start. Die Ranger-Sonden sollten mit Hilfe der Kameras auf ihren Nasen Bilder vom Mond zur Erde funken, während sie auf die Oberfläche zurasten. Die ersten fünf Sonden waren totale Fehlschläge, *Ranger 4* war die einzige, die den Mond überhaupt traf. Kennedys selbstgesetzter Termin 1969 rückte immer näher und ließ keinen weiteren Zeitverlust zu, also wurde kurzfristig der Leiter der Mission gefeuert. Sein Nachfolger vereinfachte *Ranger 6* dahingehend, daß alle nicht unbedingt notwendigen Experimente gestrichen wurden, bis kaum mehr als eine Lenkrakete mit eingebauter Kamera übrigblieb.

Ranger 6 funktionierte technisch einwandfrei, sie schlug genau am berechneten Zielpunkt auf; leider fiel die Kamera aus und machte kein einziges Foto. Am 31. Juli 1964, in den letzten Sekunden bevor *Ranger 7* im Mare Nubium einschlug, gelangen aber schließlich doch die ersten detaillierten Bilder einer fremden Welt.

Die letzten Aufnahmen von *Ranger 7* waren weit besser als alle Fotos, die je von der Erde aus gemacht worden waren. Je näher die Sonde der Oberfläche kam, um so mehr Krater wurden erkennbar. Aus welcher Entfernung man den Mond auch beobachtete, alles war übersät mit Kratern. Der Anblick begeisterte die Wissenschaftler ebenso wie den Rest der Welt. Das Selbstvertrauen der Verantwortlichen wuchs mit jeder erfolgreichen Mission, bis sie schließlich der Öffentlichkeit erlaubten, dabei zu sein. Am 24. März 1965 übermittelte *Ranger 9* die ersten Live-Bilder vom Mond, alle großen amerikanischen Fernsehstationen übertrugen die letzten Momente vor dem Aufschlag der Sonde im Krater Alphonsus.

Wie die Amerikaner erlitten auch die Russen eine Reihe von Mißerfolgen. Zwischen der triumphalen *Luna-3*-Mission und den *Ranger-9*-Live-Bildern hatten nur drei weitere *Luna*-Sonden

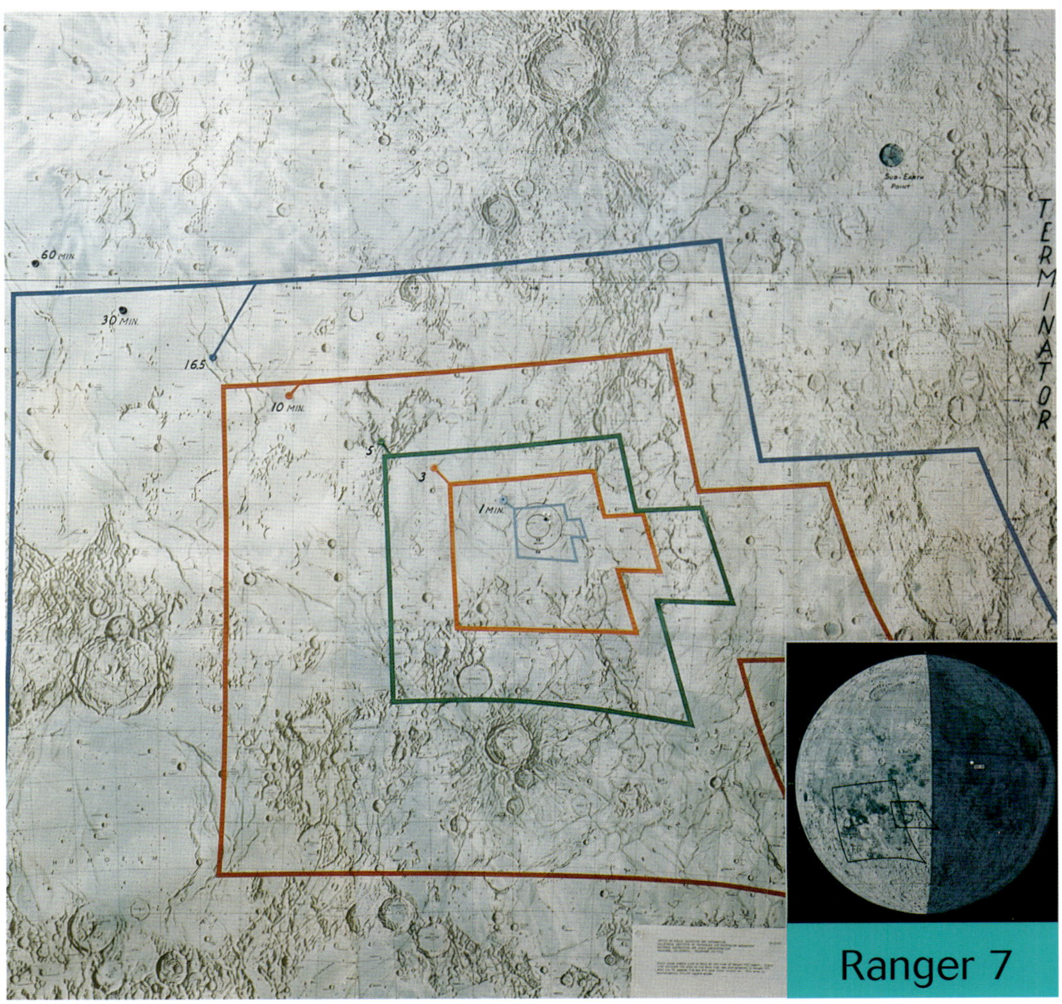

UNTEN *Eine der ersten Kamikaze-*Ranger-*Sonden. Nachdem die ersten fünf Sonden ihr Ziel verfehlt hatten, wurde das Design vereinfacht. Leider wurde auch der furchterregende Ball mit den scharfen Zähnen oben an der Sonde gestrichen.*

die Erde verlassen, keine hatte irgendwelche brauchbaren Informationen gesammelt. Jetzt arbeiteten die Russen an der technisch komplexen Aufgabe, eine kontrollierte Mondlandung durchzuführen. Dafür mußten die Sonden mit Bremsraketen ausgerüstet werden, damit sie sanft auf der Mondoberfläche aufsetzen konnten. Der erste Versuch wurde im Mai 1965 gestartet, aber die Bremsraketen versagten, und *Luna 5* zerschmetterte wie ihre frühere Konkurrentin *Ranger 7* am Grund des Mare Nubium. *Luna 6* flog glatt am Mond vorbei. Gegen Ende des Jahres 1965 vergrößerten dann *Luna 7* und *8* die Zahl der Schrotthaufen im Oceanus Procellarum. Der Mond war nicht so einfach zu erreichen.

Wettlauf zum Mond

UdSSR

1959 **15. September,** *Luna 2* zerschellt auf dem Mond und erreicht damit als erstes Objekt überhaupt einen anderen Himmelskörper.

1959 **7. Oktober,** *Luna 3* sendet die ersten Bilder von der Rückseite des Mondes.

1961 **12. April,** Juri Gagarin tritt als erster Mensch in eine Erdumlaufbahn ein. Er umrundet die Erde in 1 Stunde und 48 Minuten.

1966 **3. Februar,** *Luna 9* sendet die ersten Nahaufnahmen der Mondoberfläche.

1966 **4. April,** der Mond bekommt einen künstlichen Satelliten. *Luna 10* schwenkt in die Umlaufbahn ein, um Gravitation, Strahlung und Magnetismus zu messen.

1968 **21. September,** *Zond 5* kehrt als erste Sonde unbeschadet von einer Mission zurück.

1969 **3. Juli,** auch der dritte Versuch, die große *N-1*-Rakete zu zünden, schlägt fehl und beendet vorerst die bemannte Raumfahrt der Sowjetunion.

1969 **21. Juli,** der Versuch, eine Gesteinsprobe vom Mond zur Erde zu transportieren, scheitert. *Luna 15* stürzt in das Mare Crisium.

1970 **24. September,** *Luna 16* bringt die erste Gesteinsprobe der Russen zur Erde.

1970 **17. November,** das von einem Forschungsteam auf der Krim kontrollierte Mondfahrzeug *Lunochod 1* nimmt Gesteinsproben und analysiert sie an Ort und Stelle.

1976 **22. August,** Ende der letzten sowjetischen Mondmission. *Luna 24* bringt eine Gesteinsprobe aus 2 m Tiefe zur Erde.

USA

1962 **20. Februar,** John Glenn bleibt als erster Amerikaner längere Zeit im All, in 4 Stunden und 55 Minuten umrundet die *Friendship 7* dreimal die Erde.

1964 **31. Juli,** *Ranger 7* zerschellt mit aufgesetzten automatischen Kameras auf der Mondoberfläche. Sie liefern die besten Nahaufnahmen aller Zeiten vom Mond.

1966 **14. August,** *Lunar Orbiter 1* schwenkt in eine Bahn um den Mond ein und sendet die ersten Bilder der Erde vom Mond aus gesehen.

1967 **19. April,** *Surveyor 3* landet im Oceanus Procellarum, mit ihrem ausfahrbaren Arm nimmt sie erste Gesteinsproben vom Mond.

1967 **9. November,** die große *Saturn-V*-Rakete, die eine bemannte Raumkapsel mit 52 t Ausrüstung tragen kann, macht ihren Jungfernflug. Er verläuft reibungslos.

1968 **25. Dezember,** *Apollo 8* führt den ersten bemannten Flug um den Mond durch. Er wird achtmal in einem Abstand von 110 km umkreist.

1969 **20. Juli,** Flug von *Apollo 11*, Neil Armstrong und Buzz Aldrin betreten als erste Menschen den Mond.

1970 **13. April,** nach einer Explosion an Bord muß die Crew der *Apollo 13* die dritte Mondlandungsmission abbrechen. Alle drei Astronauten gelangen nach dramatischem Flug sicher zur Erde zurück.

1971 **30. Juli,** Dave Scott und Jim Irwin machen mit dem Mondfahrzeug der *Apollo 15* die erste Spazierfahrt auf dem Mond.

1972 **7. Dezember,** *Apollo 17* bringt die bisher letzten Amerikaner auf den Mond. Einer von ihnen ist Jack Schmitt, der als erster Geologe einen anderen Planeten besucht.

1990 **9. Dezember,** auf ihrem Weg zum Jupiter nimmt die Sonde *Galileo* die ersten brauchbaren Bilder vom Südpol des Mondes auf.

1994 **21. Februar,** *Clementine* schwenkt in eine Mondumlaufbahn ein und führt eine intensive Erkundung der Mondpole durch, sie entdeckt möglicherweise Spuren von Eis am Südpol.

1998 **7. Januar,** mit dem Start von *Lunar Prospector* beginnt eine dreijährige Aufklärungsmission zur Erforschung des Mondes.

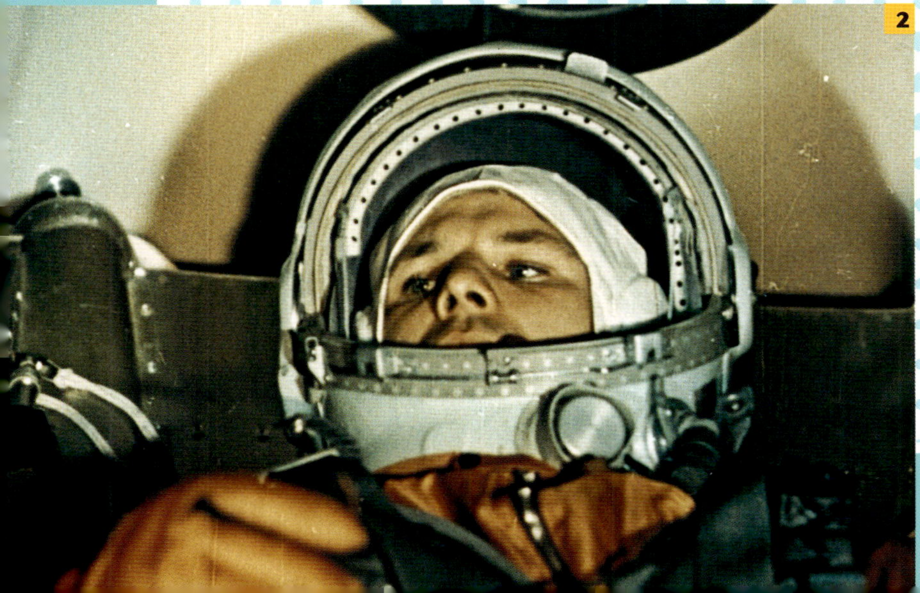

1 *Die ersten sieben Astronauten der NASA. Al Shepard (zweiter von rechts) verließ in einer* Mercury-*Kapsel als erster die Erdatmosphäre und blieb 15 Minuten im All. John Glenn, der als erster Amerikaner die Erde umrundete, ist der dritte von links.*

2 *Juri Gagarin bereitet sich auf den ersten Besuch eines Menschen im All vor. 1961 umkreiste er mit* Wostok 1 *in 89 Minuten die Erde.*

Das Rennen wird enger

UNTEN *Ein Teil der Wucht, mit der die Nachricht von den Errungenschaften der sowjetischen* Luna 9 *einschlug, wurde von einem britischen Radioastronomen abgefangen. Sir Bernard Lovell fing einige Signale im Observatorium Jodrell Bank in Cheshire auf, die offensichtlich sowjetischen Ursprungs waren. Wie sich herausstellte, stammten sie von* Luna 9 *und waren nicht kodiert. Als die Bilder vom Mond am nächsten Tag im »Daily Express« erschienen, waren die Russen verständlicherweise wütend darüber.*

DAILY EXPRESS

No. 20,428 SATURDAY FEBRUARY 5 1966 Weather: Mild, rain Price 4d.

ON THE MOON!

How the Express gave the pictures to the world

No. 1 Moon: In the foreground a blunted black arrowhead, apparently a bit of rocket nose-cone, points the way for the future first man on the moon

THIS is the moon. With this picture, you are actually there on the surface, looking at the ground at your feet.

The sun's light is blinding white, unfiltered by atmosphere. It throws jet-black shadows from the rocks. The "earth" is spongy, like pumice-stone, and—alas for the poets—it is not honey-coloured or silvery or even cheese-green: it is *chocolate*.

—MY MOST EXCITING DAY

by Sir Bernard Lovell

DIRECTOR OF JODRELL BANK

I NEVER expected the day to end like this. It was one of the most exciting days in my life and certainly in the 10-year history at the Jodrell Bank telescope.

I came here in 1945 with two ex-Government radar sets.

For years now we have looked forward to the time when man would succeed in landing instruments on the moon that would continue to send back information.

Now the next exciting stage will be the landing of a man on the moon.

Today a very great step forward was achieved.

I was thrilled when our telescopes recorded the safe descent of Luna 9. A few minutes later when the signals were transmitted we realised they were probably television pictures that could be converted by Press equipment.

I am exceedingly grateful to the Daily Express for what they have done. Without their machine these magnificent pictures, which may be even clearer than those obtained by the Russians, could not have been produced.

I think these pictures destroy one myth—that is the age-old belief that there is deep dust on the moon.

The terrain suggests a rather spongy surface.

Two of the photographs are first class. In one *(above)* you can even see what may be the rocket nose cone.

Yes, a truly wonderful and exciting day.

PHOTONEWS ON THE LANDING, PAGE 5: EXPRESS OPINION, PAGE 8

Pebbles

PAGE TWO, COL. TWO

Train robbers moved to Parkhurst

Story and pictures: Page Nine

IN THE KNOW with the Express

LOOK 23" at 19" rate

GOOD rates BETTER sets BEST SERVICE

8'11

VISIONHIRE

RENTEVISION

Die *Ranger*-Fotos bestätigten, was die Wissenschaftler schon seit mehr als einem Jahrzehnt angenommen hatten – der Mond ist mit einer Staubschicht bedeckt. Der Jahrmillionen andauernde Meteoritenbeschuß – die meisten davon nur so groß wie Sandkörner – hatte das Gestein auf der Mondoberfläche pulverisiert und in eine Staubschicht verwandelt. Aber niemand wußte, wie dick diese Staubschicht war. Thomas Gold, Professor an der Cornell-Universität warnte, daß das graue Pulver bis zu mehreren hundert Metern Tiefe den gesamten Mond bedecken könnte und daß eventuell landende Astronauten wahrscheinlich spurlos versinken würden.

Das Risiko, den ersten Menschen auf dem Mond auf bizarre Weise »ertrinken« zu sehen, wollten weder die NASA noch die Sowjets auf sich nehmen. Also mußte der Untergrund zuerst einmal von Maschinen getestet werden, bevor dort Menschen landeten. Es war für beide Supermächte eminent wichtig, so schnell wie möglich eine weiche Landung zustande zu bringen. Im Februar 1966 gelang dies als ersten den Sowjets. Die Bremsraketen von *Luna 9* zündeten 46 Sekunden vor der Landung, die Sonde setzte sanft im Oceanus Procellarum auf. Mehrere Minuten mußte die Bodenkontrolle um die Funktionstüchtigkeit der Geräte an Bord bangen. Aber dann, pünktlich auf die Sekunde, erscholl ein hohes Quäken aus den Lautsprechern: das Funksignal. Die erste Übertragung von einer anderen Welt hatte begonnen. Die Sonde sendete drei historische Panoramafotos der Mondoberfläche zur Erde. Aufgenommen von einem leicht erhöhten Aussichtspunkt, zeigten sie eine ziemlich eintönige Umgebung voller Steine und Felsen, manche nur sandkorngroß, andere so groß wie kleine Häuser.

Luna 9 brachte die Sowjets wieder ins Rennen, als *Luna 10* als erste Sonde in eine Mondumlaufbahn eintrat, gingen sie sogar deutlich in Führung. Offiziell hatte *Luna 10* einen rein wissenschaftlichen Auftrag: Sie sollte die radioaktive Strahlung des Mondes messen und analysieren. Das Ergebnis ähnelte dem von Vulkangestein auf der Erde. Aber *Luna 10* beseitigte auch noch zwei weitere Hindernisse vor einem erfolgreichen bemannten Flug. Allein die Tatsache, daß die Sonde eine stabile Umlaufbahn erreichte, bedeutete, daß den Russen dasselbe mit einer bemannten Kapsel gelingen könnte – ein wichtiger Schritt in Richtung der ersten Landung. Außerdem zeigte der Geigerzähler, daß die radioaktive Strahlung im Orbit nicht zu stark für einen Kosmonauten war.

Die Sonden *Luna 9* und *10* versetzten die Amerikaner geradezu in Panik. Die Presse verbreitete bereits, daß der Westen zurückfiel. Die NASA verstärkte daraufhin ihre Anstrengungen. Zwischen Juni 1966 und Januar 1968 landeten gleich fünf amerikanische *Surveyor*-Sonden erfolgreich auf der Mondoberfläche. Sie waren deutlich weiter entwickelt als *Luna 9*: Sie fotografierten die Oberfläche, nahmen Bodenproben mit automatischen Schaufeln und zeigten die Erde hell am schwarzen Himmel über einem luftleeren, grauen Horizont. *Surveyor 6* überzeugte sich sogar gleich doppelt von der Sicherheit des staubigen Unter-

На снимках, переданных советской космической станцией,—
ЛУННАЯ ПАНОРАМА!
ПРАВДА
ВЕЛИКОЕ ДОСТИЖЕНИЕ НАУКИ
Еще один сеанс радиосвязи

OBEN *In Scharen strömten die Moskowiter 1966 zu den Zeitungskiosken, um alles über die triumphale Mondlandung von* Luna 9 *zu lesen. Die Titelseite der »Prawda« (rechts) wurde zwar abgekupfert, aber die Fotos waren schärfer und nicht aus Versehen vertikal verzerrt wie die abgefangenen Bilder, die der »Daily Express« (gegenüber) veröffentlicht hatte.*

grunds. Nach der Landung hob sie noch einmal ab und setzte, von der schwachen Gravitation des Mondes kaum behindert, 2,5 m weiter wieder auf.

Hand in Hand mit den *Surveyor*-Sonden schwenkten fünf *Lunar-Orbiter*-Sonden in niedrige Umlaufbahnen um den Mond ein. Bis zum Januar 1968 hatten sie hochauflösende Fotografien von fast der gesamten Mondoberfläche gemacht. In Houston bereitete man sich inzwischen auf die bemannten *Apollo*-Missionen vor. Die Landeplätze wurden ausgewählt. Wernher von Brauns Riesenrakete, die 110 m hohe *Saturn V*, hatte ihren ersten Testflug schadlos überstanden. Und auch die Mondlandefähre war bereits erfolgreich im Weltraum getestet worden.

Der Mensch startet ins All

Als das Jahr 1968 zu Ende ging, waren sich die Amerikaner ihrer Führung plötzlich nicht mehr so sicher. Nachrichten des Geheimdienstes zufolge hatte die Sowjetunion eine *Sojus* genannte Mondfähre in Flugbereitschaft, die angeblich in der Lage war, Menschen zum Mond zu bringen. Im September folgte die Meldung, daß die unbemannte Raumsonde *Zond 5* von der Erde um den Mond und zurück geflogen sei und dabei vorher aufgenommene Botschaften der Kosmonauten zur Erde gesendet hätte, um die Funkverbindung zu testen. Die *Apollo*-Manager waren sehr beunruhigt. Bis dahin hatten sie zu ihrer Freude gehört, daß die sowjetische Antwort auf die *Saturn V* – die *N-1*-Rakete – große Schwierigkeiten hatte. Ohne die notwendige Schubkraft war aber jede Mission der Sowjetunion, die eine Mondlandung oder auch nur eine Umrundung zum Ziel hatte, völlig undenkbar.

RECHTS *Die 42 m hohe, erste Stufe der* Saturn-V-*Rakete in der Fertigungshalle des Kennedy Space Centers in Florida.*

UNTEN *Neben der gepolsterten Stütze der* Surveyor 3 *sind Abdrücke einer holprigen Landung zu sehen. Das Foto entstand während eines Mondspaziergangs der* Apollo-12-*Besatzung, hier sieht man genau, wie tief der Staub ist.*

Die Rakete war jedoch ohne Zweifel stark genug, um eine bemannte *Sojus*-Raumkapsel in Richtung Mond schießen zu können, die diesen in einer Achterflugbahn einmal umrundete und dann zur Erde zurückkehrte, wobei sie die Schwerkraft des Mondes hatte, um genügend »Schwung« zu bekommen. *Zond 5* hatte bewiesen, daß die Russen diese Technik bereits beherrschten.

Die NASA hatte nicht geplant, Menschen vor der vierten bemannten *Apollo*-Mission in eine Mondumlaufbahn zu schicken. Nun aber traf man eine spontane, und nach Ansicht vieler, eine waghalsige Entscheidung: Direkt nachdem *Apollo 7* den ersten bemannten Raumflug um die Erde durchgeführt hatte, sollten Menschen zum Mond fliegen, die Bremsraketen ihrer Raumfähre zünden, einen Tag lang um den Mond kreisen und dann zur Erde zurückkehren. Die Besatzung von *Apollo 8* sollte die erste sein, die die Erdanziehungskraft vollkommen überwindet.

Am Heiligabend 1968 schwebten Frank Borman, Jim Lovell und Bill Anders genau 110 km über dem Mond. Weit fort von zu Hause, beschrieb Lovell diese kaum glaubliche Errungenschaft der Menschheit mit deutlichem Understatement: »Der Mond ist hauptsächlich grau ... keine Farben. Sieht aus wie 'ne Straße in Paris.« Es erschien eigentlich komisch, daß man diesen Ort unbedingt besuchen wollte. Die Presse machte aber ein größeres Spektakel um *Apollo 8* als um jede Mission zuvor. Der Mensch hatte das symbolische Band zwischen sich und der Erde zerrissen. Ein Mondspaziergang schien nicht mehr in weiter Ferne.

Nachdem *Apollo 8* wieder zur Erde zurückgekehrt war, schienen sich viele Dinge zu ändern. Kennedys Ziel, vor Ende des Jahrzehnts auf dem Mond zu landen, war plötzlich erreichbar geworden. Und die russische Startrakete war zwar stark genug für die große Acht, aber an das Bravourstück von zehn Mondumkreisungen à la *Apollo 8* reichte sie nicht heran, ganz davon zu schweigen, sie durch eine Landung noch zu übertreffen. Im Mai 1969 kehrte *Apollo 10* zum Mond zurück, dieses Mal mit einer Landeeinheit an Bord, die sie bis auf 15 km an die Oberfläche heranbrachte. Dann, am 3. Juli, endete auch der dritte Versuch, die *N-1*-Rakete zu Testzwecken zu starten, in einer gewaltigen Explosion noch auf der Startrampe. Die Enttäuschung war groß, denn die Sowjets waren nunmehr endgültig aus dem Rennen geworfen.

UNTEN *Enge Sitzplätze: Die Crew der* Apollo 8 *fertig zum Start; von links nach rechts: Bill Anders, Jim Lovell und Frank Borman.*

13 Tage später, etwas über fünf Monate vor dem von Kennedy anvisierten Termin, startete *Apollo 11* zur ersten bemannten Mondlandung aller Zeiten. Neil Armstrong, Edwin (Buzz) Aldrin und Michael Collins wurden nicht nur von den besten Wünschen einer patriotischen Nation begleitet, auf ihnen ruhten auch die Hoffnungen Dutzender Wissenschaftler, die im geologischen Hinterzimmer der Bodenstation in Houston saßen. Zwar hatten die unbemannten Sonden bereits Bodenproben gesammelt und analysiert, doch die Geologen würden den Mond erst verstehen können, wenn sie einen Teil davon in den Händen hielten.

Zwei Schiffe in der Nacht

Während sich *Apollo 11* auf dem Weg zum Mond befand, verbreitete sich plötzlich hektische Betriebsamkeit in der Bodenstation in Houston. Eine kleine sowjetische Sonde befand sich offensichtlich bereits in der Umlaufbahn! Was tat sie dort? Wollten die Sowjets ihnen doch noch die Schau stehlen? Einige Wissenschaftler mit blühender Phantasie vermuteten sogar einen Sabotageakt. Unter äußerster Geheimhaltung hatten die Sowjets eine weitere unbemannte Sonde ins All geschickt, aber dieses Mal war etwas anders: *Luna 15* sollte zur Erde zurückkehren. Wenn alles gut ging, hätte sie dabei eine wertvolle Fracht an Bord – ca. 100 Gramm Mondgestein. Außerdem bot eine unbemannte Sonde gegenüber einer bemannten einen Riesenvorteil, denn man konnte den Landeplatz nach wissenschaftlichen Maßstäben auswählen und mußte dabei nicht auf die Sicherheit der Besatzung achten. Obwohl *Luna 15* nach den Gesetzen der Physik erst einen Tag nach Armstrong und Aldrin wieder zurück sein konnte, bedeutete dieser Coup, daß die Russen das Rennen als hervorragende zweite beenden würden. Ferner konnten sie für sich beanspruchen, nie das Leben von Kosmonauten aufs Spiel gesetzt zu haben. *Luna 15* sollte im Mare Crisium landen, ein Stück westlich vom Mare Tranquillitatis, dem Zielort der *Apollo 11*.

Währenddessen verbrachte der sowjetische Geologe Sascha Basilewskij den Juli am Kaspischen Meer und wartete auf die Landung von *Luna 15*. Er war der Hauptverantwortliche für die Auswahl des russischen Zielgebiets auf dem Mond gewesen und wartete nun sehnsüchtig darauf, die Ergebnisse seiner Forschungsarbeit in den Händen zu halten. Wie sich herausstellte, brauchten sich die Amerikaner keine Sorgen zu machen. Basilewskij erinnert sich bis heute genau an seine Enttäuschung, als er hörte, daß *Luna 15* vier Minuten nach ihrem Eintritt ins Mare Crisium außer Kontrolle geraten war. Als *Luna 15* zerstört wurde, befand sich *Apollo 11* bereits seit Stunden sicher auf der Oberfläche. »Ich freute mich für die Amerikaner«, sagte Basilewskij später. »Wie sollte sich ein Wissenschaftler nicht darüber freuen, daß ein Mensch auf dem Mond gelandet war? Aber ich war auch neidisch.« Das erste Mondgestein auf der Erde wurde also in Houston untersucht und nicht in Moskau.

Die Reise der Mondlandefähre *Eagle* von *Apollo 11* war allerdings alles andere als langweilig gewesen. Während Armstrong und Aldrin nebeneinander in der Kapsel standen und über den gelben Flammen der Bremsraketen dem Boden entgegenschwebten, zeigte der Computer plötzlich Probleme an. Ohne Vorwarnung traktierten die Alarmsirenen die beiden Astronauten mit schmerzhaftem Geheul, und nur noch 300 m über dem Boden bemerkte Armstrong, daß der Computer sie zu einem Landeplatz steuerte, der übersät war mit haushohen Felsbrocken.

GEGENÜBER *Nicht länger für diese Welt: Am 16. Juli 1969 startet die Crew der* Apollo 11 *von Cape Canaveral in Florida zu ihrem historischen Flug.*

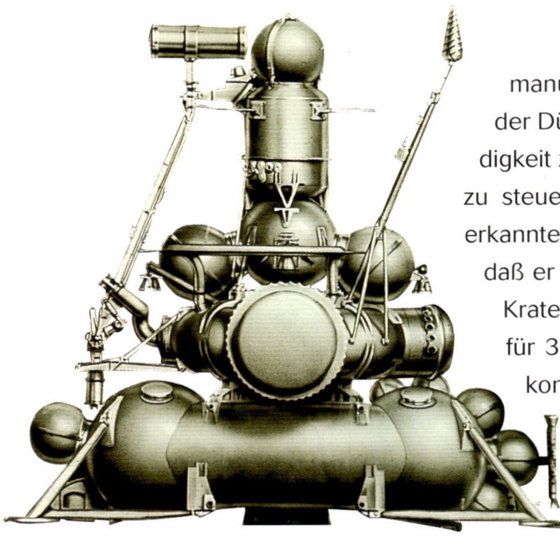

Mit all seiner Erfahrung als Testpilot übernahm Armstrong sofort die manuelle Kontrolle und riß die Landefähre nach vorne, um die Bremswirkung der Düsen zu unterbrechen. Er gab ihnen zusätzlich Schub, um die Fallgeschwindigkeit zu verlangsamen und die *Eagle* über das Geröllfeld hinweg zu einem Platz zu steuern, der für die Landung besser geeignet schien. Im letzten Moment erkannte Armstrong, daß der gewählte Landeplatz immer noch zu uneben war und daß er die letzten Tropfen Treibstoff der *Eagle* verwenden mußte, um über einen Krater hinweg eine ebene Fläche anzusteuern. Dann, als der Brennstoff nur noch für 30 Sekunden reichte, meldeten die Kontrolleuchten in der Kapsel Bodenkontakt. Sie waren gelandet!

Wenige Stunden später sprach Armstrong den wohl berühmtesten Satz dieses Jahrhunderts: »Es ist ein kleiner Schritt für Menschen, aber ein gewaltiger Satz für die Menschheit.« Tatsächlich war das eigentlich ein Versprecher, egal, er hatte in diesem Moment andere Sorgen. Er ging auf dem Mond spazieren.

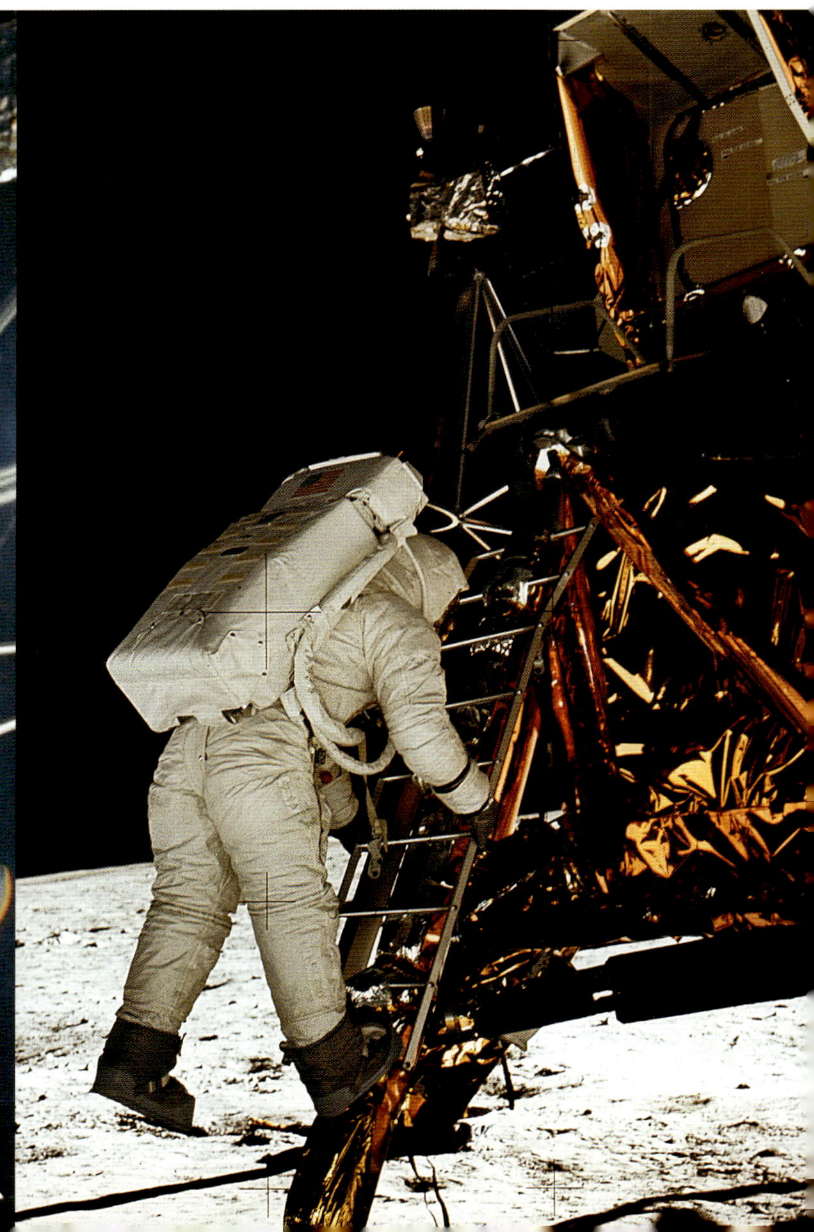

Ein Ausflug auf dem Mond

Die Oberfläche ist weich und pulvrig. Ich kann sie mit meinem Schuh aufwirbeln. Sie legt sich wie feiner Kohlenstaub in Schichten auf meine Stiefel.

Neil Armstrongs zweiter Satz nach der Mondlandung, 20. Juli 1969

Für die Politiker bedeutete Armstrongs erster mit beiden Füßen fest auf dem Boden stehend geäußerter Satz das Ende der amerikanischen Reise zum Mond. Sein zweiter Satz war an die Geologen gerichtet und der Beginn auf deren Weg zu einem besseren Verständnis. Als Armstrong durch die Ausstiegsluke der *Eagle* nach draußen kletterte, besaß er so fundierte Kenntnisse der Geologie, daß er wahrscheinlich auch ein Universitäts-Examen bestanden hätte. Aldrin schilderte die Szenerie 15 Minuten später sehr poetisch als »bezaubernde Ödnis«, aber Armstrongs sachliche Beschreibung entsprach eher dem, was die Geologen in den Labors in Houston hören wollten. In den nächsten zweieinhalb Stunden sollten die Astronauten mit den Augen der Wissenschaftler sehen, und es gab so vieles, was sie sehen wollten.

Auf der Erde sah man währenddessen die verschwommenen Bilder einer primitiven Fernsehkamera, sah zwei Männer, die sich an die seltsame Leichtigkeit ihres Körpers bei nur einem Sechstel der Erdgravitation zu gewöhnen versuchten, die eine amerikanische Flagge so in den Mondstaub treiben wollten, daß sie nicht umfiel, und die für die wohl einzigartigsten Schnappschüsse aller Zeiten posierten. Das wichtigste der Mondlandemission waren jedoch die Gesteinsproben, Armstrong hatte schon ein kleines Säckchen Steine gesammelt und in die Tasche gesteckt, bevor Aldrin überhaupt aus der Kapsel gestiegen war. Eine Vorsichtsmaßnahme, so daß die beiden auch dann nicht mit leeren Händen zurückkommen würden, sollte plötzlich ein Notfall eintreten. Während er nun durch die öde Kraterlandschaft hüpfte, war Armstrong immer wieder fasziniert davon, wie der Staub bei jedem Schritt aufgewirbelt wurde und sanft zu Boden fiel, wobei ein gestochen scharfer Fußabdruck zurückblieb. Aldrin konnte kaum glauben, wie hell die Mineralien glitzerten, wenn Sonnenlicht auf das Felsgestein fiel. Das Gestein selbst war dunkel und erinnerte stark an erstarrte vulkanische Lava auf der Erde – Basalt. Es war vollkommen durchlöchert, was Armstrong als Ergebnis unzähliger winziger Meteoriteneinschläge interpretierte. In diesem Punkt täuschte er sich, wie sich später erwies, die Löcher waren durch ausströmendes Gas entstanden, während die Lava erkaltete, ähnlich wie bei Bimsstein.

Nach epochalen 151 Minuten im Mare Tranquillitatis hatten die ersten beiden Entdeckungsreisenden den Grundstein für eine Revolution in der Mondforschung gelegt. Sie errichteten eine wissenschaftliche Meßstation, die Vibrationen unter der pulvrigen Oberfläche nachspüren sollte. Sie brachten eine Anordnung von Spiegeln in Position, auf die man von der Erde aus einen Laserstrahl richten und so die Entfernung zum Mond genauer als je zuvor bestimmen konnte. Doch das Wichtigste war, daß sie mit 21 kg Steinen und Staub nach Hause zurückkehrten, die von nicht weniger als 130 sehnsüchtig wartenden Geologen untersucht werden sollten.

GEGENÜBER OBEN *Eine Zeichnung der sowjetischen* Luna 16*, die am 20. September 1970 im Mare Foecunditatis landete. Sie brachte Proben des Mondgesteins zur Erde. Ihre Vorgängerin,* Luna 15*, war auf dem Mond zerschellt.*

GEGENÜBER *Als Edwin (Buzz) Aldrin aus der* Eagle *stieg, vergewisserte er sich scherzhaft, nicht aus Versehen die Luke zu schließen. Neil Armstrong war noch immer der einzige Mensch auf dem Mond, als er diese Fotos machte.*

RECHTS *Ein Stiefel tritt in den Mondstaub. Der Abdruck wird nur durch die unmerkliche Erosion von Mikrometeoriten eingeebnet. Er wird eine Million Jahre oder noch länger zu sehen sein.*

GEGENÜBER *Ein Moment für die Ewigkeit: Buzz Aldrin neben der amerikanischen Flagge. Sie fiel um, als Armstrong und er zwei Stunden später die Raketen zum Abflug zündeten.*

Einmal zum Mond und zurück

Abgesehen von der Landung der alliierten Truppen am D-Day im Zweiten Weltkrieg gibt es in der Geschichte der Menschheit kein Projekt, das soviel Einfallsreichtum, Mühe und Geld gekostet hat wie die Mondlandung. In Spitzenzeiten beschäftigte das *Apollo*-Programm 400 000 Menschen und kostete jeden Steuerzahler Amerikas etwa einen Dollar pro Woche. Die Unternehmung war beispiellos, was Komplexität und Präzision betraf. Das Reiseziel war 380 000 km entfernt und maß 3500 km im Durchmesser. Es war schon schwierig, den Mond überhaupt zu treffen, denn man konnte bei dieser Unternehmung nicht einfach geradeaus fliegen. Keine Rakete der Welt konnte drei Männer und all die Ausrüstung geradewegs zum Mond schießen. Die Reise mußte also in einzelne Etappen zerlegt werden. Für eine erfolgreiche *Apollo*-Mission hatten Dutzende Raketenzündungen genau zum richtigen Zeitpunkt zu erfolgen.

Protokoll

Start: Festhalten Die fünf Raketentriebwerke der ersten Stufe feuern drei Sekunden lang, bevor die Halteklammern die 110 m hohe *Saturn V* freigeben. Mit ihren 160 Millionen PS durchbricht sie die Schallmauer innerhalb von 40 Sekunden. Nach 2,5 Minuten hat die erste Stufe ihren Vorrat von 2,5 Millionen Litern Kerosin verbraucht. Die Astronauten befinden sich in einer Flughöhe von 64 km. Sie erfahren die 4,5fache Erdbeschleunigung.

11,5 Minuten: Treiben Nach sechs Minuten ist auch die zweite Raketenstufe ausgebrannt und fällt zur Erde zurück, die dritte Stufe benötigt weniger als drei Minuten, um das Raumschiff in eine 184 km hohe Umlaufbahn zu bringen.

2 Stunden 45 Minuten: Kein Zurück Die dritte Stufe der Trägerrakete zündet für den Einschuß in die Flugbahn zum Mond noch einmal. Nach nur fünf Minuten und 18 Sekunden rasen die Astronauten bei gewaltiger Schubkraft und mit einer Geschwindigkeit von 38 800 km/h auf den Mond zu.

3 Stunden 24 Minuten: Rangieren Die Astronauten lösen ihr Kommando- und Service-Modul (CSM) von der dritten Stufe, entfernen sich ein paar Meter und drehen das CSM um 180°. Das nun vor ihnen liegende Endstück der dritten Stufe beherbergt die Mondlandefähre (LM; Lunar Modul). Der Pilot lenkt das CSM dorthin, dockt an die LM an und löst es durch Gegenschub heraus.

5 Stunden: Sonneneinwirkung Während CSM und LM durch das gleißende Sonnenlicht in Richtung Mond rasen, müssen einige Vorsichtsmaßnahmen getroffen werden, damit nicht eine Seite der Mondfähre überhitzt und die andere auskühlt. Deshalb dreht sie sich einmal pro Stunde um ihre Längsachse.

3 Tage und 4 Stunden: Wieder im Orbit Nach der langen Reise durch das All genügen wenige Minuten Aktivität der Bremsraketen, um die Raumfähre in eine 110 km hohe Mondumlaufbahn zu bringen.

4 Tage und 4 Stunden: Aus drei mach zwei Der CSM-Pilot bleibt zurück, während der Kommandant und der Pilot der Mondlandefähre ihre Einheit abtrennen und sie mit einem Zwei-Minuten-Feuerstoß bis auf 15 km an die unter ihnen liegende Kraterlandschaft heranbringen.

4 Tage 7 Stunden: Am Ende des Wegs Die Landefähre fliegt in einer flachen Bahn mit 6000 km/h auf den Mond zu. Dann zünden die Bremsraketen für den Sinkflug. In 2300 m Höhe richtet sich die LM auf, so daß sich die Astronauten auf einem Feuerstrahl kontrolliert dem Boden nähern.

Mondstart: Ohne Stützen Nachdem sie zwischen 21 Stunden und ca. drei Tagen auf dem Mond verbracht haben, brechen die Astronauten zum Rückflug auf. Das Unterteil der Mondlandeeinheit bleibt zurück, während die obere Hälfte startet, um in 110 km Höhe auf die Kommandoeinheit zu treffen.

Mondstart + 3 Stunden: Wiedervereinigung Der CSM-Pilot und seine Kollegen reichen sich die Hände, der Rest der LM wird abgeriegelt und mit dem Umlegen eines Schalters auf einen langsamen Sturzflug geschickt, um schließlich auf dem Mond zu zerschellen.

Mondstart + 11 Stunden: Heimweg Das Service-Modul wird wieder aktiviert, verläßt drei Minuten später den Anziehungsbereich des Mondes und macht sich auf den Rückweg zur Erde.

Mondstart + 3 Tage: Eins, zwei, drei Kurz vor Wiedereintritt in die Erdatmosphäre trennt das Service-Modul bei einer Geschwindigkeit von 38 800 km/h die Kommandokapsel ab, und die Astronauten schnallen sich vor der unruhigsten Phase der Reise an. Würde die Kapsel einfach gerade in die Atmosphäre hineinschießen, dann wäre sie kurz darauf nur noch ein Häufchen Asche. Also prallt sie zweimal von der Atmosphäre ab und wird dabei soweit abgebremst, bis sie sicher eintreten kann. Trotzdem wird die Crew dabei Kräften von bis zu dem 6fachen der Erdanziehung ausgesetzt, ist kaum in der Lage zu atmen, geschweige denn sich zu bewegen. Drei Kilometer über der Erde entfaltet sich ein großer rot-weißer Fallschirm, der die Kapsel sanft in den Pazifik gleiten läßt.

1 *Armstrong führt seine Crew auf die erste Etappe der Reise – eine 13-km-Busfahrt zur Startrampe der* Saturn V.

2 *Kein Zurück:* Apollo 15 *hebt von der Startrampe 39A in Cape Canaveral ab.*

3 *Überprüfung: Dave Scott, Astronaut der* Apollo 9*, beugt sich aus der Kommando- und Serviceeinheit, als im Orbit an die LM angedockt wird.*

4 *Kommunikation war für alle* Apollo*-Missionen lebenswichtig. Hier wird gerade die Antenne der Landefähre der* Apollo 17 *auf die Erde ausgerichtet.*

5 *Kopfsprung in den Pazifik. Einer der drei Fallschirme der* Apollo 15 *öffnete sich nicht, aber die Crew überlebte.*

6 *Grenzenloser Jubel. Armstrong, Aldrin und Collins werden wie Helden auf dem Broadway in New York empfangen.*

Kein Stein auf dem anderen

Als die Astronauten wieder zurück waren, wurden sie von der NASA erst einmal unter Quarantäne gestellt, damit sie keine fremdartigen Krankheiten einschleppen konnten. Auch die Gesteinsproben kamen in Quarantäne, wurden zersägt, durchbohrt, verdampft und geröntgt. Das erste Interesse galt dem Alter der Steine. Das Mare Tranquillitatis ist eines der großen, dunklen Becken auf dem Mond, die irgendwann einmal mit Lava gefüllt waren. Die Altersbestimmung würde eine genauere Aufklärung darüber bringen. Durch die Meteoriten wußten die Geologen bereits, daß das Sonnensystem ungefähr 4,6 Milliarden Jahre alt war. In der Annahme, daß der Mond sich ungefähr zur selben Zeit gebildet hatte, erwartete man für die vulkanischen Ebenen ein Alter von mehr als drei Milliarden Jahren, denn der Mond war klein und hatte sich deshalb wahrscheinlich schnell abgekühlt. Einige Wissenschaftler hofften jedoch, daß die Proben jünger waren, vielleicht ein bis zwei Milliarden Jahre, und daß der Mond viel länger vulkanisch aktiv gewesen war.

OBEN *Neil Armstrong, Buzz Aldrin und Mike Collins strahlen ihre Ehefrauen an. Sie mußten nach der Rückkehr zur Erde 21 Tage in ihrer Quarantäne-Station aushalten.*

Bestätigt wurde jedoch die konservative Seite. Alle Proben waren etwa 3,7 Milliarden Jahre alt – so alt wie das älteste Gestein auf der Erde. Der Mond war tatsächlich genau das erwartete geologische Fossil. Die mineralische Zusammensetzung ähnelte dem Basaltgestein, das bei Vulkanen auf der Erde gefunden wurde. Es enthielt hauptsächlich Eisen und Silizium. Eines war allerdings seltsam. In den Proben fand man viel weniger leichte Elemente, also Elemente mit einem viel niedrigeren Siedepunkt als der von »schwerem« Eisen oder Titan. Ferner enthielten sie keinerlei Wasser, was noch seltsamer war. Es sah aus, als ob man Mondgestein herstellen könnte, indem man Erdgestein einfach so lange erhitzt, bis alles Wasser und alle leichten Elemente vollkommen verdampft sind.

Jetzt war ihre Neugier geweckt, die Geologen wollten mehr. Vier Monate später landete *Apollo 12* in einem anderen Mare, dieses Mal in dem dunklen Fleck, der auf der linken Mondhälfte zu sehen ist, dem Oceanus Procellarum. Die Astronauten blieben länger auf der Mondoberfläche – acht Stunden – und brachten einen 34 kg schweren Sack voller Steine mit. Die Proben sollten klären, ob die dunklen Flecken alle gleichzeitig entstanden waren. Wie sich herausstellte, war Oceanus Procellarum eine halbe Milliarde Jahre jünger als das Mare Tranquillitatis. Für die Geologen bedeutete dies, daß die Maria sehr wahrscheinlich durch die Einschläge riesiger Meteoriten entstanden waren (siehe Kapitel 1), apokalyptische Ereignisse, wie sie in der ersten Milliarde Jahre des Sonnensystems recht häufig vorkamen. Die Meteoriten schlugen riesige Löcher in den Boden, aus denen dann Lava trat.

Spuren dieser gewaltigen Einschläge sind anhand der Bergketten erkennbar, die sich rings um die Maria ausbreiten wie Wellen, nachdem man einen Stein in den Teich geworfen hat. Könnte man die Entwicklung unseres Trabanten in der ersten Milliarde Jahre mitverfolgen, man würde sehen, wie der »Mann im Mond« langsam Gestalt annimmt. Zuerst das linke Auge, dann das rechte, und schließlich würde sich auch eine Nase aus schwarzer Lava auf dem hellen Mondgesicht bilden.

Das Fundament

Im Sommer 1971 warteten die Geologen ungeduldig auf neue Mondmissionen. Die NASA war unter Druck geraten, nachdem der US-Kongreß jetzt mehr als nur ein paar schöne Fernsehbilder für die 24 Milliarden Dollar verlangte, die die Mondlandungen bisher gekostet hatten. Durch eine Verkettung von Gleichgültigkeit, Unachtsamkeit und Pech geriet das gesamte Projekt in Frage. *Apollo 13* erreichte den Mond nach einer lebensbedrohenden Explosion im Service-Modul kurz nach dem Austritt aus der Erdatmosphäre überhaupt nicht. Das Vermächtnis von *Apollo 14* waren die ersten Live-Aufnahmen eines Mannes, der auf dem Mond Golf spielt. Kommandant Al Shepard, zehn Jahre zuvor der erste Amerikaner im All, gab unumwunden zu, daß er sich für Steine wenig interessierte, beinahe wäre dies die letzte *Apollo*-Mission gewesen. Die mitgebrachten Gesteinsproben waren schlecht dokumentiert, die Geologen so wütend wie einige Kongreßabgeordnete. Entweder sollte

OBEN *Ein Trost blieb den Sowjets auch nach der historischen Mondlandung von* Apollo 11. *Im Winter 1970 setzten sie das erste ferngesteuerte Fahrzeug auf dem Mond ab. Es gab keine Besatzung auf* Lunochod 1 *(links oben), aber es wurde elf Monate lang von der Krim (oben) aus gesteuert, machte 20 000 Fotos und sammelte 500 Bodenproben.*

UNTEN *Die gewundene Schlucht auf dem Mond, genannt Hadley-Rille, ist etwa 1 km breit und 400 m tief.*

man da oben ernsthaft Wissenschaft betreiben oder gar nicht mehr hinfliegen. Die NASA reagierte und definierte die Ziele für *Apollo 15* neu.

Die Astronauten der folgenden Mission sollten drei Tage auf dem Mond bleiben. Sie erhielten bessere Rucksäcke für längere Ausflüge. Sie sollten sogar ein elektrisch betriebenes Fahrzeug mitnehmen, um weitere Strecken bewältigen zu können. Im Trainingsprogramm der nächsten Mondspaziergänger Dave Scott und Jim Irwin hatten geologische Untersuchungen oberste Priorität.

Das Zielgebiet von *Apollo 15* war ein »Fluß«, der sich am Rand des Mare Imbrium entlangschlängelte und Hadley-Rille genannt wurde. Die gewundenen Rillen (es gibt insgesamt etwa ein Dutzend davon) sind auf unserem wasserfreien Mond wahrscheinlich durch starke Lavaströme gebildet worden. Die Hadley-Rille ist etwa 1 km breit und 400 m tief. Dort unten sollten die Astronauten einen Blick auf das Fundament des Mondes werfen können, während um sie herum das Gestein lag, das der heiße Fluß sicherlich angespült hatte. Die Altersbestimmung sollte mehr über die vulkanischen Aktivitäten des Mondes verraten, aber der Landeplatz bei der Hadley-Rille hatte noch einen weiteren Vorteil. Dort am Rand des Mare Imbrium erhoben sich nämlich 5 km hoch die Apenninen des Mondes. Direkt über der Schlucht der Hadley-Rille thronte der 3500 m hohe Gipfel des Berges Hadley Delta.

Der Stein des Anstoßes

In den 60er Jahren steckten die Theorien über die Planetenentstehung noch in den Kinderschuhen. Wie in Kapitel 1 erwähnt, wurde die Einfanghypothese gerade erst entwickelt. Viele Geologen glaubten immer noch, daß die Planeten aus kalten Felsbrocken zusammengesetzt waren – Vulkane und Lava wären danach erst viel später entstanden, als die in Hunderten Millionen Jahren radioaktiven Zerfalls aufgebaute Wärme entwich. Nun aber gewann eine neue Theorie an Boden: Die Planeten waren während ihrer Entstehung durch den unaufhörlichen Meteoritenregen heiß, so heiß, daß sie

GEGENÜBER *Jim Irwin, Astronaut der* Apollo-15-*Mission, übt auf Hawaii für seine geologischen Aufgaben auf dem Mond.*

vollkommen mit Lava bedeckt waren. Eine gewagte Theorie, die anhand der Fundstücke auf dem Mond untermauert werden sollte. Im Gegensatz zur Erde war der kleine Mond nie sehr aktiv, es konnte in den Bergen also durchaus noch Felsbrocken geben, die seit Anbeginn des Sonnensystems existierten.

Man hatte Scott und Irwin erklärt, daß sie nach weißlichem Gestein Ausschau halten sollten, das Anorthosit heißt. Wenn der Mond früher einmal mit Lava bedeckt war, mußte Anorthosit, ein leichtes Mineral, nach außen getrieben worden und abgekühlt sein. Es hätte die ursprünglich helle Mondkruste geformt, die erst später durch die Lavaströme mit dunklen Flecken überzogen wurde.

Am 1. August 1971 starteten zwei Feldgeologen in Raumanzügen mit ihrem *Rover 1* von ihrer Hadley-Basis. Sie fuhren erst am Rand des früheren Lavastroms entlang und dann den Hang des Berges Hadley Delta hinauf. Wenn sie sich umdrehten, sahen sie häusergroße Felsbrocken unten im Tal. Auch in Houston sah man diese Bilder live und in Farbe, die Bildqualität war um Welten besser als noch vor zwei Jahren bei der ersten Mondlandung. Vor ihnen lagen die Apenninen im goldenen Licht der Morgensonne. Es war der zweite Exkursionstag der Astronauten, die heute noch zwei unglaubliche Entdeckungen machen sollten.

Sie fuhren etwa 5 km weit und 100 m in die Höhe, die Landeeinheit war nur noch ein heller Fleck am Horizont. Auf dem Rückweg hielten sie an einem Krater mit dem Namen »Spur«. Plötzlich erregte etwas Irwins Aufmerksamkeit – es war ein grünlich glitzernder Stein.

Er hob sein vergoldetes Visier an, um die Farbe zu überprüfen – der Stein war tatsächlich grünlich und glasig, voller Bläschen. Scott steckte ihn ein und fragte sich, woher wohl die seltsame Färbung käme, wurde aber sogleich durch einen weißlichen Stein vor sich abgelenkt. War es das, wonach sie suchten? Scott drehte den Stein vorsichtig in seiner Hand und wischte mit seinen Handschuhen den Staub ab. Dann sah er sie – große weiße Kristalle, genau wie sie im Trainingsprogramm beschrieben worden waren. Er hatte keine Zweifel: Das hier war Anorthosit. Aufgeregt meldete er über Funk: »Ich glaube, wir haben gefunden, wonach wir gesucht haben.«

Natürlich mußten sie trotzdem noch in die Tiefen der Hadley-Rille hinabschauen, aber der Anorthosit-Fund war der Höhepunkt der Mission. Bei der NASA war man sehr erfreut. Das grüne Fundstück war ein Klumpen winziger Glasblasen, wahrscheinlich erstarrte Lava, die in dieser Gegend früher in gewaltigen Mengen vorgekommen war. Es war ca. 3,7 Milliarden Jahre alt. Der weiße Klumpen kam jedoch auf 4,5 Milliarden Jahre – so alt wie der Mond selbst – und bestand tatsächlich aus Anorthosit. Das war der Beweis: Der Mond war wirklich einmal großteils mit Lava bedeckt gewesen, und der kleine Stein wurde schnell zum berühmtesten Stück Mond. Die Geologen nannten ihn den »Genesis-Stein«.

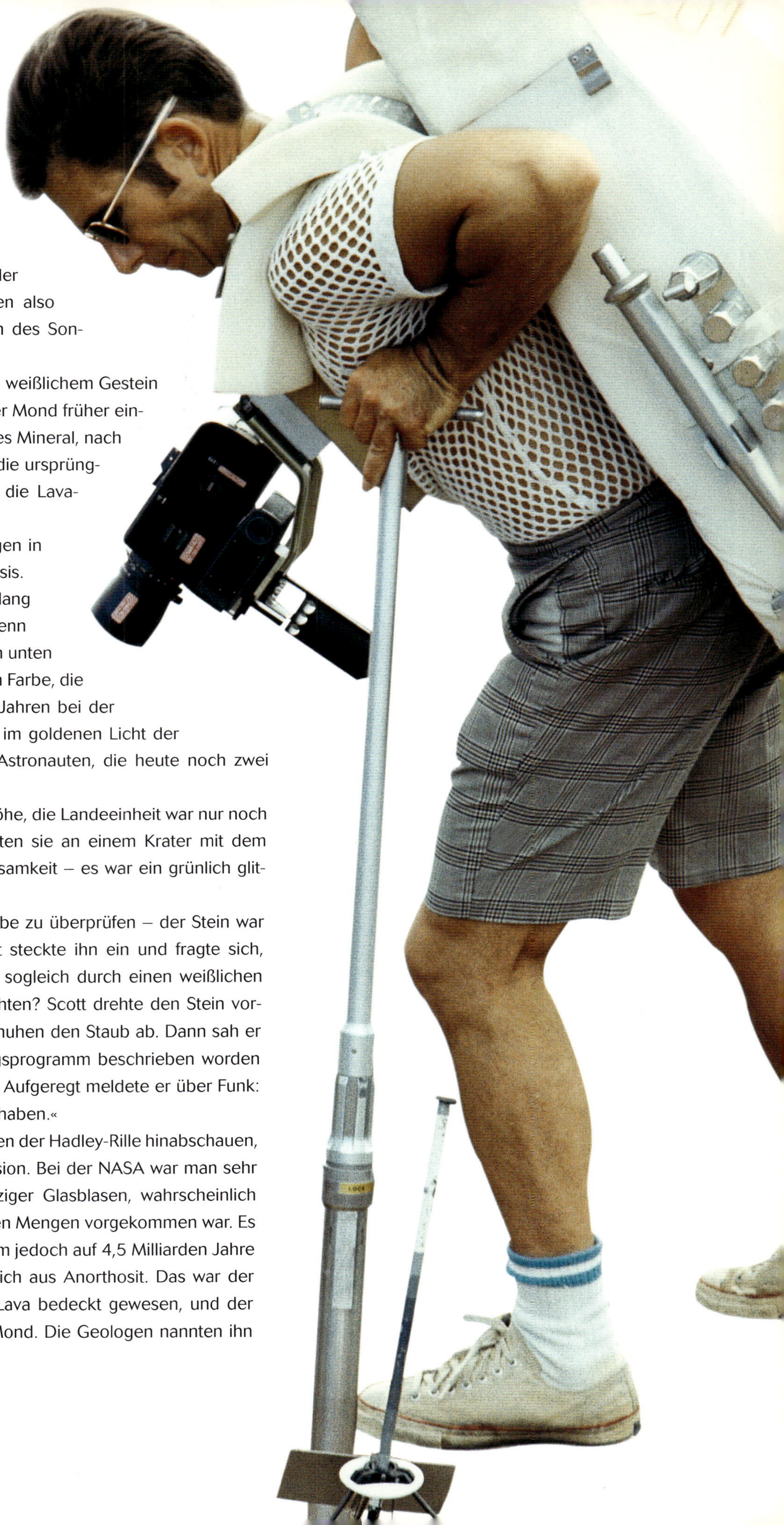

Ein Geologe auf dem Mond

Am 7. Dezember 1972 hob die letzte *Saturn-V*-Rakete vom Kennedy-Raumfahrtzentrum in Florida ab. Links neben zwei Navy-Kampfpiloten angeschnallt, saß ein eher ungewöhnlicher Astronaut. Harrison (Jack) Schmitt war der erste Geologe, der mit dem Werkzeug in der Hand zu einer Exkursion auf den Mond unterwegs war. Der Kongreß hatte die Zuschüsse für die NASA gekürzt, und obwohl die Flüge bis zu *Apollo 20* durchgeplant waren, sollte dieser – *Apollo 17* – der letzte sein. Mit Hilfe von Schmitts besonderen Kenntnissen hatte die letzte Mission gute Chancen, das *Apollo*-Programm in wissenschaftlicher Hinsicht abzurunden.

Als Schmitt und sein Kommandant, Gene Cernan, im Taurus-Littrow-Tal aus ihrer Kapsel stiegen, wußte man bereits ziemlich viel über den Mond. Dank der *Apollo*-Missionen hatten die Geologen schon Hunderte Gesteins- und Bodenproben analysiert und ihr Alter bestimmt. Alle waren mindestens drei Milliarden Jahre alt. Es war inzwischen klar, daß die Maria sich nach der Zeit der großen Meteoriteneinschläge mit Lava gefüllt hatten, und in den Bergen gab es große Mengen Gestein aus der Frühgeschichte des Mondes. Doch eine Frage war noch immer unbeantwortet: War der Mond in den letzten drei Milliarden Jahren aktiv gewesen oder war dies wirklich eine kalte, tote Welt?

Die eher jung aussehende Vulkanebene Taurus-Littrow zwischen zwei uralten Bergketten sollte die Antwort bringen. Um sie herum lagen einige dunkle Krater verstreut, die wie kürzlich aktive Vulkane aussahen. Hierher fuhren Schmitt und Cernan in den letzten Stunden des *Apollo*-Programms, auf der Suche nach Hinweisen auf frische Asche- und Lavareste. Eine halbe Stunde vor Ende ihres zweiten Ausflugs parkten sie am sogenannten Shorty-Krater. Von oben konnte man sehen, daß diese helle Mulde von einem dunklen Ring umgeben war, vielleicht durch einen Vulkanausbruch verursacht. Genaueres ließ sich jedoch aus der Entfernung nicht feststellen – der Ring hätte auch durch einen Meteoriteneinschlag entstanden sein können. Schmitt ging hinüber zum Kraterrand, um eine Panorama-Aufnahme zu machen, als er plötzlich auf etwas aufmerksam wurde. Unter all dem dunkelgrauen Staub entdeckte er einen hellen Streifen.

»Der Boden ist orange«, murmelte Astronaut Schmitt ungläubig. Er war so hell, daß Kommandant Cernan dies aus mehreren Metern Entfernung erkennen konnte. Nach Schmitts Ansicht war dies vulkanischer Bodensatz, und zwar aus jüngerer Zeit. Hätte er dort länger als ein paar Millionen Jahre gelegen, hätte er nämlich durch die Sonnenstrahlen eine dunklere Färbung angenommen und wäre von winzigen Meteoriten überzogen.

Im wissenschaftlichen Geologie-Labor jubelte man bei dem Gedanken, vielleicht den Beweis junger vulkanischer Aktivität gefunden zu haben. Daß der Mond innerhalb der letzten paar Millionen Jahre aktiv gewesen sein sollte, war eine unglaubliche, phantastische Nachricht. Da Schmitt und Cernan allmählich unter Zeitdruck gerieten, beeilten sie sich, einige Proben zu sammeln, von denen sie sicher waren, daß sie zu Hause eine Sensation auslösen, ja vielleicht sogar für eine Neufassung der Entstehungsgeschichte des Mondes sorgen würden.

Im Labor fand man heraus, daß die orange gefärbte Schicht eine Ansammlung vulkanischer Glasperlen war, die durch eine Eruption aus dem Krater geschleudert worden war, dann abkühlte

OBEN *Der Genesis-Stein: ein 4,5 Millionen Jahre altes Stück Anorthosit, ein Teil der Mondkruste, der wichtigste Fund der* Apollo-15-*Mission.*

GEGENÜBER OBEN *Astronaut Dave Scott bohrt ein 2 m tiefes Loch auf der Suche nach Gesteinsproben und kommt ins Schwitzen.*

GEGENÜBER UNTEN *Scott betrachtet seinen Fund, das Stück Anorthosit, sicher aufbewahrt in einem versiegelten Behälter mit reinem Stickstoff.*

GROSSES BILD *Am 7. Dezember 1972 hebt die* Saturn V *mit der* Apollo 17 *von Cape Canaveral ab.*

KLEINES BILD *Die* Apollo-17-*Astronauten Gene Cernan und Ron Evans Kopf an Kopf auf ihrer schwerelosen Reise. Dies war die letzte bemannte Mission zum Mond.*

und sich im Staub absetzte. Doch die Altersbestimmung war ernüchternd, sie ergab 3,7 Milliarden Jahre. Der Vulkan war schon lange erloschen. Der Mond hatte sogar Schmitt getäuscht. Die Probe sah deshalb jung aus, weil sie erst vor kurzem freigelegt worden war. Der Krater Shorty war also doch durch einen Meteoriteneinschlag entstanden, der Mond blieb eine fossile Welt.

Das war für Schmitt zwar enttäuschend, hatte jedoch auch sein Gutes für die Wissenschaft. Seit den *Apollo*-Missionen war der Mond zum Maßstab für die Altersbestimmung anderer Objekte im Sonnensystem geworden. Da der Mond in den letzten vier Milliarden Jahren fast völlig inaktiv war, kann man an ihm noch Spuren der Zeit feststellen, als Asteroiden in viel größerer Zahl vorhanden waren als heute.

Nachdem die ersten Gesteinsproben analysiert worden waren, sah man in ihnen Teile einer kosmischen Uhr. Die stark zerfurchten Gebiete des Mondes waren demzufolge soundso alt, die

kaum betroffenen Gebiete soundso viel jünger, die mit mittlerer Krateranzahl lagen dazwischen. Da Mond, Mars, Merkur und Venus alle demselben Meteoritenbeschuß ausgesetzt waren, können Forscher diese Art der Klassifizierung auch an anderen Orten anwenden, wo es keine Steine gibt. Dank des *Apollo*-Programms kann man heute das Alter jedes Gebiets auf den massiven Planeten abschätzen, die trockenen Marstäler ebenso wie die Ebenen der Venus. Man zählt einfach die Anzahl der Krater und vergleicht sie mit dem Mond.

Ein verrücktes Paar

Schmitt und Cernan kehrten Ende 1972 wohlbehalten auf die Erde zurück. Die Kapsel landete im Pazifik. Die *Apollo*-Missionen hatten insgesamt 382 kg Mondgestein zur Erde transportiert. Zu diesem Zeitpunkt hatten auch die unbemannten russischen Sonden *Luna 16* und *Luna 20* den Unfall von *Luna 15* vergessen lassen. Sie hatten 130 g Material zur Erde gebracht, und *Luna 24* brachte 1976 noch einmal 170 g.

Die Menschheit wußte nun eine Menge über die Zusammensetzung ihres nächsten Nachbarn, doch es gab immer noch ein ungelöstes Rätsel. Wie war es zu diesem ungewöhnlichen Weltenpaar Erde und Mond gekommen?

Der junge Wissenschaftler Bill Hartmann beschäftigte sich Anfang der 70er Jahre mit der Entstehung des Mondes. Zu dieser Zeit galten zwei Möglichkeiten als anerkannt: Entweder hatte die Erde den Mond angezogen oder der Mond hatte sich von ihr abgespalten, als sie noch eine wirbelnde Lavakugel gewesen war. Hartmann konnte sich für keine Theorie begeistern. Beide schienen angesichts der neuesten Forschungsdaten wenig Sinn zu machen.

Hartmann war verwirrt aufgrund der widersprüchlichen Eigenschaften des Mondgesteins. Ihre chemische Zusammensetzung glich Gesteinsvorkommen auf der Erde, bestimmte seltene radioaktive Isotope waren in denselben Konzentrationen vorhanden. Das konnte kein Zufall sein und sprach deutlich für die Theorie, daß die Erde den Mond einst »ausgespien« hatte. Andererseits, sagte Hartmann sich, konnte das wiederum nicht stimmen, denn die meisten leichten Elemente der Erdkruste tauchten im Mondgestein fast gar nicht auf.

VON LINKS NACH RECHTS *Die letzten Tage auf dem Mond. Gene Cernan, der Kommandant von* Apollo 17, *macht eine Testfahrt mit dem Mondfahrzeug, während Jack Schmitt sein neues Spielzeug ausprobiert: einen speziellen Rechen zur Suche nach Kieseln im Mondstaub. Später macht Cernan eine Spazierfahrt durch das Taurus-Littrow-Tal, und Schmitt erkundet einen ziemlich großen Brocken.*

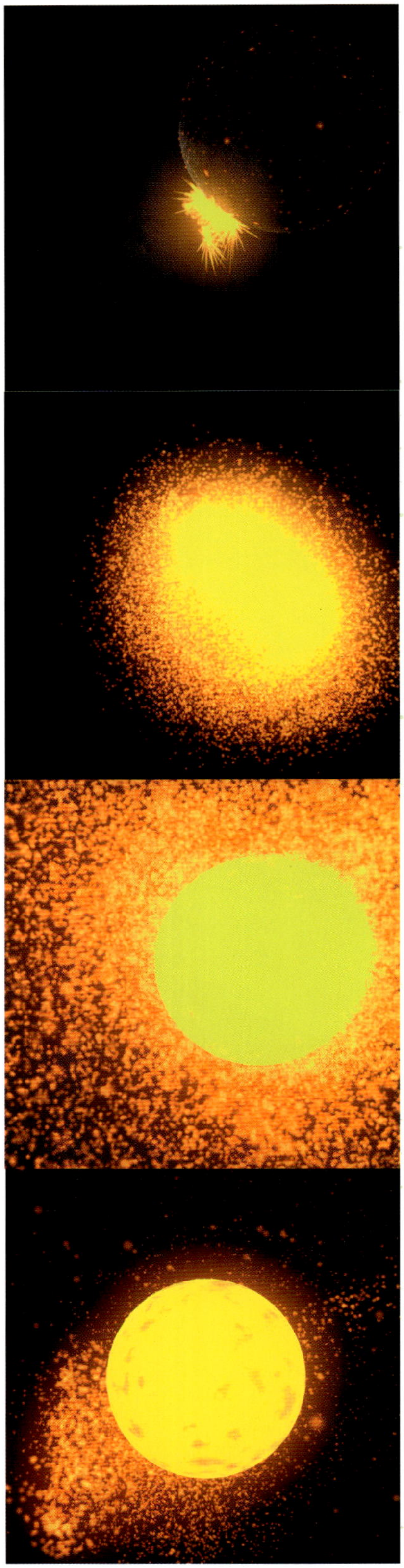

Insbesondere Wasser war in keiner einzigen sowjetischen oder amerikanischen Probe zu finden. Wie konnte der Mond also von der Erde abstammen?

Plötzlich hatte Hartmann eine Idee. Er sah sich den Mond an und überlegte, was für eine wilde Gegend das Sonnensystem einmal gewesen war. Überall gab es Spuren von heftigen Kollisionen. Könnte nicht auch der Mond durch eine riesige Kollision entstanden sein, durch einen Zusammenprall der Erde mit einem gigantischen Objekt?

Bill Hartmann, unbekannt und noch ziemlich unerfahren, trat 1974 mit dieser Theorie vor eine Gruppe von Wissenschaftlern an der Cornell-Universität. Mit unsicherer Stimme legte er die Geschichte einer Apokalypse dar: Ein Planet, mindestens so groß wie der Mars, prallte mit der Erde zusammen. Hartmann erklärte, wie die entstehende Hitze die Oberfläche beider Objekte in kürzester Zeit in kochende Lava verwandelt hätte. Gewaltige Wolken von Lavadämpfen wirbelten auf, die von beiden Körpern stammten. Was von der sich aufbäumenden Erde noch übrig war, verschluckte die Bruchstücke des anderen Planeten. Das ausgestoßene, geschmolzene Material verband sich nach Hartmanns Theorie in ganz kurzer Zeit – vielleicht nur 1000 Jahren – und formte den Mond. Als er mit seinen Ausführungen fertig war, befürchtete Hartmann das Schlimmste. Gleich würde seine Theorie zerpflückt werden. Als erster meldete sich Alistair Cameron zu Wort, einer der führenden Forscher der Harvard-Universität. Das gab Hartmann den Rest. Erst als er sich von seinem Schock wieder erholt hatte, bemerkte er zu seiner Überraschung, daß der große Cameron ihm zustimmte. Auch er glaubte, daß der Mond bei einem Zusammenstoß entstanden war.

Es ist keineswegs bewiesen, daß der Mond das Ergebnis einer solchen Katastrophe biblischen Ausmaßes ist, doch es paßt alles zusammen: Es gibt dort kein Wasser, weil alles in der entstehenden Hitze verdampft ist, und es gibt keine Atmosphäre, weil die schwache Anziehungskraft des Mondes sie nicht halten konnte. Für die leichten Elemente gilt bis zu einem bestimmten Grad dasselbe. Die Ähnlichkeiten zwischen Erde und Mond lassen sich durch die Verschmelzung der zusammenprallenden Planeten erklären. Eine auf dem Mond durchgeführte Messung gibt dieser Theorie weitere Nahrung: Seismische Fühler von *Apollo* bestätigten, daß der metallische Mondkern sehr klein ist. Wenn sich der Mond wirklich aus den absplitternden Krusten zweier kollidierender Planeten gebildet hätte, müßten die schweren Elemente in ihren Zentren größtenteils von der Erde aufgesogen worden sein, so daß für einen Mondkern wenig Material übrig blieb.

Die Erde überstand den Zusammenstoß, der andere Planet nicht. Seitdem ist er dazu verurteilt, die Erde zu begleiten, ein bleicher Schatten seiner selbst. Er hat versucht, der Erde zu entkommen, jedoch vergeblich. Direkt nach der Kollision wurden Teile der Erde ins All geschleudert, manche wurden in den wachsenden Mond gesogen, angezogen von seiner Schwerkraft. Viereinhalb Milliarden Jahre später hat der Mond nichts von seiner Anziehungskraft verloren. Zwischen 1959 und 1976 erlagen ihr mehrere Dutzend Raumschiffe und 21 Menschen. Die Erforschung des Mondes ist zwar noch längst nicht abgeschlossen, aber sie wird wohl nie mehr so im Mittelpunkt der Forschung stehen wie in jener Zeit.

LINKS *Eine computeranimierte Simulation der immensen Kollision der zwei Himmelskörper, aus denen Erde und Mond entstanden.*

Der neue Mond

Was Leidenschaft, Dramatik und Abenteuerlust angeht, wird sich in den nächsten Jahrzehnten wohl wenig finden lassen, was mit den *Apollo*-Missionen vergleichbar ist. Doch der Mensch ist auch nach jenen rauschhaften Zeiten der späten 60er und frühen 70er Jahre zum Mond zurückgekehrt, und was den neuen Sonden an Spektakulärem fehlte, machten sie durch überraschende Entdeckungen wieder wett.

1989 startete die Sonde *Galileo* zu einer Rundreise um den Gasgiganten Jupiter. Die technische Ausrüstung von *Galileo* ließ alle *Apollo*-Missionen verblassen. Als sie am Mond vorbeiraste, machte sie auf der Rückseite in der Nähe des Südpols eine unglaubliche Entdeckung: einen riesigen Einschlagkrater mit 2500 km Durchmesser. Einige Bilder der *Apollo 15* hatten vermuten lassen, daß sich derartiges noch südlich des Aufklärungsgebiets befand, doch das Aitken-Basin übertraf alle Erwartungen.

1

1994 schickte die NASA in Zusammenarbeit mit der US-Armee den kleinen Satelliten *Clementine* zum Mond. Er kartierte die gesamte Mondoberfläche im sichtbaren, ultravioletten und infraroten Spektralbereich. Aber Schlagzeilen machte *Clementine* erst zwei Jahre später, als sie am Südpol etwas Ungewöhnliches entdeckte. Die Sonde schickte ein Radarsignal in einen Krater, dessen Boden immer im Dunkel lag. Das reflektierte »Piep« war doppelt so stark wie bei normalem Mondgestein, es schien genauso, wie man es eigentlich von Eis erwartet hätte.

Nachdem die *Apollo*-Missionen den Mond als komplett trocken ausgewiesen hatten, klang die Idee, daß sich in der ewigen Nacht am Boden der Polarkrater Eis verbergen könnte, so außergewöhnlich, daß 1998 eine weitere Sonde – *Lunar Prospector* – zum Mond flog, um den Fund zu bestätigen. *Prospector* hatte keine Kameras an Bord, sie wären in den dunklen Kratern nicht von Nutzen gewesen, aber die Sonde konnte im Mondboden enthaltenen Wasserstoff nachweisen (Wasser ist H_2O, wo immer Wasser ist, ist also auch Wasserstoff). Die ersten Ergebnisse scheinen zu bestätigen, daß sich an den Polen des Mondes größere Mengen Eis verbergen, allerdings sind die Forscher sich zum jetzigen Zeitpunkt nicht sicher, daß diese auf Eiswasser hindeuten. Wenn es Eiswasser ist, muß es durch Meteoriten- und Asteroideneinschläge dorthin verstreut worden sein.

2

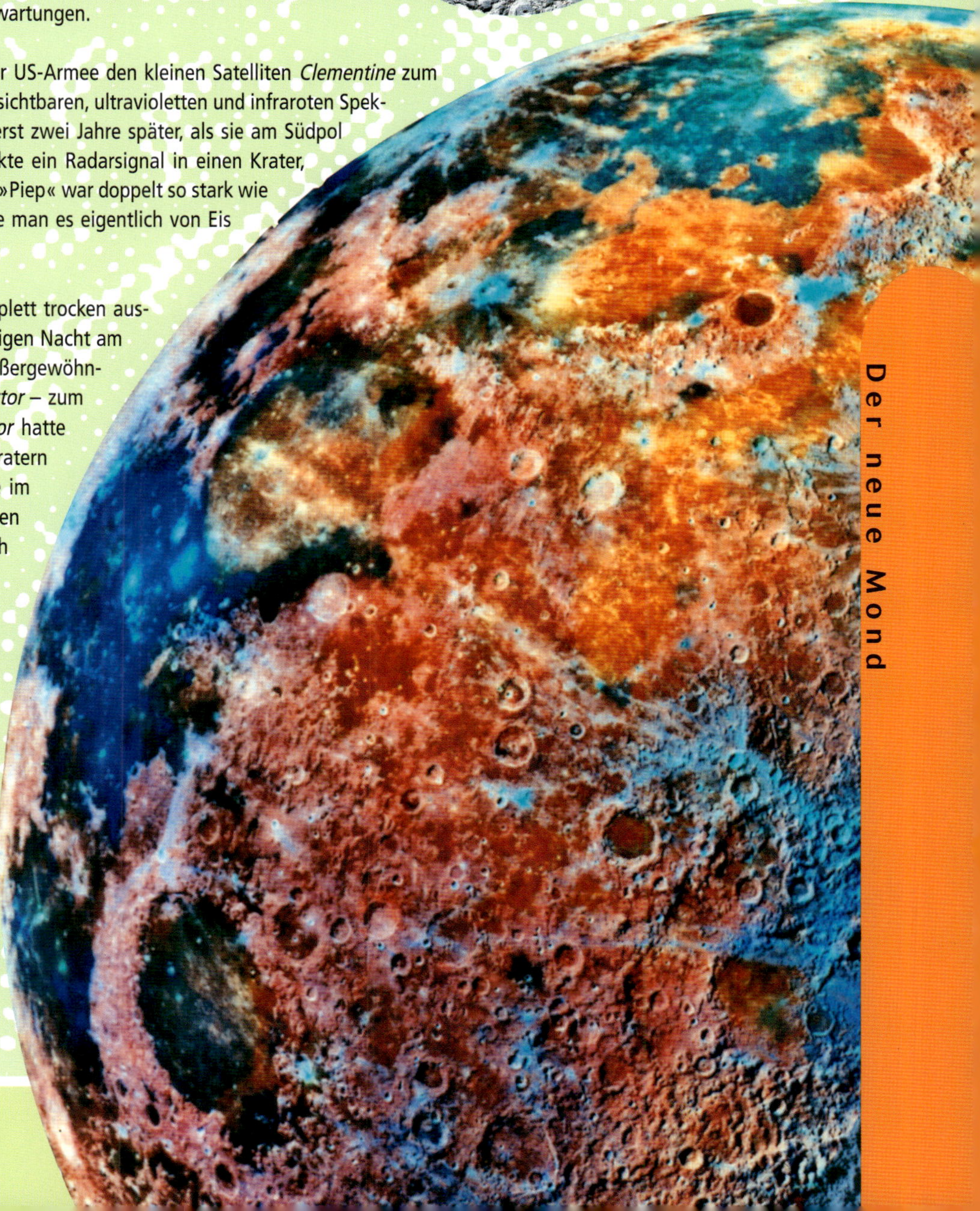

1 Clementines *Blickfeld auf den Südpol des Mondes.*
2 *Diese Aufnahme des Mondes stammt von* Galileo. *Das Hochland ist pink eingefärbt, Lavaströme orange und blau, und der dunkelblaue Fleck ist das titanreiche Mare Tranquillitatis.*

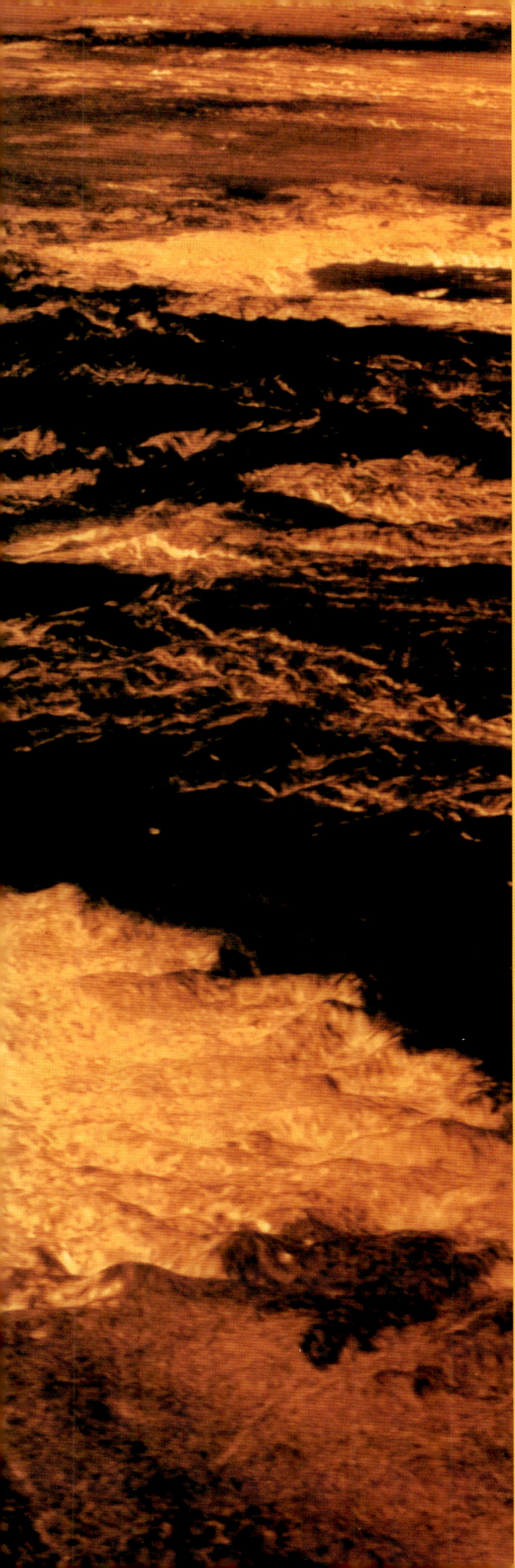

3

Die Kleinen mit harter Kruste

Kein Laut ist im luftleeren Raum zu hören, als sich die kesselförmige Sonde vom Mutterschiff löst. *Venera 9* treibt auf die Wolkendecke der Venus zu. Und wenn das kalte Ding aus mehrfach verstärktem Stahl – der ganze Stolz sowjetischer Ingenieurskunst – die Spannung auch nicht spüren kann, auf der Krim drängt sich eine Gruppe Wissenschaftler nervös um die Computer-Bildschirme. Ein Erfolg würde sie über Nacht zu Helden ihres Landes machen.

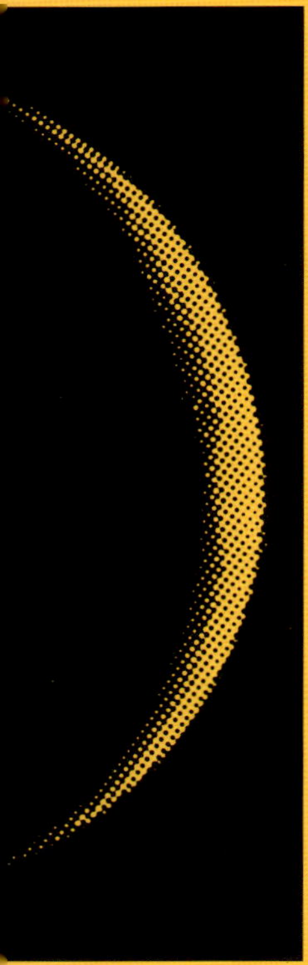

Die Bordkameras sind überprüft worden, alles funktioniert. Innerhalb der nächsten Stunden soll *Venera 9* die ersten Bilder von der Venusoberfläche zur Erde senden. In 65 km Höhe wird der Schutzschild ausgefahren. Ein metallener Schirm soll den Sturz so weit mildern, daß die Landekapsel den Aufprall überstehen kann. Schweflige Wolken schütteln sie durch, die Temperatur steigt rapide. Die Verhältnisse verschlechtern sich, doch *Venera 9* ist hart im Nehmen. Der Atmosphärendruck ist 90mal größer als auf der Erde. Es herrschen 450 °C. Die Forscher wissen, daß ihre Sonde unter diesen Bedingungen nicht lange durchhalten wird – jetzt muß alles ganz schnell gehen. Die Verschlußkappe der Kameralinse wird abgesprengt, eine dicke Glaslinse starrt ins Unbekannte.

Um 8.28 Uhr am Morgen des 20. Oktober 1975 erhielten die Wissenschaftler auf der Krim die Bestätigung, daß *Venera 9* gelandet war und alle Systeme arbeiteten. Sie mußten jedoch noch 15 bange Minuten überstehen, bis das erste Fernsehbild von der Venusoberfläche zum Mutterschiff gesendet und von dort aus zur Erde weitergeleitet worden war. Endlich begann das Papier, langsam aus einem einfachen Bildfunkgerät zu rattern. Das Motiv war zwar durch die dicke Linse der Außenkamera verzerrt, aber die Oberfläche der Venus erschien nicht unwirtlicher als Moskau bei Regen.

Im Bildhintergrund trafen sich der helle Himmel und der dunkelgraue Boden am schnurgeraden Horizont. Zwischen Sonde und Horizont erstreckte sich feinkörniger Untergrund mit spär-

SEITEN 74–75 *Eine Seitenansicht des Aglaonice-Kraters auf der Venus. Im Hintergrund sind noch zwei weitere Einschlagkrater zu sehen. Diese Radaraufnahme stammt von der* Magellan-*Sonde der NASA.*

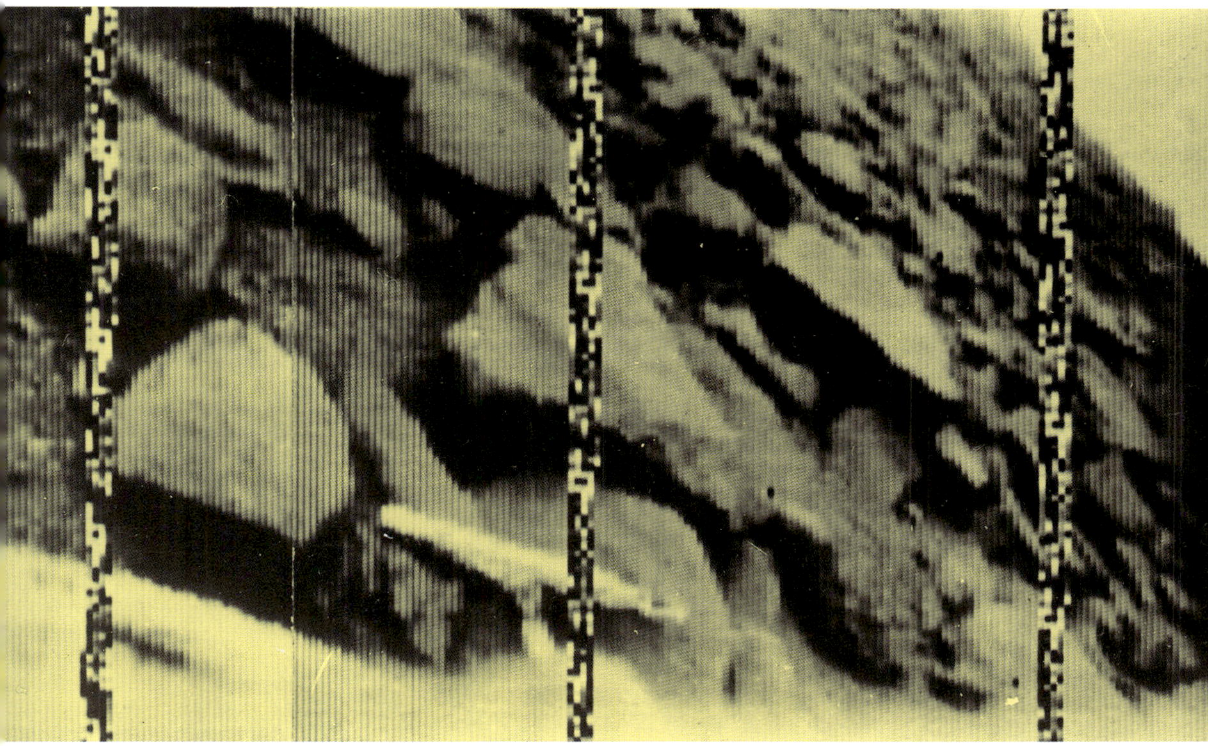

lich verstreuten Brocken Vulkangestein. Dies waren die ersten Bilder von der Oberfläche eines anderen Planeten, die die Menschheit zu sehen bekam.

20. Juli 1976: Seit Wochen wurde in der *Viking*-Bodenstation des JPL in Kalifornien erbittert gestritten. Der Versuch der NASA, durch eine Landung auf dem Mars mit der erfolgreichen Venus-Mission der Sowjets gleichzuziehen, drohte zu scheitern. Bereits seit einem Monat umkreiste *Viking 1* den Mars auf der Suche nach einem geeigneten Landeplatz, bisher vergeblich. Die Landung zur Zweihundertjahrfeier am 4. Juli war schon gescheitert, nachdem die ersten Bilder des Landeplatzes Krater, Löcher und holpriges Gestein gezeigt hatten. Die verantwortlichen Ingenieure hatten bisher 800 Bilder und damit eine größere Fläche als Texas ausgewertet. Schließlich fanden sie ein ebenes Gebiet in etwa 900 km Entfernung vom ursprünglich ausgewählten Landeplatz.

LINKS OBEN *Das erste Bild von der Venus, aufgenommen 1975 von* Venera 9.

RECHTS OBEN *1976, ein Jahr später, machte* Viking 1 *dieses Bild von der Marsoberfläche.*

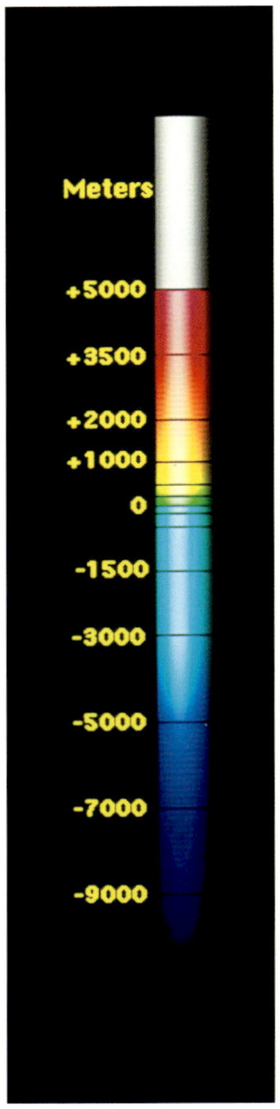

Die Anspannung war groß. Würde die Landefähre an einem Felsen hängenbleiben, an einem Hang landen oder womöglich im Staub versinken? Kurz nach Mitternacht am siebten Jahrestag der *Apollo-11*-Mondlandung nahm Jim Martin, der Projektleiter, seinen Mut zusammen und gab das Kommando zur Landung.

Um 4.13 Uhr an einem Sommernachmittag setzte *Viking 1* weich auf dem Mars auf. Wieder fiel eine Verschlußkappe auf den Boden eines anderen Planeten. Im Lauf der nächsten Stunde wurde das erste Schwarzweißfoto streifenweise zur Erde gesendet. Quälend langsam erschienen ein kleiner Ausschnitt der Umgebung und der Metallfuß der Landefähre. Alle Befürchtungen der vergangenen Stunden waren verflogen, als lauter Jubel ausbrach, und ehe die Forscher noch die Aufnahme von dem kleinen Stück Land geprüft hatten, kam bereits eine Panorama-Aufnahme herein. »Schaut euch die wunderschönen Steine an!« schrie Martin. Er sah trockenes, sandiges Land und verstreute kantige Felsblöcke aus Vulkangestein, ähnlich manchen Wüsten auf der Erde. Am nächsten Tag wurden Farbfotos gesendet, und die ersten Aufnahmen von der Oberfläche des roten Planeten gingen um die Welt. Er war tatsächlich rot.

Unglaubliches war in den vergangenen neun Monaten geschehen. Die nächsten Nachbarn der Erde waren nicht länger nur Lichtpunkte am Nachthimmel – sie waren real, Orte und Landschaften, die fast nahe genug schienen, um sie zu berühren. Doch obwohl die Aufnahmen von Venus und Mars angenehm vertraut schienen, blieb ihre geologische Entstehungsgeschichte vorerst ein Rätsel. Man benötigte ein Vergleichsobjekt, um sie zu verstehen. Die Geologie der Erde sollte der Maßstab für die anderen Gesteinsplaneten sein.

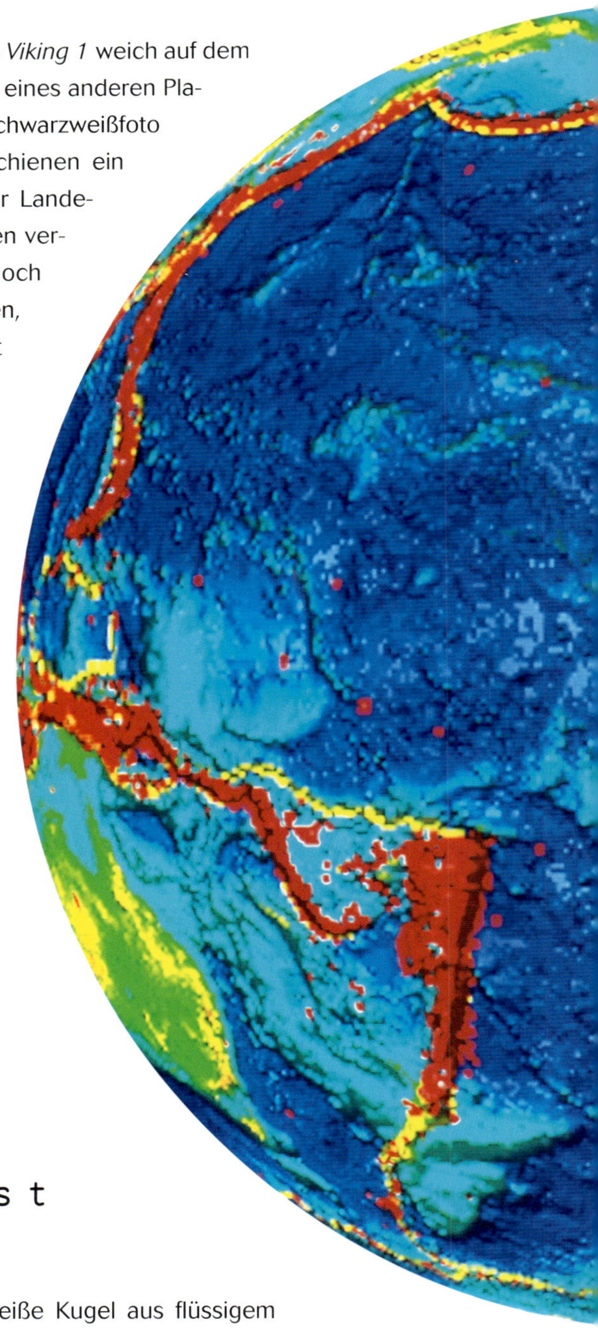

MITTE *Feuerring: eine topographische Karte der Erde (siehe Skala), im Zentrum der Pazifik. Der Ozean ist umgeben von aktiven Erdbebenzonen und Vulkanen.*

GEGENÜBER *Erde mal vier: Durch Plattentektonik driften die Kontinente langsam auseinander, vor 200 Millionen Jahren (oberes Bild) sah die Erde vollkommen anders aus als heute (unteres Bild).*

Ein Planet verschlingt sich selbst

Vor 4,5 Milliarden Jahren war die Erde eine heiße Kugel aus flüssigem Gestein. Seit dieser Zeit erkaltet sie langsam immer mehr. Noch heute zeigt sich ihre wilde Vergangenheit an feuerspeienden Vulkanen. Der innere Brandherd wird durch natürliche Radioaktivität in unserem Planeten noch geschürt, große Mengen Uran, Thorium und Kalium sind ständige Wärmequellen. Obwohl die Erde inzwischen so kalt ist, daß sich eine 30 km dicke Kruste gebil-

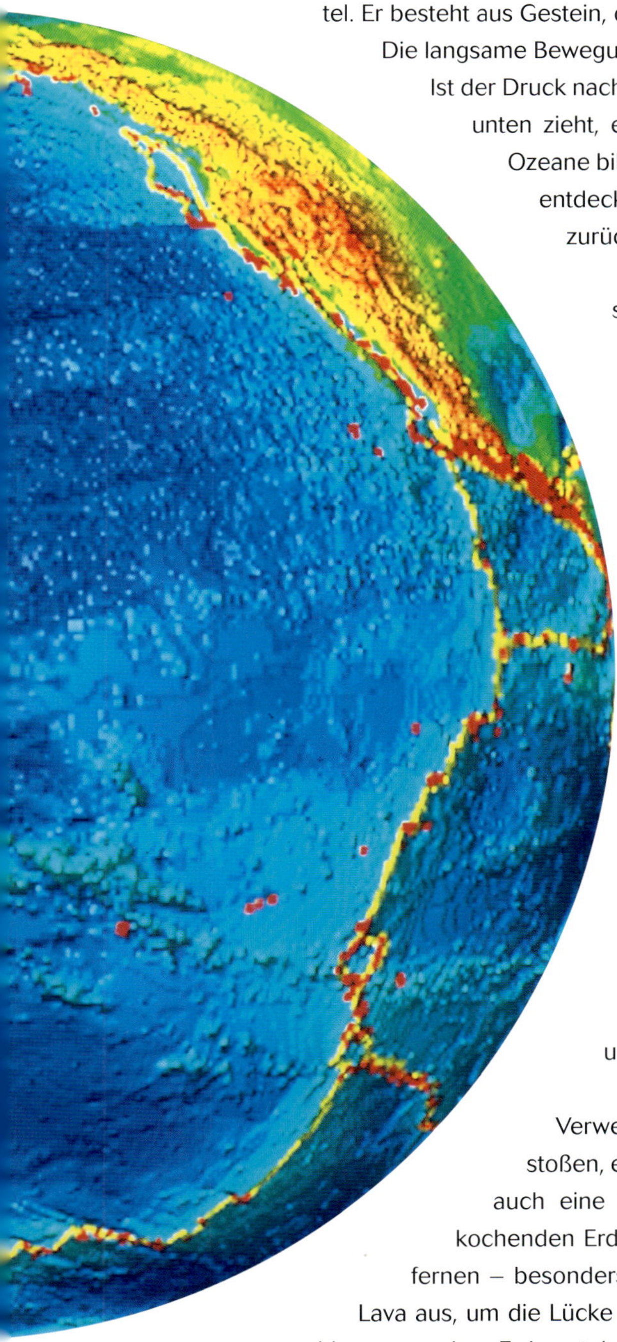

det hat, besteht sie im Innern immer noch aus geschmolzenem Material verschiedener Konsistenz. Die Mitte unseres Planeten Erde besteht aus einem großen, dichten Kern aus teils festem, teils flüssigem Metall: eine Eisen-Nickel-Verbindung. Über dem Kern liegt der sogenannte Erdmantel. Er besteht aus Gestein, das weder flüssig noch fest ist, sondern zäh wie Karamel. Die langsame Bewegung dieser klebrigen Masse formt das Profil der Erdkruste. Ist der Druck nach oben gerichtet, entstehen Berge. Wo es die Kruste nach unten zieht, entstehen Vertiefungen, die sich mit Wasser füllen und Ozeane bilden. Wissenschaftler hatten dies schon Jahrzehnte zuvor entdeckt, doch die Erde hielt noch ein weiteres Geheimnis zurück, bis das Weltraumzeitalter anbrach.

Der Kalte Krieg und die damit verbundene Erforschung der Meeresböden von Atlantik und Pazifik durch atomgetriebene U-Boote führte zu der Entdeckung. In vielen Kilometern Tiefe zieht sich eine große Vulkankette fast um den gesamten Erdball herum. Entlang dieser unterseeischen Linien entstand ununterbrochen neue Kruste, die Meeresböden wuchsen und schoben die Kontinente langsam weiter. Eine andere, viele Jahre zuvor gemachte Entdeckung, daß nämlich die Küstenlinien von Südamerika und Afrika wie Puzzleteile zusammenzupassen schienen, ergab plötzlich Sinn. Die Erdkruste ist keine feste Schale, sondern besteht aus mehreren Teilen. Bald wurde deutlich, daß diese »Platten« genannten Teile sich langsam in verschiedenen Richtungen um die Erde bewegten. Wie bei kochendem Wasser in einem Topf steigen Konvektionsströme nach oben, kühlen ab und sinken an den Rändern wieder nach unten. Angetrieben von der Hitze des Erdkerns wälzt sich das zähflüssige Gestein langsam herum und schiebt die Platten um die Erde.

Dort, wo die Platten aneinanderreiben, entstehen Verwerfungslinien und Erdbeben. Dort, wo sie zusammenstoßen, entstehen Gebirgsketten, an manchen Stellen schiebt sich auch eine Platte unter die andere und verschwindet wieder im kochenden Erdmantel. In den Zonen, wo sich Platten voneinander entfernen – besonders entlang der ozeanischen Rücken –, bricht regelmäßig Lava aus, um die Lücke mit neuer Kruste aufzufüllen. An anderen Stellen durchschlagen aus dem Erdmantel aufsteigende heiße Gesteinsblasen die Platten. Während sich die Platte langsam über diese heißen Stellen schiebt, entstehen ganze Vulkanketten wie z. B. auf Hawaii. Diese sanfte, aber permanente Bewegung nennt man »Plattentektonik«, sie ist ein Charakteristikum der Geologie unseres Planeten.

UNTEN *Verwerfungslinie: Der gewundene Lauf eines Flusses wird vom San-Andreas-Graben – der sich von links nach rechts etwa durch die Mitte des Fotos zieht – in Kalifornien abrupt unterbrochen.*

Waren die anderen Planeten ebenso aktiv wie die Erde? Bebte auch dort der Boden und spuckte Feuer? Bis zum Beginn des Raumzeitalters kannten wir nur die Erde. Stellen Sie sich die gespannte Aufmerksamkeit vor, mit der die Geologen auf Neuigkeiten über die anderen kosmischen Experimente der Planetenbildung in unserem Sonnensystem warteten.

Vulkane

Es gibt mehr als 1000 Vulkane auf der Erde, die seit Beginn der Aufzeichnungen mindestens einmal ausgebrochen sind. Manche von ihnen boten ein spektakuläres Schauspiel der Zerstörung. 1883 explodierte die Vulkaninsel Krakatau zwischen Java und Sumatra. Die Eruption war fast 5000 km weit zu hören, Ascheregen fiel in noch weiterem Umkreis, und als sich die Staubwolken endlich lichteten, war die Insel vollständig verschwunden. Am 18. Mai 1980 brach der Mount Saint Helens an der Nordwestküste der USA auf ähnliche Weise aus. Zuerst stieß er einen Schwall zerstörerischer, sengend-heißer Asche aus, dann explodierte er, und eine riesige Staubwolke erhob sich 20 km in den Himmel.

Vulkane brechen aus, wenn der Druck der aufsteigenden heißen Gesteinsmasse zu groß wird. Die große Mehrheit der Vulkane umgibt als »Feuerring« den Pazifischen Ozean. Die Hitze entsteht hier durch die Reibung zweier tektonischer Platten, die sich übereinander schieben. Tief unten schmilzt das Gestein und bildet ein Magma-Reservoir, das dann beginnt, blasenförmig aufzusteigen.

Im Innern des Magmas sind Gase eingeschlossen, wenn es aufsteigt, sinkt der Druck, und das Gas dringt nach außen. Je mehr Gase im Magma enthalten sind, desto stärker die Eruption. Die Vulkane des Feuerrings enthalten im allgemeinen in ihrem Magma sehr viel Gas, man nennt ihre aschereichen Ausbrüche »plinisch« (nach dem römischen Schriftsteller Plinius, der die Aschewolke eines Vesuv-Ausbruchs beobachtet hatte). Wenn das Magma wenig Gas enthält, so wie in den hawaiianischen Vulkanen, wirft eine Eruption nur einen Schleier feiner Lavatropfen ein paar Dutzend Meter hoch aus – eine »Feuerfontäne«. Manchmal formt das Gas Blasen, die die Lava beim Platzen explosionsartig auswerfen – man nennt dies strombolische Eruption nach dem italienischen Inselvulkan, an dem das Phänomen erstmals beobachtet wurde. Bei Eruptionen unterseeischer Vulkane verhindert der enorme Wasserdruck jeglichen Gasaustritt, das Magma quillt aus der Erde wie Zahnpasta aus der Tube und bildet »Kissenlava«.

1 *Eine Feuerfontäne schießt aus dem Mauna Loa auf Hawaii.*
2 *Mount Saint Helens in Washington, USA, während des Ausbruchs 1980.*
3 *Kissenlava sickert aus einem unterseeischen Vulkan tief im Pazifischen Ozean.*

Venus, verschleierte Schwester

Das ganze 18. Jahrhundert hindurch beobachteten Astronomen helle und dunkle Flecken auf der Oberfläche unserer nächsten Nachbarin und hielten sie für Venuslandschaften. Der italienische Astronom Francesco Bianchini veröffentlichte 1726 Karten der »Ozeane« und »Kontinente« auf der Venus. In seinem Abenteuerdrang benannte er zwei von ihnen nach Italiens berühmten Entdeckungsreisenden Christoph Kolumbus und Amerigo Vespucci. Für ihn galt es, die Venus zu erforschen. Sie war unsere Schwesterwelt, etwa von derselben Größe wie die Erde und im Sonnensystem der nächste Planet.

Aber die äußeren Merkmale der Venus waren trügerisch. Tatsächlich hatten die Astronomen überhaupt nicht die Oberfläche der Venus gesehen, sondern eine dicke Wolkendecke. Die dichte, reflektierende Schicht hatte ihre Aufmerksamkeit erregt, aber die Planetenoberfläche vor ihren Augen verborgen. Die Astronomen beobachteten den Planeten weiter in der Hoffnung, eine Lücke in der Wolkendecke zu finden.

In den späten 50er Jahren fand man schließlich einen Weg, um mit Radar durch die Wolken zu sehen. Das Goldstone-Radioteleskop in der Mohavewüste sendete zusammen mit dem Arecibo-Radioobservatorium in Puerto Rico Radarsignale zur Venus. Die Radarwellen drangen mühelos durch die Wolken, trafen auf den Boden und wurden gestreut. Manche wurden zur Erde zurück reflektiert, wenige sogar direkt nach Goldstone und Arecibo, gerade genug für die Zwecke der Wissenschaftler. Lange bevor die erste Sonde zur Venus geschickt wurde, erstellte dieses einfache, interplanetarische Radar ein undeutliches, verwischtes Bild unseres Schwesterplaneten.

Dieses Bild wirkte wie ein Aphrodisiakum auf die Beobachter des Planeten der Liebesgöttin. Im Norden lag eine weite, sanfte Ebene von der Größe Australiens und ein Gebirge, das größer schien als der Himalaja. Das erdgebundene Radar war jedoch zu ungenau, um ein detailliertes Bild der Venusoberfläche zu vermitteln. Ein Nebeneffekt ihrer außergewöhnlich niedrigen Rotationsgeschwindigkeit (243 Tage pro Umdrehung) sorgte für weitere Frustration bei den Astronomen. In Erdnähe drehte sie uns immer dieselbe Seite zu. Man kann die andere Seite von der Erde aus niemals sehen. Sobald es also die technischen Möglichkeiten zuließen, wurde die Venus zum wichtigsten Ziel der sowjetischen und amerikanischen Raumfahrt.

In den 60er Jahren sendeten die ersten Raumsonden von der Venus verwirrende Neuigkeiten. Die Bedingungen unterhalb der cremefarbenen Wolken waren extrem unwirtlich. Die 1962 gestartete amerikanische *Mariner 2* und die frühen sowjetischen *Venera*-Sonden maßen Oberflächentemperaturen von mehr als 400 °C – heiß genug, um Zinn oder Blei zu schmelzen – und einen atmosphärischen Druck, der ein Tiefsee-U-Boot zerquetscht hätte. In Kapitel 6 wird gezeigt, daß diese Atmosphäre nicht mit der Erdatmosphäre zu vergleichen ist, aber war auch die Geologie der Venus eine völlig andere?

LINKS *Die NASA-Sonde* Pioneer Venus *lieferte 1980 diese erste unscharfe Aufnahme der Venus mit Hilfe eines »Tiefenmessers«.*

GEGENÜBER *Wieder ein wolkiger Tag auf der Venus. Details der Atmosphäre werden im ultravioletten Licht sichtbar.*

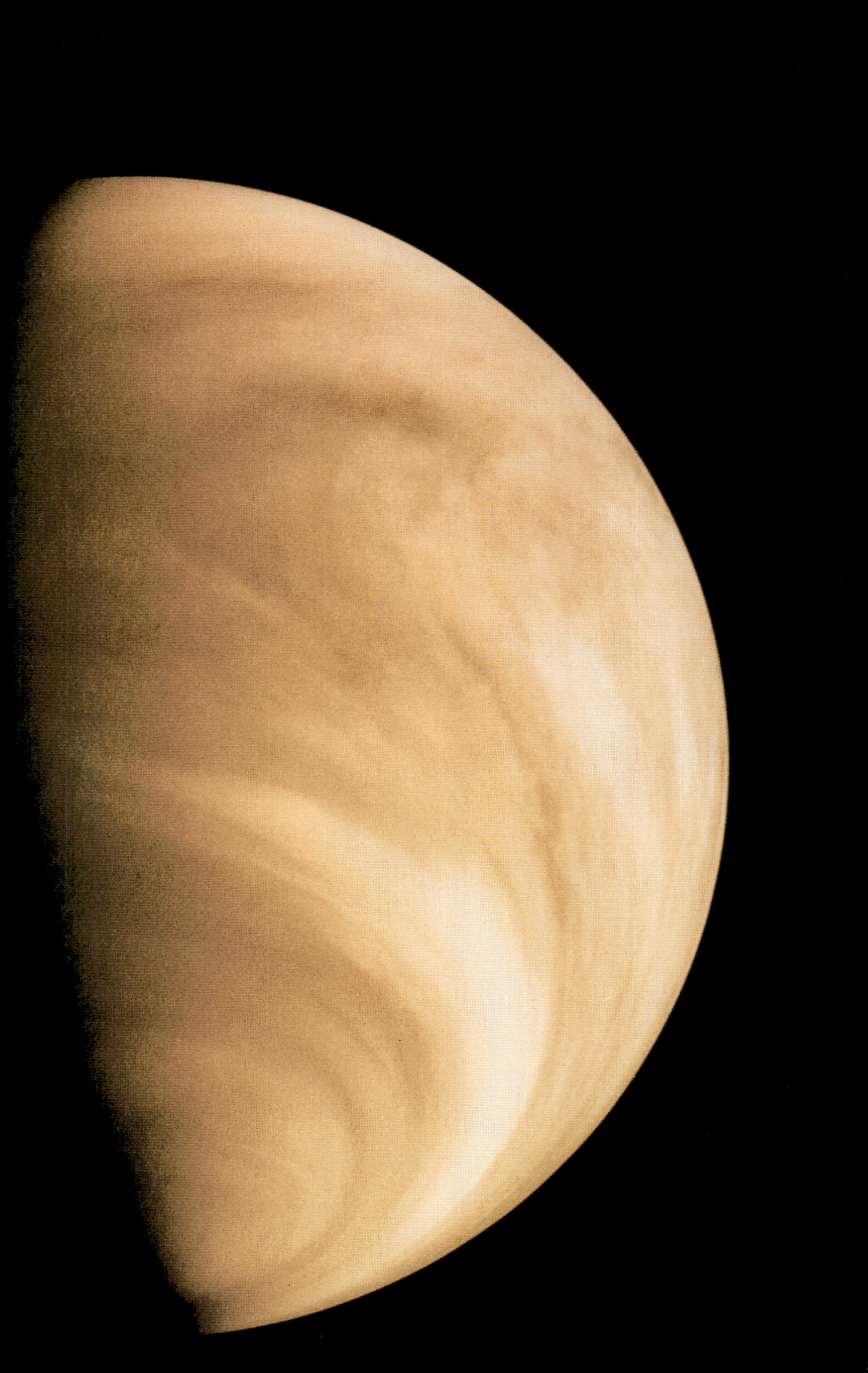

Venus-Sonden

Die Daten beziehen sich auf den Kontakt mit dem Planeten

1962 Mariner 2 USA
Vorbeiflug

1967 Venera 4 UdSSR
Atmosphärische Sonde/Landeversuch

1967 Mariner 5 USA
Vorbeiflug

1969 Venera 5 und 6 UdSSR
Atmosphärische Sonden/Landeversuche

1970 Venera 7 UdSSR
Landekapsel

1972 Venera 8 UdSSR
Landekapsel

1974 Mariner 10 USA
Vorbeiflug

1975 Venera 9 und 10 UdSSR
Orbiter und Landekapsel

1978–92 Pioneer Venus 1 USA
Orbiter/Radarkartierung

1978 Pioneer Venus 2 USA
Atmosphärische Multisonde

1978 Venera 11 und 12 UdSSR
Vorbeiflüge/Landekapseln

1982 Venera 13 und 14 UdSSR
Vorbeiflüge/Landekapseln

1983–84 Venera 15 und 16 UdSSR
Orbiter/Radarkartierung

1985 Vega 1 und 2 UdSSR
Venus-/Halley-Sonden – Landekapsel und Wetterballon

1991 Galileo USA
Vorbeiflug

1990–94 Magellan USA
Orbiter/Radarkartierung

1998 Cassini USA
Vorbeiflug

Die Vulkanjagd

Es war keine leichte Aufgabe für die Ingenieure, Messungen auf der Oberfläche dieses ungastlichen Planeten durchzuführen. Die Sowjets waren die ersten, denen dies gelang. *Venera 8* war 1972 die zweite sowjetische Sonde, die erfolgreich auf der Venus landete, und die erste, die brauchbare Informationen über sie sammelte. Aber *Venera 8* besaß keine Kamera, und die Sowjets konnten es kaum erwarten, Bilder von der Oberfläche zu machen. 1975 gelangen *Venera 9* zusammen mit ihrem Schwesterschiff *Venera 10* mit Hilfe abgesetzter Landekapseln die historischen Schwarzweißaufnahmen von der Venusoberfläche. Auf dem flachen Terrain lagen Felsbrocken verstreut, die aussahen wie vulkanische Lava. Es war ein verheißungsvoller Anblick. Gab es noch Vulkane auf der Venus? War sie noch aktiv wie die Erde? Die Wissenschaftler benötigten jedoch eine umfassende Kartierung, um diese Fragen zu beantworten, aber darauf mußten sie noch drei weitere Jahre warten. Dieses Mal war der mit Radar ausgestattete amerikanische Orbiter *Pioneer Venus* der Wegbereiter.

Zwei Jahre, bis 1980, benötigte *Pioneer Venus*, um einen vollständigen Atlas des Planeten zu erstellen, der uns so lange verborgen geblieben war. Die Karte zeigte eine Welt aus Tiefebenen mit einem ausgedehnten Hochland in der Form eines Skorpions, das sich am Äquator um den halben Planeten erstreckte. Auf der Nordhälfte lag eine weitere Gebirgskette, gegen die der Himalaja klein wirkte. Auf den ersten Blick sah die Venus aus wie eine Erde ohne Wasser. Aber die Wissenschaftler konzentrierten sich sofort auf zwei Berge im Norden mit großen, kraterähnlichen Vertiefungen im Gipfelbereich. Waren dies die sehnsüchtig erwarteten Vulkane?

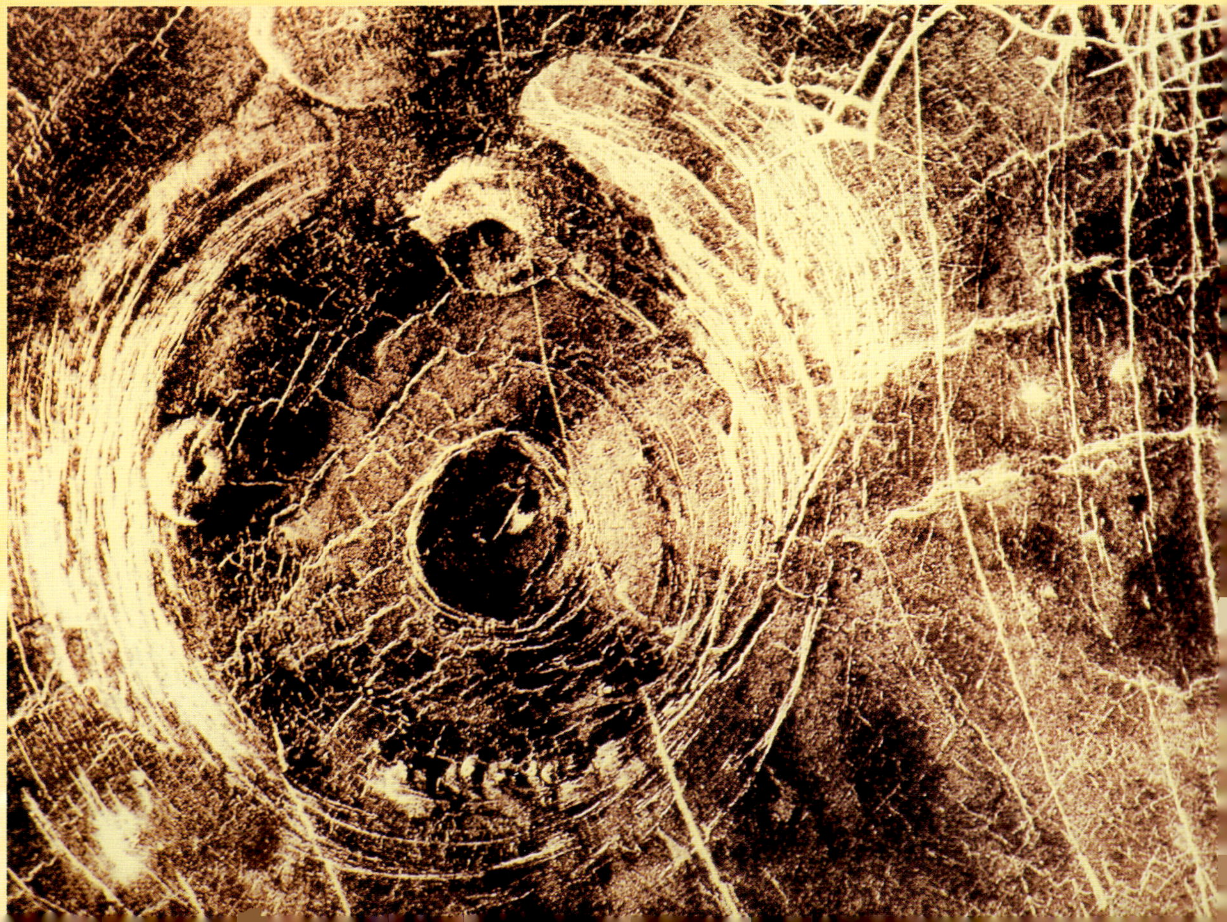

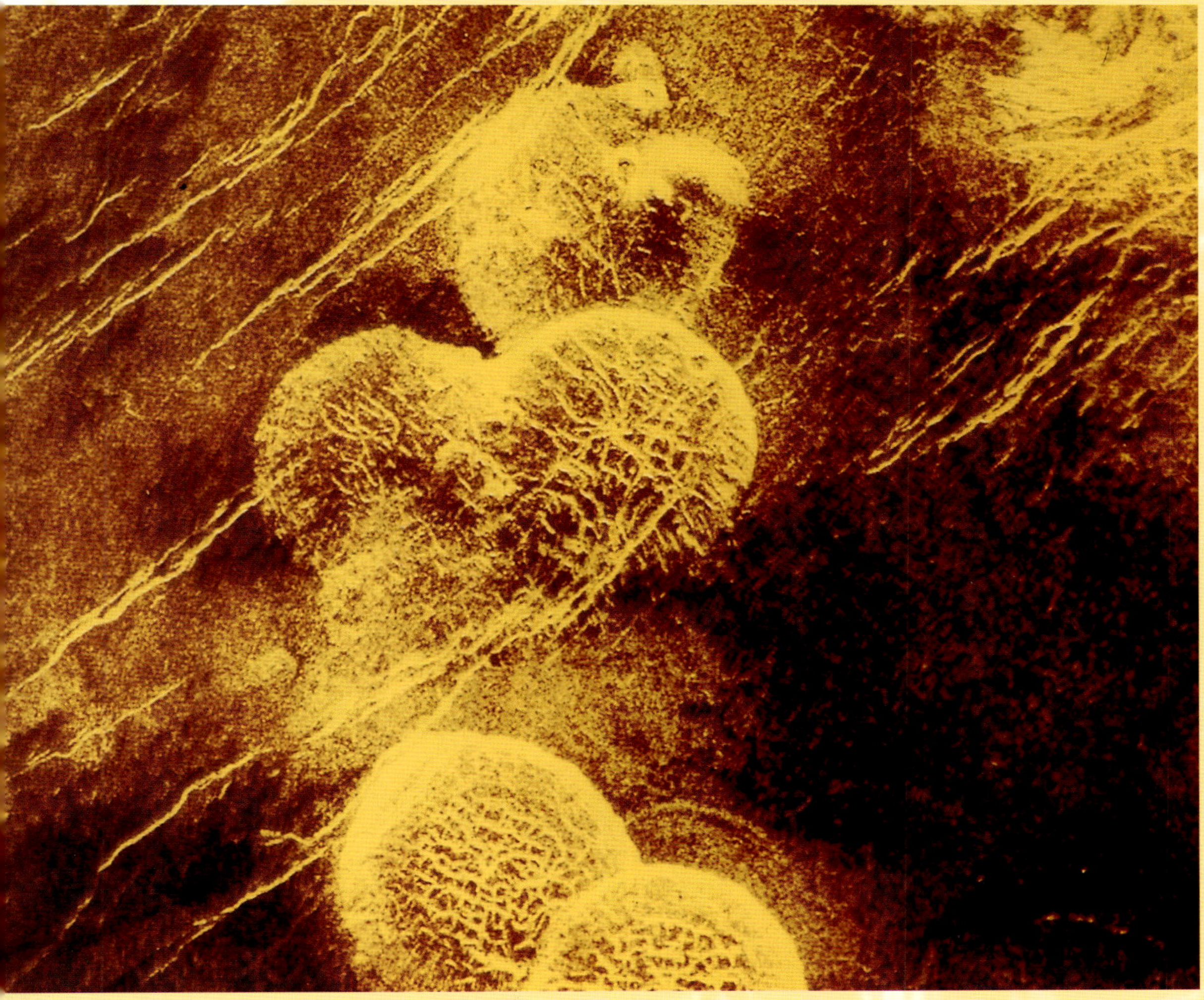

LINKS *Diese runden Hügel auf der Venus werden als »pancake domes« bezeichnet und wurden von der Magellan-Sonde fotografiert. Jeder einzelne ist etwa 25 km breit und 750 m hoch.*

GEGENÜBER *Die Aine-Korona, ein riesiger Vulkan. Der 200 km breite Kegel wurde wahrscheinlich durch unterirdisch aufsteigendes Magma nach oben gewölbt.*

UNTEN *Die Magellan-Sonde fand nur wenige Einschlagkrater auf der Venus, diese drei waren jedoch deutlich auf ihrem Radarbild zu erkennen.*

Die Radarkartierung der *Pioneer Venus* war nicht viel besser als ein Kinderglobus. 1983 starteten die Sowjets daher *Venera 15* und *16*, zwei verbesserte Radarsonden, die Details von 1 km Größe erkennen konnten, um den Planeten genauer zu vermessen. Sie fanden die Venus von Vulkanen durchlöchert. Vulkanausbrüche wurden jedoch nicht beobachtet. Außerdem fanden sie bisher Unentdecktes – seltsame kreisrunde Bergkämme mit bis zu 300 km Durchmesser um eine Ebene herum, die aussah, als wäre sie einst voller Lava gewesen, ohne je einen charakteristischen Vulkankegel zu bilden. Diese neue vulkanische Formation nannte man »Korona«, da sie von oben einer Krone ähnlich sah.

Obwohl die *Venera-Sonden 15* und *16* nur die nördliche Hemisphäre beobachteten, sendeten sie die ersten brauchbaren Oberflächenaufnahmen der Venus. Ihre Daten waren außerdem die ersten, die die Sowjets auch den Amerikanern zukommen ließen. Dank der sowjetischen Bemühungen wurde das Interesse einer neuen Wissenschaftlergeneration in Amerika auf die Venus gelenkt, und als die Übertragungen der *Venera*-Sonden endeten, wollte man noch mehr wissen.

USA

Die Ersatzteilmission

Die Amerikaner hatten ursprünglich eine große Mission geplant, auf der die Venus kartiert und alle möglichen wissenschaftlichen Fragen beantwortet werden sollten, doch die Reagan-Regierung stoppte das kostspielige Projekt in den frühen 80er Jahren. Einige wichtige Teile waren jedoch schon fertig, und so erkannte eine Handvoll begabter Ingenieure, daß sie, wenn sie sich irgendwoher ein paar Ersatzteile besorgten, eine Venus-Sonde gerade so zusammenbauen und dann fast genauso viele wissenschaftliche Experimente für weit weniger Geld durchführen konnten. Schließlich »bastelten« sie eine Sonde aus Ersatzteilen der *Voyager-*, *Ulysses-* und *Viking*-Sonden zusammen und nannten sie *Magellan*. Sie wurde als »Second-hand-Rose« bekannt.

Am 8. August 1990 sendeten zwei Ingenieure ein Signal in Richtung Venus, um die *Magellan*-Sonde in die Umlaufbahn zu lenken. Die Sonde zündete zuverlässig ihre Bremsraketen und schwenkte in eine elliptische Bahn ein. Von da an durchdrang ihr Radarstrahl drei Jahre lang die Venusatmosphäre und sendete eine Fotoserie, die 98% der Planetenoberfläche mit bis dahin ungekannter Detailtreue abdeckte. Die *Magellan*-Sonde lokalisierte Objekte von nur 120 m Durchmesser. Im Frühling 1991 bewunderten die Geologen die detailliertesten Karten unseres Schwesterplaneten.

Die *Magellan*-Sonde zeigte die Venus als einen von Vulkanen dominierten Planeten. Nicht weniger als 167 Vulkane mit einem Durchmesser von mehr als 100 km wurden kartiert. Zum Vergleich, auf der Erde ist nur die Hauptinsel der Hawaii-Kette von ähnlicher Ausdehnung. Die Zahl der kleineren Vulkane auf der Venus liegt bei weit über 50 000. Außerdem entdeckte man Landschaften, die der Wissenschaft bis dahin völlig unbekannt waren, so daß man neue Namen einführen mußte. Abgesehen von den Koronas gab es sanft erhöhte Scheiben mit bis zu 50 km Durchmesser, die man »pancake domes« (Pfannkuchenkuppe) nannte. Auf der Erde werden ähnliche Kuppen durch aufwallendes Magma geformt, sie sind jedoch 100mal kleiner. Am erstaunlichsten waren aber die riesigen Vulkanebenen überall. Fast der ganze Planet scheint einmal mit Lava bedeckt gewesen zu sein.

Manche Geologen hatten gehofft, auf den Karten Hinweise darauf zu finden, daß die Venus wie die Erde durch plattentektonische Kräfte geformt wurde. Sie erlebten jedoch eine Enttäuschung. Es gab einfach kein System von Vulkanketten. Das Kratermuster wies dennoch auf eine ungewöhnliche Geologie hin. Es gab nur 900 Einschläge auf dem ganzen Planeten, also konnte die Oberfläche noch nicht sehr alt sein. Seltsamerweise waren die Krater jedoch gleichmäßig über den gesamten Planeten verteilt. Das bedeutet, so unwahrscheinlich es klingen mag: Die Oberfläche der Venus ist überall gleich alt. Die Schätzungen liegen zwischen 200 und 800 Millionen Jahren.

Auf der Erde ist die Situation eine völlig andere, hier findet man Regionen in allen Altersstufen bis zu mehreren Milliarden Jahren. Es gibt eine bis heute umstrittene Erklärung für das niedrige Alter der Venusoberfläche. Einige Geologen vermuten, daß die harte Steinkruste die Hitze des Planeten viel besser halten kann, möglicherweise weil sie so trocken ist.

Mars-Sonden

Erfolgreiche Missionen. Die Daten beziehen sich auf den Kontakt mit dem Planeten.

1965 Mariner 4 USA
Vorbeiflug

1969 Mariner 6 und 7 USA
Vorbeiflüge

1971 Mars 2 UdSSR
Orbiter/Landeversuch

1971 Mars 3 UdSSR
Orbiter/Landeversuch

1971–72 Mariner 9 USA
Orbiter

1974 Mars 4 und 5 UdSSR
Vorbeiflüge

1974 Mars 6 UdSSR
Atmosphärische Sonde/Landeversuch

1976–82 Viking 1 USA
Orbiter/Landekapsel

1976–80 Viking 2 USA
Orbiter/Landekapsel

1997 Mars Pathfinder USA
Landekapsel und Oberflächenfahrzeug

1997–heute Mars Global Surveyor USA
Orbiter

Geplante Sonden

Die Daten beziehen sich auf die geplante Ankunft

1999 Nozomi Japan
Orbiter

1999 Mars Climate Orbiter USA
Orbiter

1999 Mars Polar Lander USA
Landekapsel, ausgestattet mit zwei Oberflächenbohrern

2001–2002 Mars Surveyor 2001 USA
Orbiter, Landekapsel und ein Fahrzeug

2003 Mars Surveyor 2003 USA
Orbiter, Landekapsel und Fahrzeug

2005 Mars Surveyor 2005 USA
Frühestmögliche Rückflugmission mit Bodenproben

Das würde es den Vulkanen erschweren, sie mit ihrer Lava zu durchbrechen, und der Großteil der Oberfläche würde sich über Hunderte von Millionen Jahren nicht verändern. Auf der Erde ist Wasser das wichtigste »Schmiermittel« für die Plattentektonik. Auf der Venus heizt sich aber das Innere über Jahrmillionen so weit auf, bis das Magma in einer einzigen, globalen Eruption die gesamte Kruste zerstört.

Dank der *Magellan*-Sonde haben wir heute bessere Karten von der Venus als von der Erde. Es gab allerdings etwas, das sie nicht mitbrachte, worauf aber alle Wissenschaftler insgeheim gewartet hatten: einen Beweis dafür, daß die Venus immer noch geologisch aktiv war. Während der vier Jahre in der Venusumlaufbahn gab es keinen sichtbaren Vulkanausbruch, es öffneten sich keine Spalten im Boden, und die Berge rührten sich nicht. Die Oberfläche des Planeten blieb unverändert. Da die Venus etwa so groß wie unsere Erde ist und etwa dieselbe Menge radioaktiver Elemente besitzt, sollte sie innen auch genauso heiß sein wie die Erde. Vielleicht ist die vulkanische Oberfläche ein Anzeichen dafür, daß die innere Wärme besser abgeleitet wurde und die Venus nun abgekühlt ist. Die meisten Geologen bezweifeln dies allerdings. Sie weisen darauf hin, daß es ein großer Zufall gewesen wäre, wenn man in nur vier Jahren in einer Erdumlaufbahn einen ausbrechenden Vulkan gesehen hätte. Die Suche erfolgte noch nicht lange genug, im Grunde kennen die Wissenschaftler die Venus ja erst seit einem geologischen Wimpernschlag. Die *Magellan*-Sonde hat zwar die Wolken zur Seite geschoben, aber einige Geheimnisse umgeben den Planeten noch immer.

Der tote Planet

Eines Nachts im Jahr 1877 beobachtete der italienische Astronom Giovanni Schiaparelli von seiner Sternwarte aus den Mars. Jedes Mal, wenn er sich zwinkernd von seinem Okular abwendete, fertigte Schiaparelli fieberhaft Zeichnungen an, er war mitten im gründlichsten Studium der Marsoberfläche, das je durchgeführt worden war. Unter den vielen Details, die dem begeisterten Astronomen auffielen, war ein Netz feiner, dünner Linien, das die Oberfläche überzog. Er beschrieb sie als »Kanäle« bzw. in seiner Muttersprache Italienisch als »canali«. Kurze Zeit später waren in der viktorianischen Gesellschaft versponnene Ideen über kanalbauende Zivilisationen auf dem Mars weit verbreitet. Schließlich hatte Mars mit der Erde viel gemeinsam. Er hat weiße Polkappen, die aus großer Entfernung so ähnlich aussehen wie die der Erde. Die Polachse hat relativ zu seiner Bahnebene eine ähnliche Stellung, also existieren dort ähnliche Jahreszeiten, wenn sie auch doppelt so lang sind wie auf der Erde, da ein Marsjahr 687 Tage dauert. Wenn die Venus unsere Schwester ist, dann ist Mars unser kleiner Cousin.

Als die Amerikaner Ende 1964 schließlich ihre Raketen auf den Mars ausrichteten, hatten die Wissenschaftler schon lange vermutet, daß er zu kalt sei, um Leben hervorzubringen, aber Schiaparellis Kanäle waren immer noch auf allen Marskarten verzeichnet. Ab dem 15. Juli 1965 sollten diese Karten erneuert werden, denn *Mariner 4* trat in die kritische Phase ihrer Mission ein. Nach acht langen Monaten und Millionen Kilometern hatte sie gerade mal 20 Minuten Zeit, um die ersten kostbaren Fotos vom Mars aufzunehmen, während sie in 10 000 km Entfernung vorbeiraste. *Mariner 4* leistete hervorragende Arbeit, 21 Bilder entstanden entlang eines schmalen Landstrichs von Norden nach Süden, bevor Mars außer Sichtweite war.

Die Datenübermittlung geschah damals noch sehr langsam – sie lag bei acht Bits pro Sekunde (die heutigen Sonden senden etwa 10 000mal so schnell). Fotos wurden auf Magnetband gespeichert und im Lauf der nächsten drei Wochen übermittelt. Als das erste Bild des fremden Planeten Mars nach und nach im JPL in Kalifornien eintraf, versetzte der Anblick eines verschwom-

SEITE 86 *Wertvolle Fracht: Die Magellan-Sonde löst sich 1989 aus der Halterung des Space-Shuttles und startet ihre 15monatige Reise zur Venus.*

SEITE 87 *Die Venus ohne Wolken aus Sicht der Magellan-Sonde.*

LINKS *Rakete zum roten Planeten: Am 28. November 1964 verläßt Mariner 4 die Startrampe 12 in Cape Canaveral und beginnt eine achtmonatige Reise zum Mars.*

RaumSonden

1

Fast alles, was wir über andere Planeten wissen, verdanken wir einigen Dutzend unbemannter Raumsonden. Ohne diese Weltraumreisenden wäre unser Planetensystem nur eine Ansammlung wandernder Lichtpunkte am Nachthimmel. Wie sieht aber so eine Raumsonde aus, die dort draußen durchs Nichts treibt? Wie bewältigt sie all ihre Aufgaben und wie übermittelt sie ihre Daten an die Labors aus so großer Entfernung?

Im luftleeren Weltraum existiert keine Reibung, echte Raumfähren haben daher mit den schnittigen, stromlinienförmigen Raumschiffen der frühen Science-fiction wenig gemeinsam: Die meisten von ihnen sind recht kantige Geräte voller wissenschaftlicher Instrumente. Der Rumpf aus einem Leichtmetallrahmen ist meist nicht größer als ein Kleinwagen. Von ihm aus zeigen Antennen, Kameras, Strahlungsfühler und Magnetfeldsensoren in alle Richtungen, manche auf meterlangen Auslegern. Und die Sonden, die zu den sonnennahen Planeten Mars, Venus und Merkur fliegen, entfalten außerdem Sonnensegel und treiben so ihre technischen Geräte an. Auf Reisen ins äußere Sonnensystem, wo das Sonnenlicht viel zu schwach ist, um Energie zu liefern, genügt die Hitze, die bei dem Zerfall einer kleinen Menge einer radioaktiven Substanz entsteht, um die Systeme jahrelang arbeiten zu lassen.

Um im All Kurs zu halten, ist jede Sonde mit Sensoren bestückt, die sich an der Sonne und einem weiteren Beziehungspunkt orientieren, meistens an Canopus, einem hellen Stern am südlichen Sternenhimmel. Mit Hilfe dieser beiden hellen Punkte erkennen die Sensoren immer, wo oben und unten und vor allem wo die Erde ist. Um sie im Raum zu drehen, wurde bei allen Sonden der letzten 40 Jahre ein verblüffend einfacher Trick angewendet: Kleine, mit Stickstoff gefüllte Flaschen, an deren Enden Düsen angebracht sind, sorgen für die Rotation.

Es ist besonders wichtig, daß die Kommunikationsantenne der Sonden exakt auf die Erde ausgerichtet ist, wenn sie ihre Entdeckungen jemals mit den Wissenschaftlern teilen soll. In den späten 50er Jahren realisierte die NASA, daß eine funktionierende Nachrichtenübertragung der Schlüssel zu erfolgreicher Raumfahrt ist, und begann mit dem Bau eines »Deep Space Network«, einem Netz aus auf der ganzen Welt verstreuten Radioteleskopen. Heute stehen riesige Antennen in Spanien, Australien und Kalifornien, so daß trotz der Erddrehung immer ein Teleskop Signale weit entfernter Sonden auffangen kann. Sie sind so konstruiert, daß sie auch das leiseste Knistern noch empfangen können, denn Signale aus dem Weltall sind extrem schwach. Das Signal, das *Voyager 2* von Neptun aus sendete, kam mit einem Zehntausendstel Millionstel Watt Leistung beim Radioteleskop an. Das würde nicht einmal eine Glühbirne zum Leuchten bringen.

1 *Die* Magellan-*Sonde auf dem Weg zur Venus. Ihre Sonnensegel sind noch geschlossen.*

menen Stücks Marsoberfläche vor schwarzem Hintergrund die anwesenden Wissenschaftler und Journalisten in helle Aufregung.

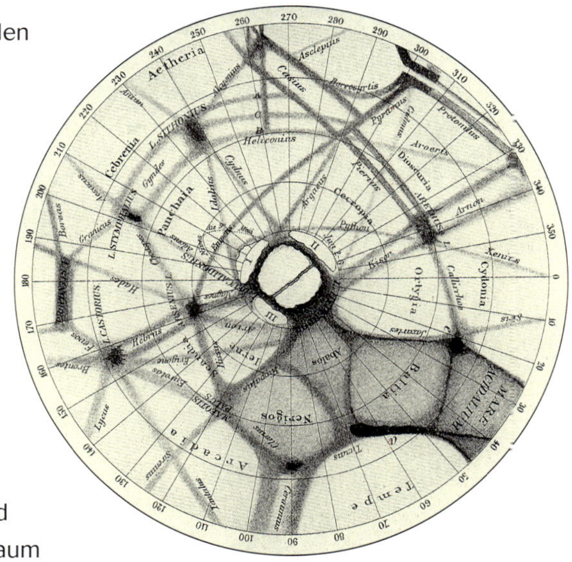

Die Erleichterung darüber, überhaupt etwas zu sehen, stand spürbar im Raum, die Erwartungen wuchsen. Die Kameras liefen und waren bereit für die Großaufnahmen. Was *Mariner 4* aber schließlich lieferte, traf die Anwesenden wie ein harter Schlag. Auf dem siebten Bild war die Oberfläche endlich deutlich erkennbar, und die Wissenschaftler sahen ... Krater. Keine Kanäle, keine Flußbetten, keine Berge oder Täler, nur Krater. Enttäuschung machte sich in der Station breit. Der Mars sah genauso öde aus wie der Mond. Auf einem aktiven Planeten wie der Erde verschwinden solche Krater durch vulkanische Eruptionen oder Plattentektonik, doch die Existenz so vieler Krater auf dem Mars bedeutete, daß scheinbar nichts dergleichen passiert war.

Im Jahr 1969, nur ein paar Tage nachdem Neil Armstrong den Mond betreten hatte, passierten zwei weitere Sonden den Mars. Dies erregte kaum öffentliches Interesse, was aber wohl wenig Bedeutung hatte. Die *Mariner*-Sonden 6 und 7 bestätigten nämlich nur die Entdeckungen der ersten Sonde und sendeten kaum mehr als bessere Aufnahmen der öden Kraterlandschaft.

Für die an dem Projekt beteiligten Wissenschaftler war es niederschmetternd, einer von ihnen bemerkte: »Wir haben hervorragende Fotos, sie sind besser als alles, was wir uns noch vor ein paar Jahren erträumt hatten – aber was sehen wir darauf? Eine öde, völlig ausgestorbene Landschaft. Es gibt nichts mehr zu entdecken.«

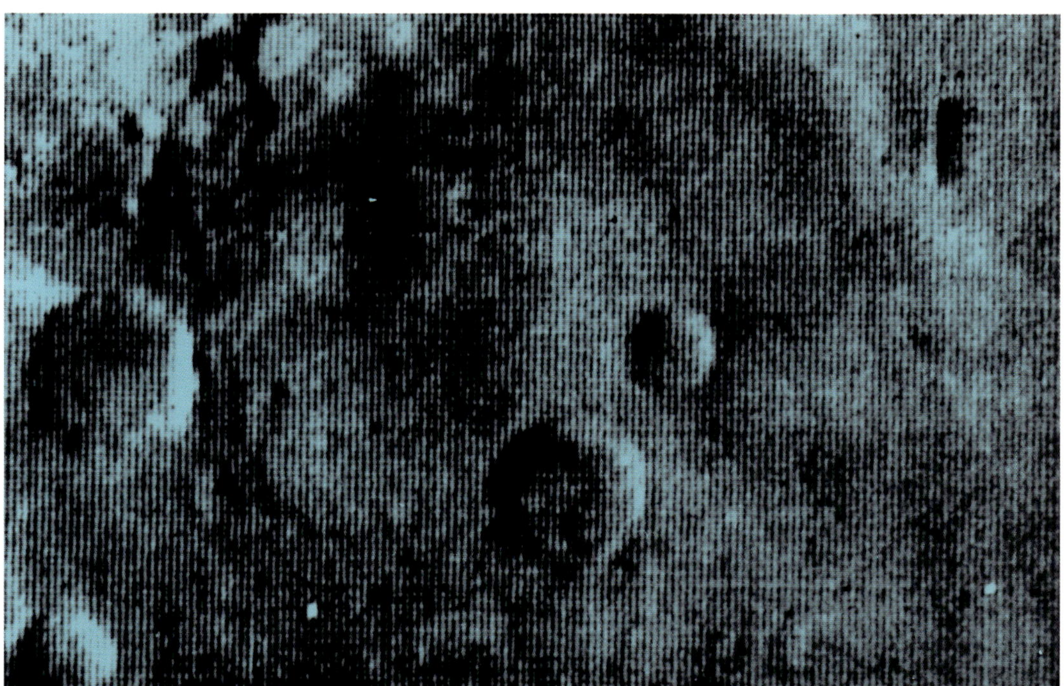

OBEN *Giovanni Schiaparellis Zeichnungen vom Mars wurden immer noch verwendet, als* Mariner 4 *ihre Reise zum roten Planeten antrat.*

LINKS *Als die lang erwarteten Bilder der* Mariner 4 *im Sommer 1965 endlich Gestalt annahmen, hätten die Wissenschaftler ohne weiteres annehmen können, ihre Sonde sei nicht zum Mars, sondern zum Mond geflogen. Auf den verschwommenen Schwarzweißfotos waren nur Einschlagkrater zu erkennen.*

Gigantische Infernos

OBEN *Unter ihren Sonnensegeln war Mariner 9 vollgestopft mit Kameras und Detektoren. Das weiße Gehäuse oben enthielt Raketentreibstoff für das Einschwenken in die Marsumlaufbahn.*

GEGENÜBER *Das erste Bild, das Mariner 9 Ende 1971 vom Mars erstellte, zeigte vier Punkte, die durch die Staubschicht zu sehen waren (rechts oben). Als sich der Staub verzog, konnte man erkennen, daß es sich um Vulkane handelte (Mitte). Spätere Aufnahmen offenbarten, daß Punkt A der riesige Vulkan Olympus Mons war, er hat 900 km Durchmesser (unten).*

Die ersten drei Marsmissionen erlaubten den Wissenschaftlern nur flüchtige Blicke auf den Planeten, und dies war frustrierend. Es ergab keinen Sinn, daß der Mars so karg sein sollte wie der Mond. Er ist zwar kleiner als die Erde, aber viel größer als der Mond, ein Teil seiner inneren Wärme mußte einfach im Lauf der Jahrmilliarden in Form von Lava nach außen gedrungen sein. Irgendwo auf der Oberfläche sollten Anzeichen dafür zu finden sein.

Am 13. November 1971 zündeten die Bremsraketen von *Mariner 9*, und die Sonde schwenkte sanft in eine 12-Stunden-Umlaufbahn etwa 1400 km über der Marsoberfläche ein. *Mariner 9* sollte dort eine Zeitlang bleiben und den ganzen Planeten von Pol zu Pol kartieren. Aber der Mars bot eine Überraschung: Die Sonde traf auf einen globalen Staubsturm. Auf den ersten übermittelten Bildern war absolut nichts zu erkennen.

Erst gegen Ende des Jahres ebbten die Stürme langsam ab. Als sich der Staubschleier allmählich lichtete, erkannten die *Mariner-9*-Mitarbeiter zu ihrer Überraschung vier hervorstehende dunkle Punkte in der Staubschicht. Sie hatten nichts anderes erwartet als die Ränder großer, bisher unter der Staubschicht verborgener Krater, aber diese dunklen Stellen mußten mehrere Kilometer hoch sein. In den folgenden Tagen trauten die Wissenschaftler ihren Augen kaum. Die Punkte waren ganz eindeutig die Gipfel von Vulkanen – vier insgesamt – von denen jeder den größten Vulkan der Erde weit überragte. Der größte Vulkan entsprach einem hellen Fleck, den die Astronomen schon

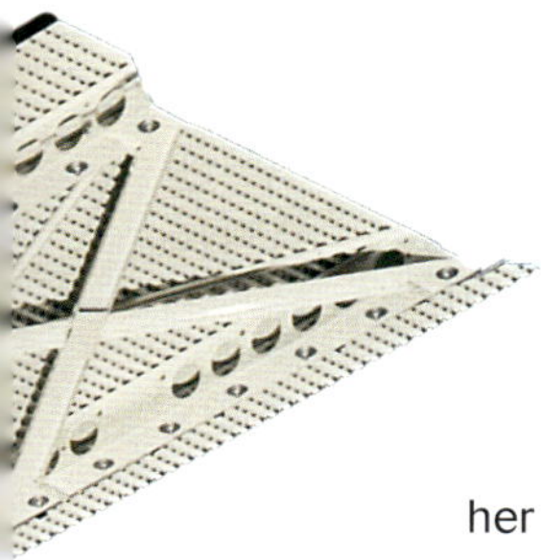

Jahre zuvor von der Erde aus entdeckt und Nix Olympica (Schnee des Olymps) genannt hatten. Er wurde nun in Olympus Mons (Berg Olymp) umbenannt und gilt seither als größter Vulkan des Sonnensystems, er erhebt sich 25 km über die umliegenden Ebenen. Auch die anderen drei Vulkane waren nur wenige Kilometer niedriger. Doch so unglaublich diese Riesen auch waren, sie sollten erst der Anfang von *Mariner 9's* Entdeckungen sein. Als sich der Staub in der Mitte des Planeten verzog, kam ein riesiger Canyon zum Vorschein – eine 180 km breite Spalte entlang des Äquators, lang genug, um die gesamten USA zu durchziehen. Dieses gewaltige Schluchtensystem, an manchen Stellen bis zu 7 km tief, nannte man Valles Marineris (Mariner-Täler) zur Erinnerung an die Sonde, der man die Entdeckung verdankte. Es ist die größte Struktur des Planeten und entstand wahrscheinlich, als die vier Vulkane nordwestlich davon sich aufwölbten und so eine klaffende Wunde in die Seite des Planeten rissen.

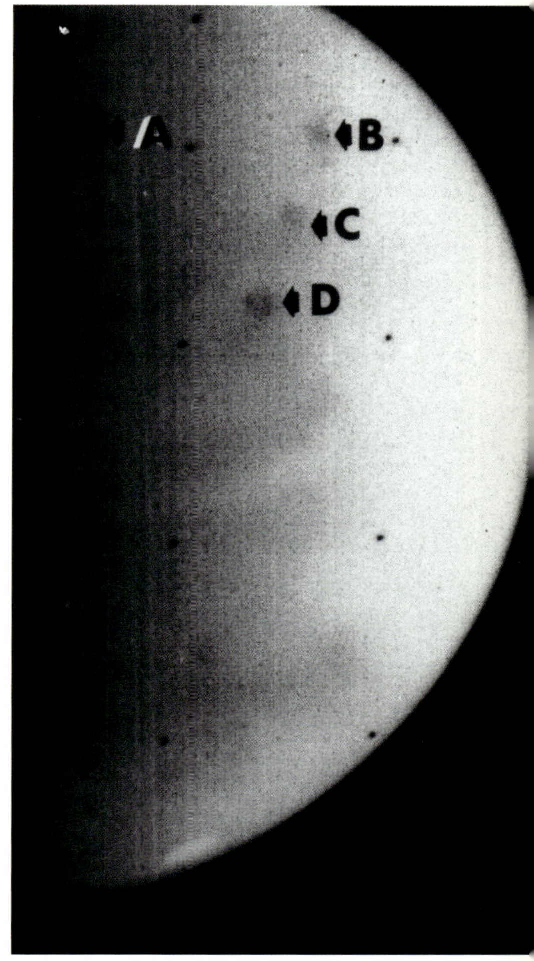

Die Aufnahmen, die *Mariner 9* den Geologen lieferte, zeigten Unglaubliches! Im Gegensatz zu der löchrigen Oberfläche der südlichen Hemisphäre, von der die früheren *Mariner*-Sonden so viel gezeigt hatten, gab es auf der nördlichen Hemisphäre fast gar keine Krater. Statt dessen fanden sich große Lavaebenen, von Erdrutschen betroffene Gebiete, fremdartige, chaotische Landschaften, sogar Anzeichen von riesigen Flußbetten, die durch Überschwemmungen von Milliarden Litern Wasser ausgewaschen worden waren. Es gab keine Spuren von Schiaparellis Kanälen, doch der Mars erwies sich als alles andere als langweilig. *Mariner 9* sendete in den nächsten zehn Monaten über 7000 Einzelbilder, aus denen der erste Atlas dieses wiedergeborenen Planeten zusammengestellt wurde.

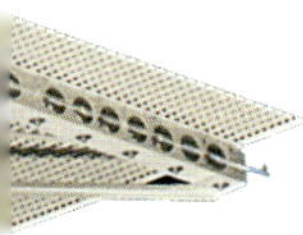

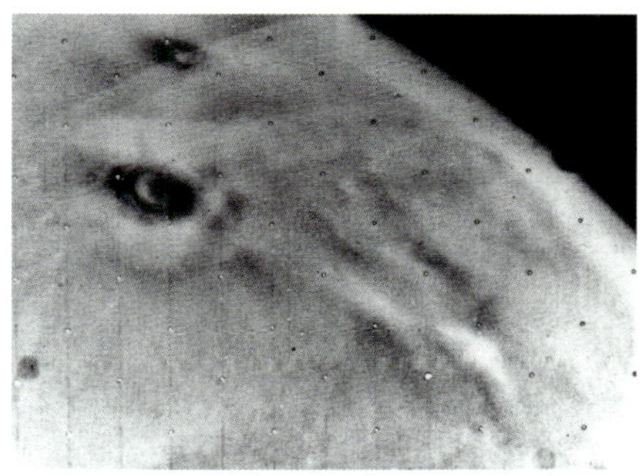

Am dringendsten suchte man aber nun nach einer Erklärung dafür, wie ein so kleiner Planet wie der Mars Vulkane von der Größe eines Olympus Mons hervorbringen konnte. Es war merkwürdig, daß ein Planet, der nur halb so groß ist wie die Erde und der innen niemals so heiß gewesen sein kann, solche gewaltigen Lavaeruptionen hervorgebracht hatte, daß dreimal so hohe Kegel entstanden wie auf der Erde. Die Antwort, die die Wissenschaftler schließlich fanden, offenbarte faszinierende Einblicke in das Innenleben von Mars.

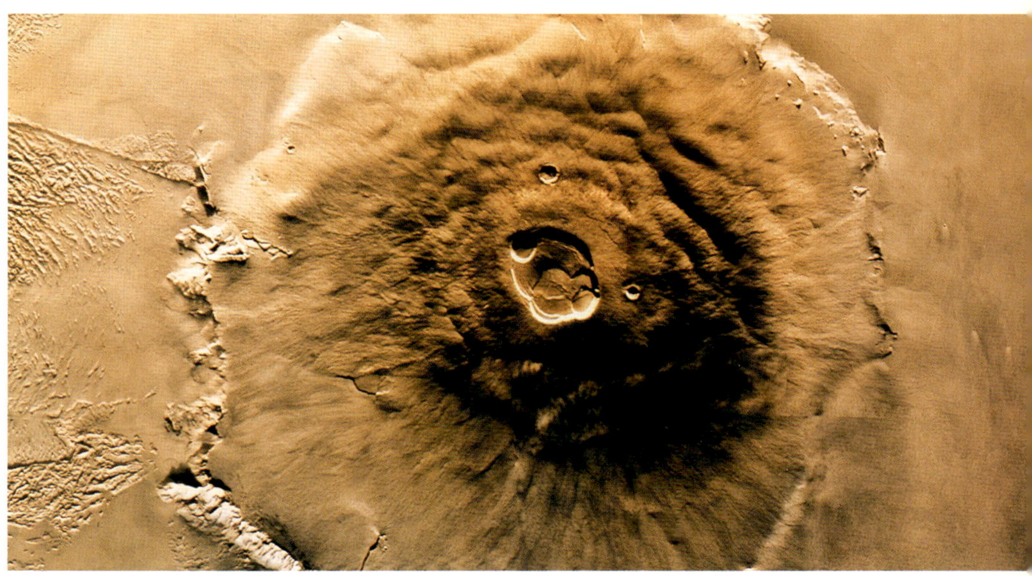

Olympus Mons wurde so groß, weil er soviel Zeit hatte; er wächst bereits seit zwei bis drei Milliarden Jahren. Die vier Riesenvulkane auf dem Mars sind, wie die Inselkette Hawaiis, durch Hot-spot-Vulkanismus entstanden, ein Teil des Mantels unter der Kruste wird heißer als seine Umgebung (weshalb das geschieht, weiß man nicht genau), die Lava steigt auf und durchstößt das feste Gestein an der Oberfläche.

OBEN *Globales Denken:* Mariner 9 *hatte die erste komplette Karte eines anderen Planeten geliefert. Die Wissenschaftler des Jet Propulsion Laboratory der NASA verbrachten Monate damit, dieses Puzzle aus mehr als 7000 Einzelaufnahmen zusammenzusetzen.*

Auf der Erde hat ein Vulkan aufgrund der ständig driftenden tektonischen Platten jedoch nicht allzuviel Zeit, vielleicht nur einige Millionen Jahre, bevor er von der heißen Stelle weggeschoben wird und abzukühlen beginnt. Deshalb besteht Hawaii aus einer Vulkankette und nicht aus einem einzigen gewaltigen. Die Marsvulkane scheinen aber überhaupt nicht zu driften. Olympus Mons steht schon lange genug über einer heißen Magmablase, um auf seine heutige immense Größe anzuwachsen, und mit jeder Eruption wird er ein bißchen höher. Es ist fast so, als ob Mars alle Hawaii-Inseln aufeinandergetürmt hätte.

Nun wußte man, daß das Marsprofil nicht durch Plattentektonik entstanden war. Wahrscheinlich ist die Kruste zu kalt und dick, um wie die der Erde aufgebrochen zu werden, also umgibt sie das wärmere, innere Gestein wie eine schwere Thermodecke. Die Wissenschaftler begannen, unsere Nachbarwelt zu verstehen. *Mariner 9* hatte den Geologen einen neuen Mars gezeigt, einen, der einmal geologisch sehr aktiv gewesen war. War es nun aber möglich, daß der wiedererweckte Mars, geologisch gesehen, immer noch lebendig ist?

Die Suche nach dem Puls

Im Jahr 1975 schickten die USA zwei weitere Sonden zum roten Planeten. Die Landungen der *Viking*-Sonden im folgenden Sommer waren Momente des Triumphs für das unbemannte Raumfahrtprogramm der NASA. Die spektakulären Bilder von der Marsoberfläche gingen um die Welt. Aber diese Landekapseln hatten nicht nur »Augen«, sie hatten auch die »Ohren« der Geologen dabei – seismische Sensoren, die Marsbeben aufspüren sollten. *Mariner 9* hatte gezeigt, daß ein großer Teil der Oberfläche von Kratern übersät und also sehr alt war; einige Gebiete schienen jedoch jüngeren Datums, vor allem die Umgebung der vier Riesenvulkane. Es gab Vermutungen, daß Olympus Mons noch aktiv sein könnte. Wenn dies der Fall war, würden die Sensoren in der Lage sein, das leichte Rumpeln zu registrieren.

UNTEN *Grand Canyon: Ein Teilbild der 3000 km langen Schlucht Valles Marineris auf dem Mars, zusammengesetzt aus Aufnahmen der* Viking-*Sonden.*

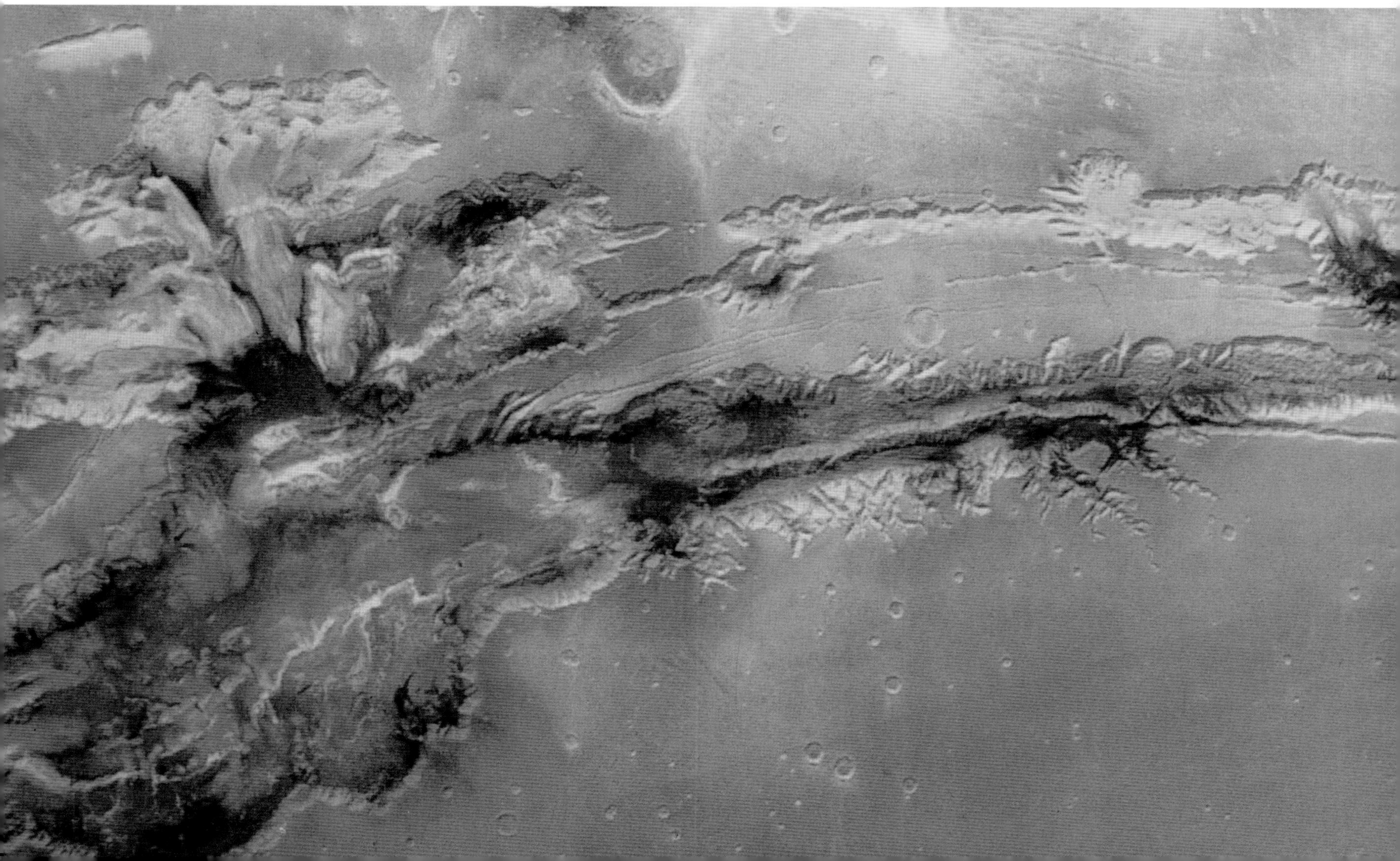

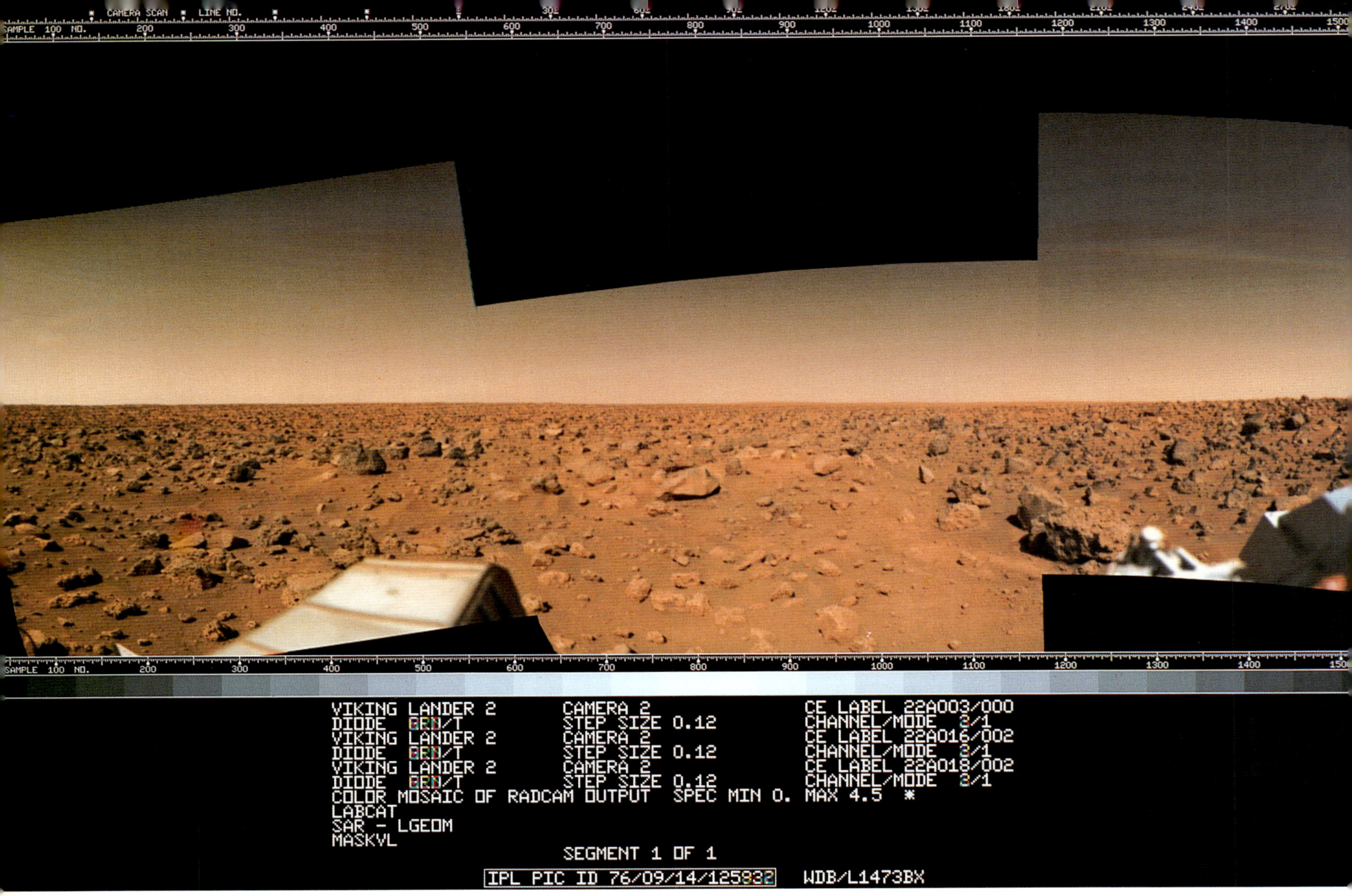

OBEN *Rote Wüste: Utopia Planitia auf der Nordhälfte des Mars, aufgenommen 1976 von der Sonde* Viking 2.

Allerdings funktioniert auch bei den erfolgreichsten Missionen nicht alles einwandfrei, hier waren es die Seismometer. Der Detektor der *Viking 1* schaltete sich nicht ein, der *Viking-2*-Detektor erwies sich nur als ausgezeichneter Windmesser. Fachleute glaubten, dies sei weniger ein Fehler des hochempfindlichen Geräts als vielmehr seiner Plazierung gewesen – man hätte ihn nicht oben, sondern unten an der Landekapsel anbringen sollen. Woran es auch gelegen haben mag, die *Viking*-Geologen bekamen jedenfalls nichts vom Mars zu hören. Die Frage blieb, ob sie wohl jemals die Chance bekommen würden, Lava aus einem der gigantischen Vulkankegel quellen zu sehen.

Am amerikanischen Unabhängigkeitstag 1997 wurde der Planet mit der NASA-Mission *Mars Pathfinder* feierlich »wiedereröffnet«, außerdem konnten wir nach zwei Jahrzehnten endlich wieder etwas Neues über ihn erfahren. Die Bilder von der Oberfläche machten Schlagzeilen, sahen denen der *Viking*-Missionen jedoch auffallend ähnlich. Dennoch gelang es den Wissenschaftlern mit Hilfe der übermittelten Radiosignale, die innere Struktur des Mars genauer zu erforschen. Die Eigendrehung des Planeten bewirkte eine Schwankung in den Radioübertragungen, an der man erkennen konnte, daß sich ein Großteil seiner Masse im Zentrum konzentrierte. Der Planet mußte also einen Eisenkern besitzen wie die Erde. Damit das Eisen zum Mittelpunkt sinken konnte, mußte es einmal flüssig gewesen sein. Ist das Marsinnere vielleicht immer noch geschmolzen?

Es kann noch eine Weile dauern, bis wir dies herausfinden. Ein ehrgeiziges russisches Projekt, die Sonde *Mars 96*, die seismische Sensoren in die obere Marsschicht schießen sollte, stürzte in den Pazifik. Ende 1997 schwenkte die NASA-Sonde *Mars Global Surveyor* in eine Umlaufbahn ein und leitete damit ein Jahrzehnt amerikanischer Marsforschung ein, in dem Karten von bisher nicht gekannter Genauigkeit entstehen. Diese Sonde kann Objekte von der Größe eines Autos erfassen. Sie kann nicht in den Mars hineinsehen, aber sie hat Stellen entdeckt, an denen Felsbrocken erst in den letzten Jahren Hänge heruntergerollt sind. Ob das durch Winde oder schwache Marsbeben verursacht worden ist, kann man nicht bestimmen.

Ein Argument gibt es allerdings für eine andauernde Aktivität des roten Planeten. Kraterzählungen um Olympus Mons herum haben gezeigt, daß die letzte Eruption dort zehn bis 30 Millionen Jahre her ist. Nach der geologischen Zeitskala war das gerade gestern. Es wäre doch grausame Ironie, wenn sich erweisen würde, daß der Mars 99 % seiner Geschichte aktiv war, um gerade dann abzusterben, als der Mensch die Möglichkeiten fand, ihn zu erreichen und zu erforschen.

Der erste Planet

Bis in die 70er Jahre gab es immer noch einen rätselhaften Planeten im Sonnensystem, der sich nie weit von der Sonne entfernte. Merkur ist von den inneren Planeten der, den man am schlechtesten sehen kann, da er immer in der Nähe des blendenden Lichts unserer Sonne bleibt. In der Frühzeit der Planetenforschung – einer Zeit voller Optimismus und Tatendrang – war Merkur außerdem zu weit weg. Die Erde bewegt sich mit unmerklichen, aber doch rasenden 30 km/sec um die Sonne. Eine Sonde zum Merkur muß dieser Geschwindigkeit entgegenwirken, um in Richtung Sonne zu fliegen. Für die erforderliche Antriebskraft hätte man riesige Raketen benötigt, die viel zu teuer waren. Während Mars und Venus immer wieder Gegenstand sowjetischer und amerikanischer Missionen waren, blieb Merkur ziemlich im Hintergrund.

Aber im Lauf der Jahrhunderte hatten Wissenschaftler genug über Merkur zusammengetragen, um Lösungen zu einigen Fragen zu finden, die die Entstehung der Gesteinsplaneten betreffen. Nach Analyse der reflektierenden Oberfläche vermuteten sie auf Merkur öde, staubige Landschaften, etwa so wie auf dem Erdmond. Der Einfluß, den die Schwerkraft auf seine nächste Nachbarin Venus hatte, wies auf eine Dichte hin, die etwa der der Erde entsprach. Aber soviel sie auch beobachteten,

UNTEN *Die Mariner-10-Sonde hat bisher als einzige Merkur fotografiert. Die leeren Gebiete sind Gebiete des Planeten, die bis heute noch nie gesehen wurden.*

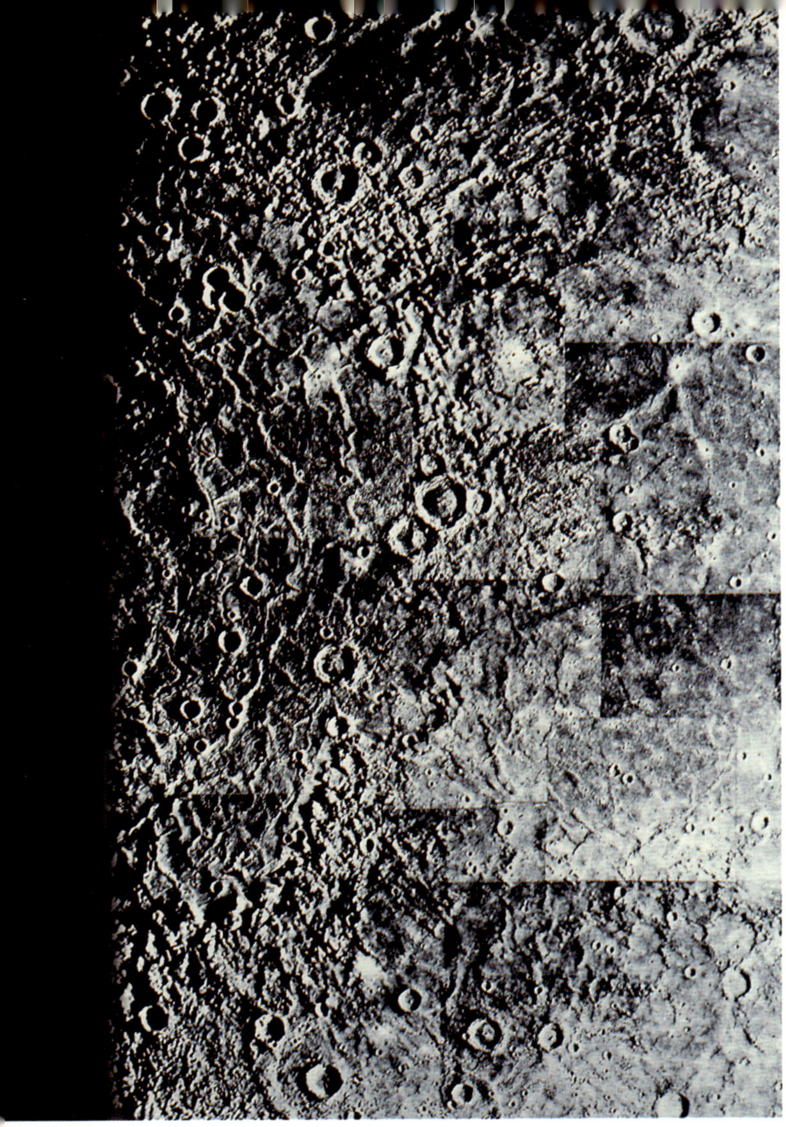

OBEN *Deep impact: Die Druckwellen des Asteroideneinschlags, der das Caloris-Becken formte, sind in der Kruste verewigt. Von dem großen Becken mit etwa 1300 km Durchmesser gehen ringförmige Berge von bis zu 2000 m Höhe aus. Die Sonde* Mariner 10 *machte diese Aufnahme im März 1974.*

rechneten und mutmaßten, wenn sie etwas Genaues über Merkur erfahren wollten, ginge dies nur mit Hilfe einer Raumsonde.

Im JPL war seit Jahren eine Idee diskutiert worden, deren Zeit nun in den frühen 70er Jahren gekommen schien. Es war theoretisch möglich, Geschwindigkeit und Kurs einer Sonde nicht durch teuren Raketenantrieb, sondern mit Hilfe der Schwerkraft des nächsten Planeten zu verändern. Man nannte diese Idee »Gravity-assist-Technik« (Schwerkraft-Technik), und sie wurde später zur Basis der *Voyager*-Missionen zu den äußeren Planeten (siehe Kapitel 4). Die Technologie sollte zunächst jedoch auf einer *Merkur*-Mission getestet werden. Wenn eine Sonde auf dem Weg zu Merkur die Venus passierte, müßte deren Schwerkraft den Kurs der Raumfähre ändern und sie so stark abbremsen können, daß sie von der Schwerkraft der Sonne angezogen und nach innen zum Merkur gelenkt würde.

Am 3. November 1973, kurz nach Mitternacht, startete *Mariner 10* zu einer historischen Mission – zwei Planetenbesuchen zum Preis von einem. Im Februar hatte *Mariner 10* ihr erstes Ziel erreicht. Die Sonde machte 4000 Aufnahmen der Venus und sendete eine Fülle von Informationen über ihre Atmosphäre. *Mariner 10* war zwar nicht die erste Venus-Sonde, doch hatte vor ihr noch keine die dicke Wolkenschicht fotografiert. Aber der größte Erfolg war das »Gravity-assist-Manöver« an dieser Stelle; nur ein kleiner Fehler, und *Mariner 10* hätte Merkur vielleicht um eine Million Kilometer verfehlt.

Am 29. März richteten sich die Kameras der *Mariner 10* auf Merkur. Die Bilder, zuerst unscharf und verschwommen, wurden zusehends besser, bis schließlich die Umrisse eines großen Kraters sichtbar wurden. Man nannte dieses erste Fundstück auf Merkur Kuiper, nach dem gleichnamigen hochverdienten Astronomen, der starb, während *Mariner 10* noch auf dem Weg war. Beim ersten Überflug zeigte sich Merkur ähnlich von Kratern übersät wie der Mond.

Noch etwas fiel auf: Etliche etwa 3 km hohe Klippen waren über den Planeten verstreut, als ob die Kruste irgendwann in der Vergangenheit aufgebrochen wäre. Die erste kurze Begegnung zwischen *Mariner 10* und Merkur war schnell vorüber, doch die Sonde befand sich nun in einer Sonnenumlaufbahn von exakt zwei Merkurjahren (176 Tage) Dauer.

Beim zweiten Zusammentreffen sendete *Mariner 10* Hunderte weiterer Bilder von der Oberfläche, die ein schweres Meteoriten-Bombardement Merkurs bestätigten. Einer der Einschlagkrater, das Caloris-Becken, ist von größerer Ausdehnung als Frankreich, die Druckwelle des Aufpralls hat auf der gegenüberliegenden Seite eine Bergkette aufgetürmt. Nach dem dritten Vorbeiflug hatte die Sonde keinen Treibstoff mehr und geriet bald außer Kontrolle.

Jeder Planet hat seine Geheimnisse, doch Merkur war für die Geologen einfach zu durchschauen. Das aktive Leben eines Planeten, die Zeitspanne, während der er geformt wird und seine Oberfläche verändert, hängt davon ab, wie lange er Wärme speichern kann. Wie in Kapitel 1 erklärt, wurden alle Planeten in zahllosen Zusammenstößen kleiner um die Sonne kreisender Felsbrocken geboren und begannen ihr Leben mit der gespeicherten Wärme, die dabei entstand. Seit dieser Zeit verlieren die Planeten Wärme, und so wie ein Kännchen Kaffee länger heiß bleibt als eine Tasse, erkalten kleinere Planeten schneller. Merkur ist etwa so groß wie der Mond, von dem wir dank der *Apollo*-Gesteinsproben wissen, daß er seit zwei bis drei Milliarden Jahren geologisch gesehen tot ist. Auch ohne Proben weist die stark von Kratern übersäte Oberfläche darauf hin, daß dort schon sehr lange keine Lava mehr geflossen ist. Nichts überdeckte die Narben, die Milliarden Jahre Bombardement umherfliegender Trümmern geschlagen haben. Merkur ist eine tote Welt. Und die seltsamen Klippen auf der Oberfläche? Auch sie sind wahrscheinlich das Resultat des zu festem Material erstarrten Kerns des kleinen Planeten. Während der Kern abkühlte, schrumpfte er und brachte die Kruste dazu, in sich zusammenzusinken wie die schrumpelige Haut vertrockneter Früchte und so ein Labyrinth aus schroffen Felsgebilden zu schaffen.

Die Besuche von Mars, Venus und Merkur waren eine einzige phantastische Diashow für die Geologen gewesen. Man hatte unvorstellbare Dinge gesehen: Vulkane, deren Ausbrüche jede Eruption auf der Erde zu bloßem Feuerwerk degradiert hätte, Täler und Einschlagkrater, in denen ganze Länder Platz fanden. Aber man hatte keine fließende Lava gefunden, keine Aschewolken, kein Beben, keinen planetarischen »Pulsschlag«. Könnte die Erde der einzige Planet sein, der noch geologisch aktiv ist?

Eine andere Antriebsart

Am 9. März 1979 verließ Linda Morabito den kleinen Raum der *Voyager*-Bodenstation, in dem ihr Navigationscomputer stand, und gab etwas bekannt, was dem gesamten Team den Atem verschlug. In den letzten 45 Minuten hatte sie etwas entdeckt, was noch kein Mensch zuvor gesehen hatte. *Voyager 1* hatte gerade Jupiter passiert und dabei die ersten Detailfotos seiner Monde aufgenommen. In nur 30 Stunden war das Raumfahrzeug durch das Jupitersystem gestürzt, und die meisten Wissenschaftler waren nach Hause gegangen, nachdem sie sich tagelang rund um die Uhr mit neuen Daten beschäftigt hatten. Morabito war Mitglied des Navigationsteams, es war ihre Aufgabe, die Position der Sonde auf ihrem Weg bis zum Saturn immer genau zu kennen. Eine langwierige Arbeit, für die man die bisherigen Fotos der *Voyager*-Sonde studieren und auf ihnen die Positionen verschiedener Sterne finden mußte. Oft waren die Sterne kaum sichtbar, so daß sie die Fotos überbelichten mußte. Als sie genau dies mit einer Aufnahme des innersten Jupitermonds Io machte, bemerkte sie etwas Ungewöhnliches. Eine helle Sichel stand direkt über der Oberfläche dieses Mondes.

Zuerst dachte Morabito an einen anderen Mond hinter Io, doch sie fand schnell heraus, daß sich dort zu diesem Zeitpunkt kein anderer Mond befand. Konnte es ein Kamerafehler sein oder eine ungewöhnlicher Lichtreflex? Sie prüfte und kontrollierte so lange, bis kein Irrtum mehr möglich war. Die seltsame Sichel gehörte zu Io, sie war die riesige Rauchsäule eines aktiven Vulkans, der Rauch und Gesteinsbrocken nach oben schleuderte. Morabito war durch eine *Voyager*-Kamera Zeuge der ersten außerirdischen Eruption geworden.

Die Geologen konnten es anfangs kaum fassen. Endlich hatte man Leben im Gestein eines anderen Planeten gefunden. Es war Zeit für einen Schluck Champagner. Während sie feierten, schien ihnen dieser kleine Planet zuzuprosten.

Eine genauere Auswertung der *Voyager-1*-Fotos ergab acht aktive Vulkane auf Io. Der größte von ihnen, den Morabito entdeckt hatte und der später den Namen Pele erhielt, warf eine

Ein Planet lüftet sein Geheimnis

Die ersten Bilder, die man auf der Erde vom Mars zu sehen bekam, waren die verschwommenen Schwarzweißfotos von *Mariner 4*, die nur etwa ein Prozent des Planeten zeigten. 1965 war das eine wissenschaftliche Errungenschaft, gab aber kein getreues Bild des Mars wieder. Nur ein 3 km breiter Ausschnitt war auf den Fotos zu sehen.

In den nächsten Jahren wurden die Sonden weiterentwickelt. Die Sonden *Mariner 6* und *7* waren mit Teleskopkameras ausgerüstet und konnten so auch zehnmal kleinere Objekte erfassen. Durch verbesserte Nachrichtentechnik wurden ihre Daten 2000mal schneller übertragen als früher, dennoch wurden nur 20 % des Planeten abgedeckt. 1972 verwendete *Mariner 9* dieselbe Technologie, um ein grobes Bild des gesamten Planeten zu erstellen. Zum ersten Mal war Mars nun als Welt wahrnehmbar, allerdings ohne Farben, außerdem konnte man nur Objekte erkennen, die mehr als 500 m hoch oder lang waren: Vulkane, Canyons, Krater und alte, gewundene Flußtäler.

In den späten 70er Jahren kamen die *Viking*-Sonden. Sie fertigten Karten in den schönsten Farben an und ließen Objekte von nur 20 m Größe erkennen. Jetzt konnte man Hügel, Krater und Details der Lavaströme an den Rändern der Vulkane ausmachen. Frühmorgendliche Wolkenfetzen schmiegten sich an ockerfarbene Berghänge. Der Planet nahm Form an – eine trockene, staubbedeckte Welt, überzogen mit riesigen Sanddünen, durchzogen von Canyons und durchlöchert von Kratern in allen Größen.

1

2

1 Dieses Foto des Mars nahm eine *Viking*-Sonde vom entferntesten Punkt ihrer Umlaufbahn auf, die kleinsten erkennbaren Charakteristika sind mehrere Dutzend Kilometer groß. Auf diesem Bild ist kaum mehr zu sehen als durch ein Teleskop auf der Erde, aber die gewaltige Schneise des Valles-Marineris-Schluchtensystems etwa in der Mitte ist gut zu erkennen.

2 Noctis Labyrinthus: das westliche Ende der Valles Marineris. Wäßrige Wolkenfetzen hängen in einigen Schluchten. Diese *Viking*-Aufnahme entspricht etwa dem, was *Space-Shuttle*-Astronauten sehen können, wenn sie sich in der Erdumlaufbahn befinden.

3 Ein von *Mars Global Surveyor* aufgenommenes Bild von Coprates Chasma, einem kleinen Canyon in den Valles Marineris. Der Ausschnitt ist etwa 10 x 12 km groß, und die kleinsten erkennbaren Details haben etwa 5 m Durchmesser, vergleichbar mit einem Lieferwagen. So würde der Mars auch von einem Flugzeug aus aussehen.

Über 20 Jahre nach den *Viking*-Sonden ging man mit einer neuen, verbesserten Technologie ans Werk. *Mars Global Surveyor* übermittelt momentan 500 Millionen Bits digitale Informationen pro Tag von seinem Erkundungsflug – 100mal mehr als *Mariner 4* von der gesamten Mission. Er erfaßt an manchen Orten Objekte, die nur 2 m groß sind. Auf den aufsehenerregenden Bildern sind Sanddünen zu sehen, wie es sie am Strand gibt. Gestein ragt aus sandigen Hängen, Felsbrocken ruhen in sanften Tälern. Der wissenschaftliche Leiter der *Surveyor*-Mission, Mike Malin, sagt, man kann den Mars jetzt wie aus dem Flugzeug betrachten. Der rote Planet ist endlich zu einem vertrauten Ort geworden.

3

UNTEN *Jupiters Mond Io, aufgenommen von* Voyager 1. *Der schwache Widerschein ist die Eruptionswolke von Pele, dem ersten aktiven Vulkan, der außerhalb der Erde entdeckt wurde.*

GANZ UNTEN *Die* Galileo-*Sonde fotografierte einen weiteren aktiven Vulkan Ios – Pillan Patera – während des Ausbruchs. Diese Falschfarbenaufnahme entstand 1997.*

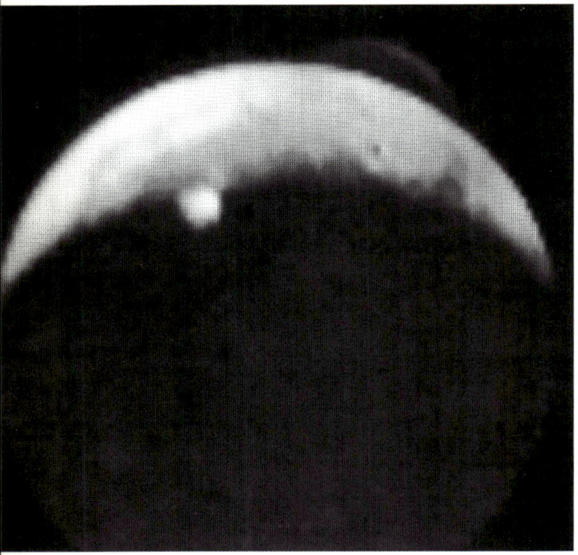

280 km hohe Rauchsäule aus. *Voyager 2* erreichte den Jupitermond im Juli und brachte die Entdeckung, daß ein weiterer Vulkan aktiv geworden war, während Pele sich beruhigt hatte. Die Oberfläche glich einer bunten Patchwork-Decke aus erstarrten Strömen von mit Gestein vermischtem flüssigem Schwefel. Außerdem war nicht ein Einschlagkrater zu sehen. Io war nicht einfach nur aktiv – er war der geologisch gesehen lebendigste Körper im Sonnensystem. Was für ein Mond!

Nach allen anerkannten Theorien zur Planetenbildung war Io jedoch viel zu klein, um einen geschmolzenen Kern zu besitzen. Io ist ungefähr so groß wie unser Mond, der wie wir wissen eine untätige Steinkugel ist. Was für eine Kraft brachte Io zu solchen explosiven Ausbrüchen?

Steinerne Gezeiten

Die Antwort gab der Geologie des Sonnensystems neuen Auftrieb. Es zeigte sich, daß es einen zweiten Grund für geschmolzenes Gestein im Planeteninnern gibt: die gewaltige Gravitation eines gigantischen Gasplaneten. So wie der Mond die Gezeiten der Ozeane verursacht, bewirkt Jupiter Gezeiten in Ios Gestein. Ios Umlaufbahn ist nicht genau kreisförmig, Jupiters Anziehungskraft variiert daher leicht, je nachdem wo sich Io gerade auf seiner 42 Stunden langen Reise um den Riesen befindet. Auslöser dafür ist Europa, ein anderer der vier großen Jupitermonde. Er braucht für einen Umlauf genau halb so lange wie Io und taucht regelmäßig hinter ihm auf, um ihn ein bißchen von Jupiter wegzuziehen. Dadurch wird Ios Bahn leicht verzerrt.

Auf Io wirken viel größere Kräfte ein als auf die Ozeane der Erde. Tatsächlich ist dieser kleine Mond zum Zerreißen gespannt. Wenn Io sich auf den Riesen zu- bzw. von ihm wegbewegt, wird er abwechselnd gequetscht und gestreckt, die durch extreme Gezeitenkräfte entstehende Reibungswärme ist groß genug, um sein Inneres zu schmelzen. Unter Ios Oberfläche werden ganze Ozeane flüssigen Schwefels vermutet. Obwohl er längst nicht so groß ist wie die Erde, stößt er mehr Wärme aus. Io ist 300mal aktiver als die Erde.

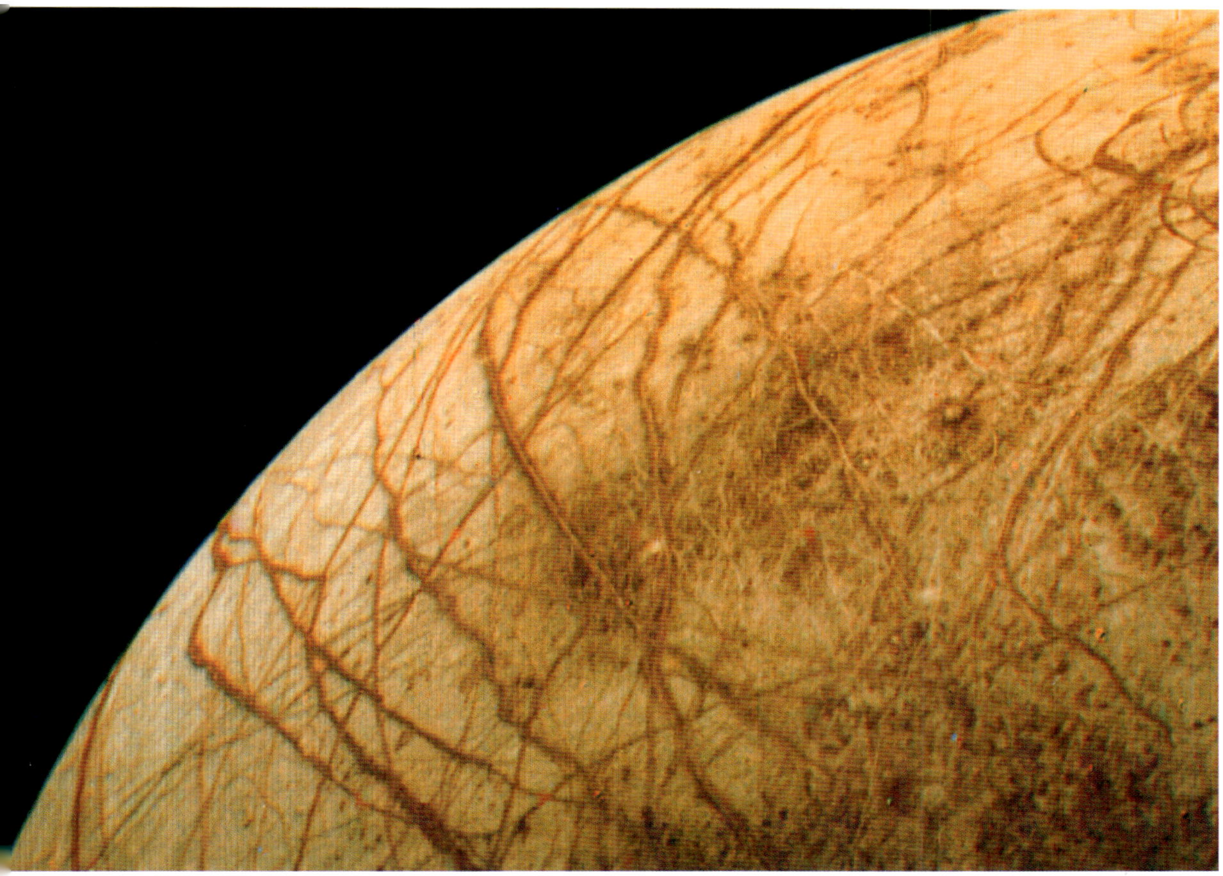

LINKS *Diese Aufnahme des eisbedeckten Jupitermonds Europa stammt von* Voyager 2. *Die dunklen Streifen sind bis zu 40 km breit, sie könnten Risse sein, die durch Wasser entstanden sind, das aus einem unterirdischen Ozean aufgestiegen und sofort gefroren ist.*

Aber Io war nicht die einzige Überraschung der *Voyager*-Mission. Der Jupitermond Ganymed, der größte Mond des Sonnensystems, schien im Vergleich zu seinem narbenübersäten Nachbarn Kallisto relativ wenig Einschlagkrater zu haben. Wissenschaftler vermuteten, daß seine Oberfläche durch irgendein frühes Ereignis geschmolzen wurde und so die in der Frühzeit des Planetensystems entstandenen Narben verschwanden.

Noch seltsamer war, was *Voyager 2* aus 150 000 km Entfernung von Europa aufnahm. Fast vollkommen frei von Kratern und mit Eis überzogen war dieser Jupitermond unglaublich hell und glatt. Konnte da noch Gezeitenerwärmung am Werk sein? Europa befindet sich zwar weit weg von Jupiters mächtiger Anziehungskraft, seine Bahn wird aber von Ganymed beeinflußt, und die dadurch entstehende Gezeitenreibung könnte ausreichen, um das Eis zu schmelzen. Manche Wissenschaftler sind sogar der Ansicht, unter Europas eisiger Kruste befände sich ein Meer aus Wasser (siehe Kapitel 7). Ein Netz von Rissen überzieht den gesamten Mond, es ähnelt den Rissen in der Eiskappe über dem Arktischen Meer. Vielleicht zerrt Jupiter täglich an einer gedehnten und aufgebrochenen Eisschicht, die einen globalen Ozean umgibt.

Ende 1995 schwenkte die Sonde *Galileo* in eine Umlaufbahn um Jupiter ein, um ihn und seine faszinierenden Monde vier Jahre lang zu erforschen. Sie hat Ios fortdauernde Aktivitäten aufgezeichnet und viele neue detaillierte Aufnahmen von der Oberfläche Europas erstellt. Auf den

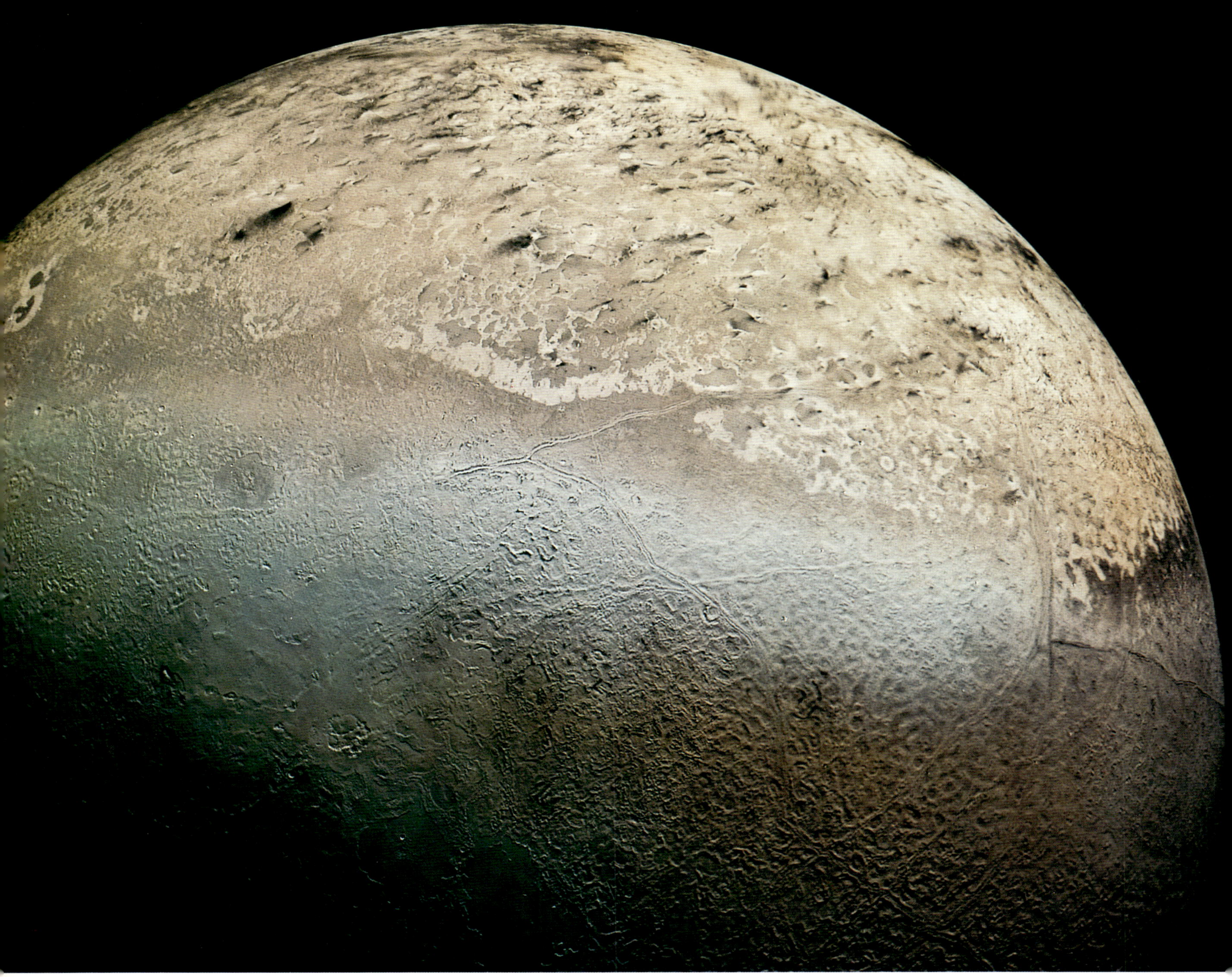

OBEN *Der gefrorene Südpol (hier oben) des Neptunmonds Triton ist mit dunklen Flecken übersät. Man weiß inzwischen, daß sie durch Geysire verursacht werden, die Stickstoffgas weit in die dünne Atmosphäre sprühen.*

besten Bildern sind Objekte von nur wenigen Metern Größe zu erkennen. Ferner hat man dank *Galileo* entdeckt, daß auf Europa Risse in Gruppen symmetrisch um ein zentrales Tal angeordnet sind. Es sieht so aus, als ob die Spalten sich wiederholt geöffnet und geschlossen haben, wobei jedes Mal Wasser nach außen trat und sofort gefror. Bis jetzt hat *Galileo* zwar noch keine Wasserfontäne aufgespürt – einen Vulkan, der nicht von Lava, sondern von Wasser betrieben wird –, doch es weist alles darauf hin, daß solche Fontänen auf Europa regelmäßig zu sehen sind.

Als *Voyager 1* und *2* in den 80er Jahren erstmals die Peripherie des Sonnensystems durchstreiften, besuchten sie noch andere faszinierende Monde. Sie entdeckten, daß der Saturnmond Enceladus auf einer Seite voller Krater, auf der anderen Seite aber vollkommen glatt war und daß er von einem Ring aus Eisbrocken umgeben wurde. Gab es wasserspeiende Vulkane auf seiner Oberfläche? *Voyager 2* fand bei Uranus Monde mit verräterischen Markierungen – auch hier war eindeutig Eis geschmolzen. *Voyager* schrieb das Buch der Planetologie neu.

Am Neptun gelangen dann zum zweiten Mal Live-Bilder von geologischen Ereignissen. 1989 schoß *Voyager 2* gerade zwölf Aufnahmen des großen Neptunmonds Triton, während sie an ihm vorbeiflog. Triton ist der kälteste Körper, der je im Sonnensystem gefunden wurde – minus 235 °C. Zu ihrem Erstaunen entdeckten die Wissenschaftler aber eine Serie dunkler Flecken auf Tritons Stickstoffeiskappe, die gerade nach einem langen Neptunwinter zu schmelzen begann. Nach dem Vorbeiflug setzte der *Voyager*-Geologe Larry Soderblom die Aufnahmen paarweise zu stereoskopischen Bildern zusammen. Auf einem Fotopaar eines bestimmten Gebiets waren zwei dunkle Flecken zu sehen. Als Soderblom sie räumlich sah, sprangen ihm die Flecken plötzlich entgegen. Das waren keine Oberflächenmerkmale, sondern Stickstoffwolken, die von einem Geysir in Tritons Dauerfrostboden ausgestoßen wurden. Aber es kam noch besser. Die Fotos waren im 45-Minuten-Abstand aufgenommen worden, und in dieser Zeit hatte sich die Wolke auf das Doppelte vergrößert. Soderblom sah Säulen aus Gas und Staub, die in die dünne Atmosphäre einer Welt aufstiegen, die vier Milliarden Kilometer von der Sonne entfernt war – ein letzter triumphaler Erfolg für *Voyager 2*, bevor sie im Dunkel des Alls jenseits der Planetenbahnen verschwand.

Kostbare Erde

Fast vier Jahrzehnte ist es her, seit wir zum ersten Mal die Oberfläche eines anderen Planeten aus der Nähe betrachtet haben. In den 60er Jahren begannen wir gerade erst zu verstehen, welche gigantischen Kräfte die Erde geformt haben. Der Forschergeist trieb uns ins All – wir wollten einfach wissen, was da draußen ist. Wir hofften, dabei auch mehr über die Funktionsweise der Erde zu erfahren. Tatsächlich erwies sich unsere Welt als etwas ganz Besonderes. Heute versuchen Geologen mit Hilfe der neuesten und schnellsten Computer, Welten zu simulieren. Sie wollen sehen, wie sie sich aus Brocken geschmolzenen Gesteins zu Planeten entwickeln und ob sie abhängig von ihrer Größe und der Entfernung zur Sonne so werden wie Merkur, Venus, Erde oder Mars. Für Geologen ist es nicht schwierig, Planeten wie Venus, Merkur oder Mars zu »bauen«. Aber es gibt etwas, das in ihren Computermodellen nicht gelingen will – die Plattentektonik. Vielleicht wird die Erde am längsten von allen Planeten an ihren Geheimnissen festhalten.

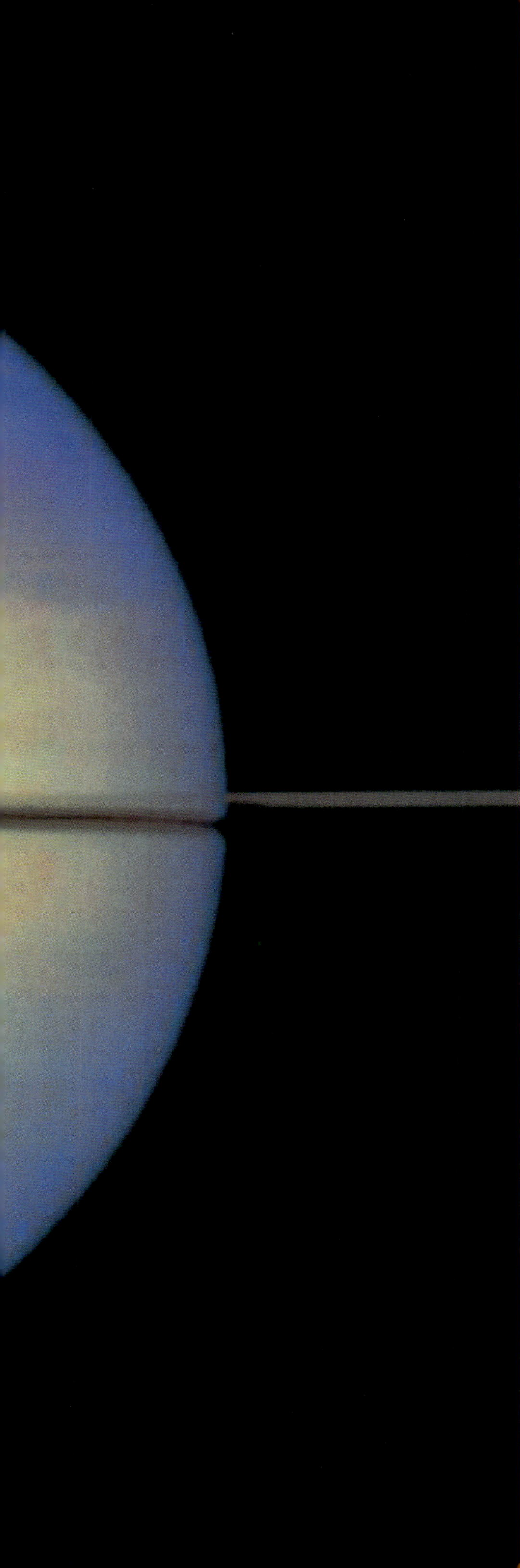

4

Die Giganten

Eigentlich war es vorbei. Die Sonde beschrieb eine letzte Drehung, warf noch einen »Blick« auf die Sterne, um sich ihre Positionen einzuprägen und flog davon. Der Medienrummel um die ersten Aufnahmen von Saturn und seinen majestätischen Ringen war abgeklungen, nur einige Wissenschaftler blieben im JPL, als *Voyager 2* sich in der Dunkelheit verlor. Aber während sie auf ihre Monitore schauten, auf denen immer noch neue Bilder der Sonde erschienen, spürten sie,

daß sie gerade erst am Anfang standen. Saturn, schön wie gemalt, wurde auf jedem Bild kleiner, während *Voyager* sich entfernte. Noch nie hatten Menschen dies sehen können: die Rückseite des Saturn, der pechschwarze Schatten auf einen großen Bogen seiner Ringe warf. Vor der Sonde lag trotz ihrer immensen Geschwindigkeit von 40 000 km/h noch eine fast zehn Jahre dauernde Reise zu den eisigen Welten von Uranus und Neptun – Planeten, die so weit entfernt sind, daß kein Wissenschaftler ahnte, wie sie aussehen. *Voyager 2* überprüfte die Position: Sie lag genau auf Kurs zu einer Bildungsreise durch das ganze Sonnensystem, die unser bisheriges Bild davon für immer verändern sollte.

Über die Planeten in unserer direkten Nachbarschaft wußte man 1972 schon recht viel. Sowjetische und amerikanische Sonden hatten Venus und Mars in der zweiten Hälfte der 60er Jahre eingehend erforscht, aber weiter waren sie nicht geflogen. Dann, im Juli jenes Jahres, stieß eine amerikanische Sonde in unbekanntes Gebiet vor. Als der Mars im »Rückspiegel« der *Pioneer 10* immer kleiner wurde, war da ein leichtes Glitzern in ihrem Kamera-Auge, ein Lichtpunkt, heller als jeder Stern: Jupiter, die nächste und größte der vier riesigen Welten, die man als die Gasgiganten kennt.

SEITEN 106–107 *Eine Aufnahme des Hubble-Teleskops von Saturn. Das Ringsystem zeigt sich nahezu von der Seite und ist deshalb kaum zu sehen. Der dunkle Punkt ist der Schatten seines größten Mondes, Titan.*

Jupiter ist mehr als 1300mal so groß wie die Erde – eine Welt mit bizarren Wolkenmustern und einem rätselhaften roten Fleck, ein Planet, der zugleich auch der einflußreichste des Sonnensystems ist. Mehr als 500 Millionen Kilometer jenseits des Jupiter liegt Saturn, den viele für den schönsten Himmelskörper halten, sein Markenzeichen sind die imposanten Ringe, die ihn umgeben. Als nächstes folgt Uranus, ein rätselhafter, aquamarinblauer Körper, der einzige Planet im Sonnensystem, der wie ein liegendes Faß um die Sonne herumrollt. Und schließlich Neptun, eine tiefblaue Kugel, die in ewigem Dunkel verharrt, sie ist die äußerste der riesigen, stürmischen Welten ohne Landschaften: fremd, fern, unnahbar.

Diese rätselhaften Welten verstehen, heißt die Geheimnisse des Sonnensystems selbst lüften. Viele Millionen Jahre älter, mehrere hundert Mal so groß wie die massiven Planeten, etwa die

LINKS OBEN *Fast 400 Jahre war Jupiter durch die Teleskope nur als verschwommene Scheibe wahrnehmbar. Die Jupiter-Sonde* Pioneer 10 *beendete diese Zeit am 3. Dezember 1973 mit den ersten Großaufnahmen des Riesenplaneten.*

RECHTS OBEN *Zentimeterarbeit: Die Paßgröße der* Pioneer*-Rumpfspitze wird während einer Kontrolle überprüft.*

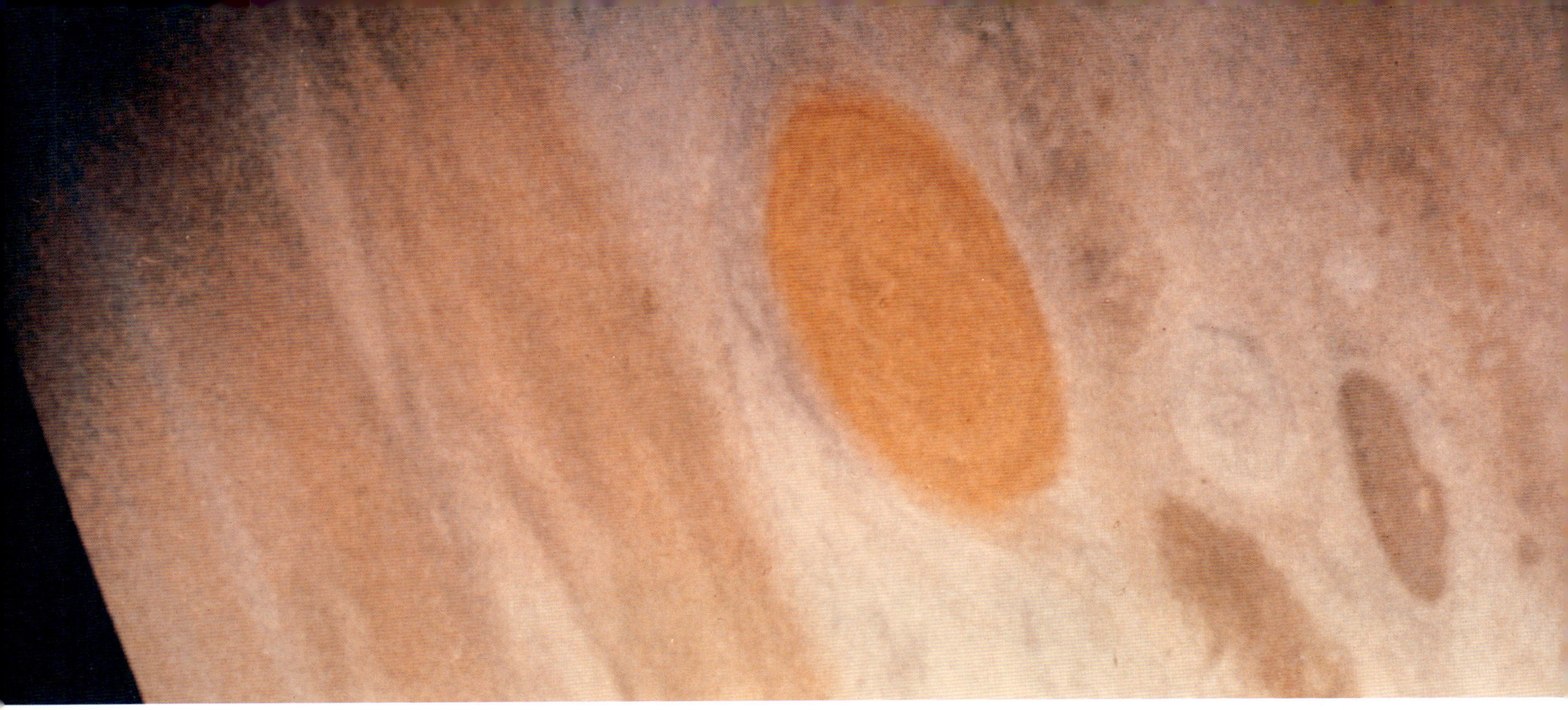

OBEN *Auf ihrem Weg zum Saturn erhaschte* Pioneer 11 *dieses außergewöhnliche Foto vom größten Sturm im Sonnensystem. Bis zu den* Pioneer-*Sonden hatte man immer noch geglaubt, es handle sich bei dem Großen Roten Fleck auf Jupiter um ein Bergmassiv, das durch das geschlossene Wolkenband ragte.*

Erde, enthalten diese Riesen die Urmaterie des Sonnensystems. Daß diese Welten überhaupt in Reichweite kamen, ist zu einem guten Teil der *Pioneer*-Serie zu verdanken, die 1973 den Weg ebnete. Aber bevor die an der Mission beteiligten Wissenschaftler sich Hoffnungen auf eine Begegnung mit Jupiter machen durften, mußte die Sonde erst 130 Millionen Kilometer durch ein Minenfeld im Weltraum überstehen, das als Asteroidengürtel bekannt ist.

Ins Unbekannte

Das Asteroidenband, das die Trennungslinie zwischen Mars und Jupiter bildet, ist breiter als die Entfernung von der Erde zur Sonne. Die Größe der Asteroiden variiert zwischen einem Staubkorn und einem kleinen Land, und obwohl die Wissenschaftler Anfang der 70er Jahre ziemlich genau wußten, wo sich die größten von ihnen befanden, hatten sie doch keine Vorstellung von der Anzahl der kleineren Brocken im Gürtel. Sieben Monate lang mußten die NASA-Wissenschaftler fürchten, daß ihre kostbare Sonde bei einem Zusammenprall mit einem Asteroiden von der Größe Londons in tausend Stücke gerissen würde. Schließlich hatte die Qual ein Ende. Wie durch ein Wunder, so schien es, hatte *Pioneer 10* das »Spießrutenlaufen« durch den Asteroidengürtel intakt überstanden. Erleichterung erfaßte die Wissenschaftler. Die Belohnung für dieses gewagte Manöver lag jedoch noch 280 Millionen km weit entfernt im All.

In 20 Millionen Kilometer Entfernung von Jupiter registrierte die Sonde plötzlich einen starken Anstieg der Strahlung. Das *Pioneer*-Team wußte zwar, daß das Magnetfeld des Jupiter stärker war als das der anderen Planeten, aber niemand hatte erwartet, daß es so weit reichen würde. Die durch das Magnetfeld verursachte Strahlung stieg bedrohlich an, während *Pioneer 10* sich um die eigene Achse drehend Jupiter näherte. Schon bald waren die Instrumente an der Grenze ihrer Belastbarkeit angelangt, schließlich wurde die Energie der Gamma- und Röntgenstrahlung so groß, daß die Anzeigen verrückt spielten. Einige Aufnahmen von Jupiter und seinen Monden waren bereits verlorengegangen, die Mission schien auf eine Katastrophe zuzusteuern. Immer noch stieg die Strahlung. Als sich die Sonde bis auf 131 400 km der Oberfläche genähert hatte, war sie dem 500fachen einer für Menschen tödlichen Strahlendosis ausgesetzt; die Mission schien sicher verloren.

Dann, kurz vor dem Desaster, sank das Strahlenniveau, und die Instrumente der *Pioneer 10* stabilisierten sich mitten in einem hochgeladenen Partikelstrom. Das leitende NASA-Ingenieursteam in Ames, dem Forschungszentrum südlich von San Francisco, war erleichtert. *Pioneer 10* hatte einige Spekulationen über Jupiter bestätigt und gezeigt, daß die Wissenschaftler mit ihren Einschätzungen eher zu vorsichtig gewesen waren. Er hatte nicht nur ein enormes Magnetfeld, er war auch nicht auf die Energie der Sonne angewiesen. Jupiter hatte aus der Zeit seiner Entstehung immer noch soviel Energie gespeichert, daß er eine doppelt so große Menge abgab, wie er von der Sonne aufnahm.

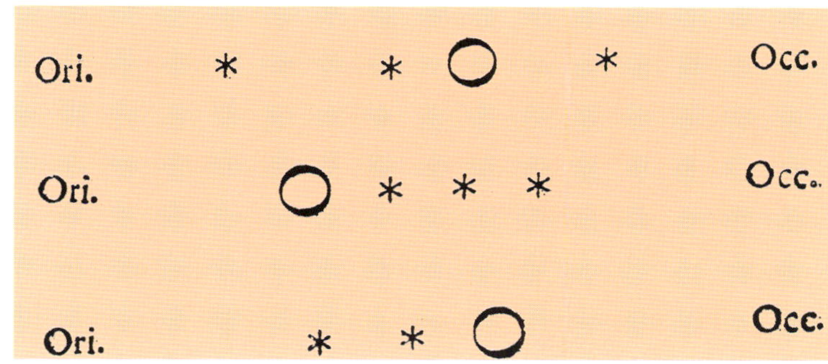

Nachdem die Sonde die Strahlung überstanden hatte, begann *Pioneer 10* zu fotografieren. Die flackernden Bilder, die in Ames ankamen, waren Meilensteine für die Wissenschaft – erste Eindrücke von einem Gasgiganten. Im Vordergrund wirbelten Wolkenbänder herum, Zeichen andauernd veränderlicher Witterungsverhältnisse auf einer gigantischen, blitzschnell rotierenden Gaskugel. Der rätselhafte Große Rote Fleck war zum ersten Mal in bestechender Großaufnahme zu sehen. Jahrhundertelang hatten Astronomen, von seiner Stetigkeit beeindruckt, ihn für einen Festkörper auf der Oberfläche gehalten. Es stellte sich heraus, daß er ein Sturm von gewaltigen Ausmaßen war, von doppelter Ausdehnung wie die Erde.

OBEN *Galileis Zeichnungen von Jupiter und seinen Monden.*

UNTEN *Die vier größten Jupitermonde, gesehen durch ein Teleskop auf der Erde. Links von Jupiter sind Io, Europa und Ganymed, rechts Kallisto, jeder von ihnen eine eigene kleine Welt, die sich aber neben dem riesigen Mutterplaneten verschwindend klein ausnehmen.*

Jupiter, die Möchtegern-Sonne

Was war das für ein Planet, der *Pioneer 10* beinahe zerstört hätte? Als Galileo Galilei vor vier Jahrhunderten als erster sein Fernrohr auf Jupiter richtete und vier winzige Punkte sah, die ihre Position andauernd veränderten, erkannte er, daß es Monde waren, die den Planeten umkreisten. Später wandte der berühmte englische Wissenschaftler Isaac Newton seine Gravitiationstheorie auf die Bewegungen der Monde an und erhielt so einen ungefähren Eindruck von der Masse des Jupiter. Newton zeigte, daß Jupiter zwar absolut gesehen viel größer und schwerer als die Erde war, seine Dichte jedoch vergleichsweise gering sein mußte. Jupiter ist so groß, daß er die Erde ohne Schwierigkeiten 1300mal aufnehmen könnte, er wiegt aber nur das 318fache. Jupiter besteht also aus etwas, das viel leichter ist als Stein und Eisen, aber woraus?

1903 wandte Vesto Slipher am Lowell-Observatorium in Flagstaff, Arizona, die Technik der Spektroskopie an, um Jupiters Zusammensetzung zu analysieren. Er zerlegte das von Jupiter reflek-

Das Magnetfeld von Jupiter

Bernard Burke und Kenneth Franklin waren 1955 gerade dabei, die Radiostrahlung der Sterne zu messen, als sie auf eine besonders starke Quelle stießen. Sie orteten das Signal mehrere Tage lang immer an derselben Stelle des winterlichen Himmels und kamen zu der Ansicht, daß es von der Erde stammen mußte. Einige Wochen später entdeckten sie ein Muster in der Strahlung. Ein Kollege schlug vor, daß Jupiter die Ursache sein könnte, was Franklin zuerst als lächerlich zurückwies. Als er jedoch am nächsten Tag die Signalkoordinaten mit den Positionen Jupiters verglich, zeigte sich Übereinstimmung. Jupiter strotzte vor Radiostrahlung – genau wie ein Stern –, aber wodurch wurde diese Strahlung verursacht?

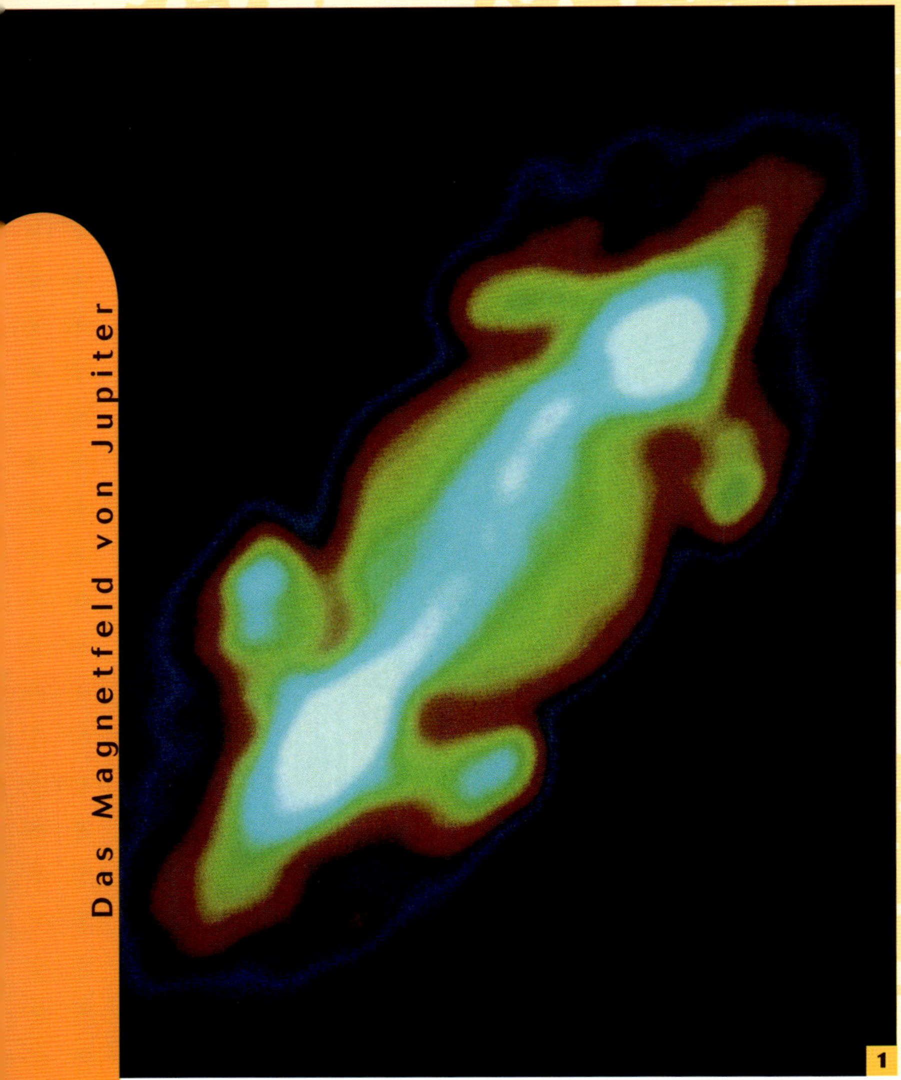

Die von Burke und Franklin entdeckte Radiostrahlung ist nicht thermischer Natur, denn auch Wärmequellen emittieren Radiostrahlung. Die Energie der Jupiterstrahlung entspricht etwa der von einer Milliarde Blitzen. Entstünde diese Energie durch thermische Prozesse, so müßten die Moleküle in Jupiters äußeren Schichten unglaublich heiß sein. Wissenschaftler hatten durch Wärmemessungen festgestellt, daß dies nicht der Fall war, ganz im Gegenteil. In der oberen Wolkendecke herrschen eiskalte –150 °C. Wo kam diese Energie also her?

Der junge Astronom Frank Drake stellte genaue Untersuchungen über die Wellenlängen der Radiostrahlung an, die von Jupiter ausging und schloß, daß ein umliegendes Magnetfeld die Ursache sein könnte. Wie die Erde umgibt auch Jupiter ein Magnetfeld, das weit ins All hinausreicht, allerdings ist letzteres 20 000mal so stark. Die von der Sonne ausgehenden geladenen Teilchen (siehe Kapitel 5) treffen ununterbrochen auf dieses gewaltige Magnetfeld. Durch die Wechselwirkung mit dem Feld steigt die Energie der Teilchen enorm an – wahrscheinlich hoch genug, um die 10 000 Megawatt zu erzeugen, die man auf der Erde gemessen hat. Im Prinzip lag Drake richtig, er hatte allerdings wie alle anderen die Größe von Jupiters Magnetfeld unterschätzt. Es ist so groß, daß es auch fast alle Jupitermonde umgibt. *Pioneer 10* hatte auf unangenehme Weise erfahren, wie weit es sich ausdehnt. Wenn Jupiters Magnetosphäre von der Erde aus zu sehen wäre, würde sie am Himmel einige Male größer erscheinen als die Sonne.

1 *Jupiters Strahlungsprofil. Da die Temperatur oberhalb der Wolken niedrig ist – sie liegt bei –150 °C – ist die Strahlungsenergie, die von Jupiters Magnetfeld ausgeht, nicht thermischer Natur. Sie erzeugt mehr als das 500fache der für Menschen tödlichen Strahlungsdosis.*

tierte Sonnenlicht in seine Spektralfarben und hoffte, anhand von einigen dunklen Linien in dem Spektrum (ähnlich wie bei einem modernen Strichcode) erkennen zu können, welche Elemente in der Jupiteratmosphäre vorkamen. Aber Sliphers Spektren waren undeutlich und verwischt, und klare, scharfe Linien, die er mit bestimmten Elementen wie Kohlen- oder Sauerstoff zu assoziieren gehofft hatte, waren nicht zu finden. Also gab Slipher auf. Etwa 30 Jahre später stieß der deutsche Chemiker Rupert Wildt auf Sliphers Ergebnisse und erkannte sofort den Grund. Die Spektrallinien Jupiters waren deshalb verwischt, weil sie keine einzelnen Elemente anzeigten. Dies waren Spektrallinien von Verbindungen, hauptsächlich von Methan und Ammoniak. Beide Verbindungen bestehen zum großen Teil aus Wasserstoff, dem leichtesten und bei weitem häufigsten Element im Universum, dem Stoff, aus dem die Sterne sind (siehe Kapitel 5). Diese Entdeckung unterstützte eine seit langem bekannte Theorie über Jupiters niedrige Dichte: Er bestand hauptsächlich nicht aus Gestein, sondern aus Gas, und das meiste davon war Wasserstoff.

Wildt zeigte in der Folge, daß der Gasriese sogar noch außergewöhnlicher war. Wildt berechnete, daß das Gewicht des Wasserstoffs auf Jupiters Kern einen Druck ausübte, der den Normalnull-Druck auf der Erde um ein Zehnmillionenfaches überstieg. Wie würde der Kern sich verhalten? 1938 erklärte Wildt, daß Druck und Temperatur in der Kernregion so groß waren, daß die Wasserstoffmoleküle auseinanderbrachen. Die freigewordenen Wasserstoffatome wurden zu einer dichten »Suppe«, die Wildt »metallischen Wasserstoff« nannte. Niemand weiß genau, wie Wasserstoff in Metallform wirklich aussieht, es könnte Quecksilber ähnlich sein. Wissenschaftler der Lawrence Livermore National Laboratories in Kalifornien haben winzige Mengen metallischen Wasserstoffs für einige flüchtige Augenblicke hergestellt, doch es ist ein Stoff, der nicht für diese Welt bestimmt ist und der nur in der Kernregion eines riesigen Gasplaneten zu Hause ist.

Die ähnliche Zusammensetzung der Gase in Jupiter und der Sonne entging Wildt nicht. Wie in Kapitel 1 erwähnt, ist diese Ähnlichkeit kein Zufall. Als erster Planet, der sich in unserem Sonnensystem bildete, sog Jupiter die Gase des solaren Nebels genauso auf wie die Sonne. Hätte Jupiter es geschafft, die 40fache Menge Gas an sich zu binden, wäre er heute auch eine Sonne, und der metallische Wasserstoff in seinem Kern würde einen nuklearen Schmelzofen befeuern.

In den 50er Jahren entwarf Wildt, inzwischen in Yale, ein allgemeines Jupitermodell, das bis heute weithin anerkannt ist. Im Zentrum des Jupiter befindet sich danach aller Wahrscheinlichkeit nach ein Kern aus geschmolzenem Gestein und Eis (»Eis« steht hier für festes Wasser, festes Ammoniak und andere leichte Bestandteile, die zwar nicht kalt sind, aber aufgrund des hohen Drucks dennoch in festem Zustand bleiben). Dieser Kern besitzt etwa die 15fache Masse der Erde und ist von flüssigem metallischen Wasserstoff umgeben, der wahrscheinlich Jupiters riesiges Magnetfeld erzeugt, während er sich dreht. In größerer Entfernung von dem Kern wird das Metall wieder zu flüssigem Wasserstoff und schließlich zu dem üblichen Gas. Direkt an der Oberfläche befindet sich eine hauchdünne Wolkenschicht, vergleichbar mit der Haut eines Apfels, die wiederum eigenständige Schichten aus Ammoniak- und Wassereiskristallen enthält.

LINKS *Als die Saturnringe zum ersten Mal in prachtvoller Großaufnahme zu sehen waren, erschienen sie schöner, als man sie sich je vorgestellt hatte. Von der Erde aus konnte man nur zwei Ringe erkennen,* Pioneer 11 *fand jedoch ein Ringsystem von verblüffender Komplexität vor, das die Gesetze der Physik außer Kraft zu setzen schien.*

KLEINES BILD *Der Planet mit Ohren: Astronomen haben schon früher versucht, sich einen Reim auf die verschiedenen, den Jupiter umgebenden Gebilde zu machen. Waren es schüchterne Monde, die hinter dem Planeten hervorschauten? Oder merkwürdige, bogenförmige Griffe, die auf beiden Seiten des Äquators befestigt waren? Christiaan Huygens hatte 1656 die damals ebensowenig einleuchtende Idee, daß der Planet von einem riesigen Ring umgeben sein könnte.*

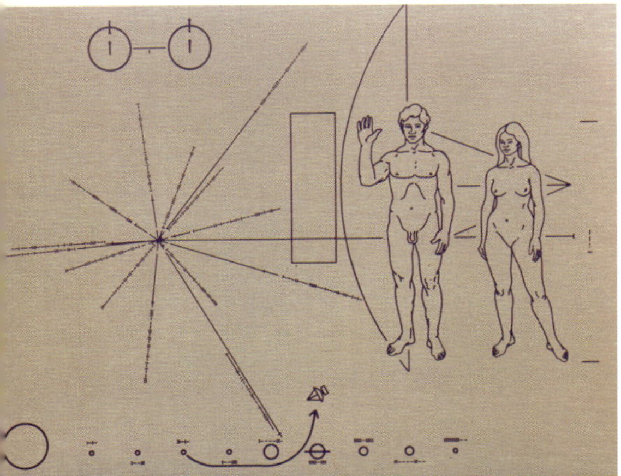

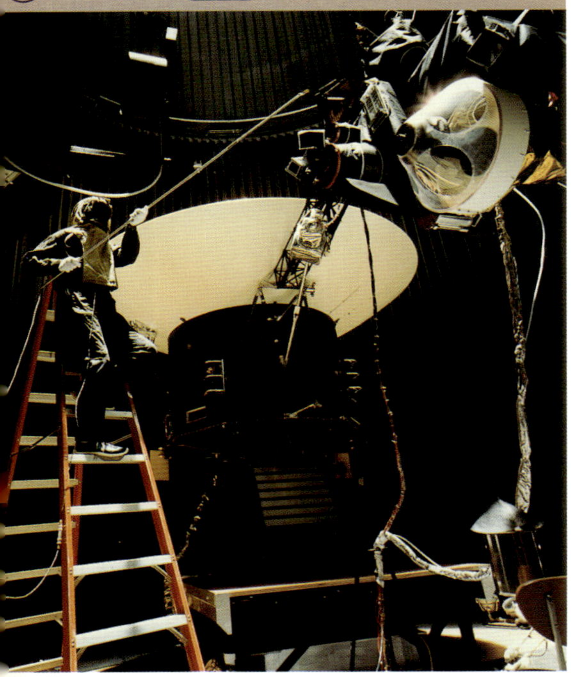

GANZ OBEN *Als Gruß an eine außerirdische Zivilisation gedacht, nahm die* Pioneer-*Sonde diese Plakette mit auf die Reise, die die genaue Lage der Erde angibt.*

OBEN *Kein Projekt hat den Geist der Weltraumforschung besser zum Ausdruck gebracht als die* Voyager-*Sonden.*

Ein Planet mit Ohren

Ein Jahr, nachdem *Pioneer 10* Jupiter verlassen und tiefer ins All gedrungen war, gelangte eine zweite Sonde sicher durch den Asteroidengürtel und erreichte den Planeten. *Pioneer 11* sollte jedoch nicht nur Jupiter studieren, die Sonde benutzte den Planeten auch als Schwerkraft-Tankstelle, eine Technik, die zum ersten Mal von *Mariner 10* auf dem Flug zum Merkur via Venus angewendet worden war. *Pioneer 11* nützte die Jupiterschwerkraft wie ein Katapult, das die Sonde weiter in Richtung Saturn beschleunigte. Fünf Jahre dauerte die Reise. Die Sonde traf genau zur richtigen Zeit am richtigen Ort ein, um von Saturn in den Wirkungsbereich seines enormen Gravitationsfelds gezogen zu werden. Eine der ersten Entdeckungen von *Pioneer 11* war, daß auch Saturn ein viel stärkeres Magnetfeld besitzt als die Erde. Nun aber richteten sich aller Augen auf die berühmten Ringe.

Galilei lag mit seinen Überlegungen zu den Jupitermonden zwar richtig, die Saturnringe überforderten ihn jedoch vollständig. Er hielt sie für zwei Monde hinter Saturn, die ab und zu teilweise sichtbar wurden und sich dann regelmäßig wieder hinter dem Planeten »versteckten«. Seine Zeichnungen sehen aus, als ob der Saturn Ohren hätte. Der holländische Astronom Christiaan Huygens war 50 Jahre später der erste, der erkannte, daß diese »Ohren« in Wirklichkeit ein zusammenhängendes Gebilde waren – eine beeindruckende, um den Äquator liegende Scheibe. Huygens fand auch heraus, daß die »Ohren« deshalb regelmäßig erschienen und verschwanden, weil die Polachse des Saturn von unserer Position aus geneigt ist. Wenn die Ringe genau in Erdrichtung stehen, sind sie praktisch unsichtbar; wandert der Planet weiter, ändert sich sein Winkel zur Erde, und sie tauchen wieder auf. Nur kurze Zeit darauf entdeckte Gian Domenico Cassini, daß die Ringe aus zwei Teilringen bestanden. Die Lücke zwischen ihnen wurde nach ihm benannt – die Cassinische Teilung.

Der Ausblick der Sonde auf die Ringe war kurz, aber aufregend. Sie drehte sich mit ihrer integrierten Kamera, die bei jedem Blickkontakt eine weitere Fotoserie aufnahm. Je größer der abgebildete Ausschnitt des Gürtels wurde, desto mehr Ringe waren zu erkennen. Die Menge des eisigen Staubs war größer, als man von der Erde aus erkennen konnte, sogar innerhalb der berühmten Cassinischen Teilung befanden sich noch schwache Ringe. Die *Pioneer*-Sonde schwenkte für eine letzte Großaufnahme nach innen und durchquerte die Ringebene ohne Schwierigkeiten. Danach wurde sie von der mächtigen Schwerkraft des Saturn vom Kurs abgetrieben und schließlich ins All hinausgeschleudert wie ein ungeliebtes Spielzeug.

Die große Reise

Uranus ist so weit von der Erde entfernt, daß er selbst durch die besten Teleskope nur als kleine verschwommene Scheibe zu sehen ist. Aufgrund dieser Entfernung war auch eine Mission dorthin ausgeschlossen – sie hätte 30 bis 40 Jahre gedauert und soviel Treibstoff benötigt, daß die Kosten ins Unermeßliche gestiegen wären. Man kann durchaus sagen, daß Uranus auch heute noch ein Rätsel wäre, hätte es da nicht den Geistesblitz eines Teilzeit-Doktoranden im JPL in Pasadena, Kalifornien, gegeben.

Die Entdeckung des Uranus

Von Beginn der Aufzeichnungen bis zum 13. März 1781 bestand das Sonnensystem aus nichts als der Sonne und den sechs Planeten Merkur bis Saturn. Niemand hatte diese Tatsache je angezweifelt. Dann verdoppelte völlig unerwartet ein Amateurastronom die Größe des Sonnensystems. William Herschel hatte in seinem Reihenhaus in Bath, England, durch ein selbstgebautes Teleskop gesehen und Uranus entdeckt.

1

»In dem Abschnitt neben Zeta Tauri ... ist ein nebelhafter Stern oder vielleicht ein Komet.« Mit diesen einfachen Worten notierte William Herschel seine Entdeckung – Ergebnis einer methodischen, langwierigen Durchmusterung des gesamten Nachthimmels. Etwas verwirrte ihn jedoch zunehmend, während er die merkwürdige Scheibe über einige Tage verfolgte. Das Objekt bewegte sich wie ein Komet, hatte aber keinen Schweif. Er erwähnte diese seltsame Beobachtung gegenüber Freunden in der Royal Society, und schon bald hatte sie sich herumgesprochen. Innerhalb weniger Monate verfolgte jeder Astronom in Europa das Objekt und versuchte aufgeregt, seine Umlaufbahn zu berechnen. Ein Konsens war schnell gefunden: William Herschel hatte in der Tat einen siebten Planeten entdeckt.

2

Herschel errechnete für seine wandernde Lichtscheibe einen Durchmesser von 50 000 km, damit war sie viermal so groß wie die Erde. Er schätzte, daß ihre Entfernung von der Sonne doppelt so groß war wie die von Saturn. Die Berufsastronomen taten sich schwer, die Entdeckung des Amateurs zu akzeptieren. In Astronomenkreisen hörte man neidisches Gerede darüber, daß Herschels Entdeckung reines Glück gewesen sei. Er entgegnete beleidigt: »Es wird allgemein angenommen, ein glücklicher Zufall habe mir jenen neuen Stern zu Gesicht gebracht; dies ist eine offensichtliche Fehleinschätzung. Ich habe mich der gängigen Methode bedient, jeden Stern am Himmel zu beobachten ... in jener Nacht war es an ihm, entdeckt zu werden. Ich las im großen Buch der Schöpfung und war zu der Seite gelangt, die den siebten Planeten enthielt. Wäre es mir an diesem Abend nicht gelungen, ich hätte ihn sicher am nächsten entdeckt.«

Mit Rücksicht auf seine phantastische Errungenschaft mag man Herschel seine Unbescheidenheit verzeihen. Man muß ihm zugute halten, daß er sich an dem Rummel um seine Entdeckung nicht beteiligte, und als die Frage aufkam, wie man den Planeten nennen sollte, lehnte er den Namen »Herschel« ab und schlug statt dessen vor, ihn dem König zu widmen und Georgium Sidus – »Georges Stern« – zu taufen. Am Ende setzte sich jedoch die Mythologie durch, und man nannte ihn Uranus, nach dem Vater des römischen Gottes Saturn.

1 *William Herschel (1738–1822).*
2 *Herschels selbstgebautes Teleskop, mit dem er 1781 den Planeten Uranus entdeckte.*

GEGENÜBER LINKS OBEN
Eine Titan-III-*Rakete brachte die* Voyager-2-*Sonde auf die ersten 500 m ihrer 4,5 Milliarden km langen Reise zu den äußeren vier Planeten.*

GEGENÜBER RECHTS OBEN
Unter den Souvenirs, die die Voyager-*Sonden mit auf die Reise nahmen, war auch eine Sonderpressung des Chuck-Berry-Hits »Johnny B. Goode«.*

GEGENÜBER UNTEN
Eine Computersimulation von Jupiter, wie er im Kamera-Auge der Voyager-*Sonde erschien.*

Im Sommer 1964 arbeitete Gary Flandro während seiner Semesterferien im JPL. Er hatte den Auftrag, zusammen mit einigen Kollegen die Flugbahnen für mögliche Jupitermissionen zu berechnen. Als er eines Tages seine Berechnungen überarbeitete, bemerkte er etwas, das all den erfahrenen Astronomen des JPL entgangen war. Alle äußeren Planeten würden sich 1980 für eine gewisse Zeitspanne auf derselben Seite der Sonne aufreihen. Jede 1977 oder 1978 gestartete Sonde müßte also theoretisch in der Lage sein, nicht nur zu Jupiter und Saturn, sondern auch zu Uranus und dem noch weiter entfernten Neptun zu fliegen. Entscheidend war dabei, daß eine solche Sonde die Schwerkraft der ersten Riesenplaneten nutzen konnte, um sich in Richtung des nächsten zu beschleunigen, denn dadurch konnte viel Treibstoff eingespart werden. Eine solche Anordnung ergibt sich nur alle 180 Jahre, Flandro erkannte die Chance, sich einen Namen zu machen. Der Student unterrichtete sofort seinen Chef, der von den Möglichkeiten dieser seltenen Gelegenheit fasziniert war. Kurze Zeit später gab das JPL eine Presseerklärung heraus, in der eine »Outer Planets Grand Tour« (»Rundreise zu den äußeren Planeten») angekündigt wurde. Das war der Beginn der *Voyager*-Missionen.

In den frühen 70er Jahren hatten Konstrukteure und Ingenieure bereits mit dem Bau des Raumfahrzeugs begonnen, das uns auf eine phantastische Reise ans Ende des Sonnensystems mitnehmen sollte. 1972 wurden jedoch die finanziellen Mittel gekürzt und der Rahmen der Mission von der NASA eingeschränkt, jetzt sollte sie wieder nur zu Jupiter und Saturn führen. Der Leiter der Abteilung für Bildverarbeitung, Brad Smith, wurde von der NASA angewiesen, »auf keinen Fall irgendwelche Änderungen in Betracht zu ziehen«. Auch der wissenschaftliche Mitarbeiter Gary Hunt erinnert sich an die unmißverständliche Anweisung der NASA-Chefs: »Wir werden nicht, noch einmal: nicht, zu Uranus und Neptun fliegen.« Die Rundreise war offiziell abgesagt. Insgeheim umgingen die Wissenschaftler jedoch ohne Wissen der NASA-Hierarchie die neue Direktive und konstruierten trotz schwerer finanzieller Einschränkungen zusätzliche Treibstofftanks für die Raumfähre, so daß sie bis zu Uranus und noch weiter fliegen konnte. »Wir verpassen Pluto«, sagte Hunt, »aber man muß auch noch etwas für die nächste Generation übriglassen.«

Die Reise beginnt

Am 20. August 1977, ungefähr 13 Jahre nachdem Gary Flandro in einem Haufen Schaubilder und Berechnungen die Möglichkeit jener großen Reise entdeckt hatte, startete die Sonde *Voyager 2* von Cape Canaveral. Zwei Wochen darauf folgte *Voyager 1*. Die *Voyager*-Sonden waren dreimal so schwer wie die *Pioneer*-Sonden und etwa so groß wie kleine Häuser. Sie waren technisch viel besser ausgerüstet als ihre Vorgängerinnen. Souvenirs von der Erde waren an Bord, darunter Karten, Bilder und Nachrichten für neugierige Außerirdische, sogar »Johnny B. Goode«, Chuck Berrys Hit aus dem Jahr 1958.

Voyager 1 erreichte Jupiter im März 1979. Gleich nach ihrem Eintritt in die Magnetosphäre begann die Sonde, interessante Bilder mit Farben und Details des Planeten zu senden, die die *Pioneer*-Fotos nur hatten erahnen lassen. Jupiters Atmosphäre knisterte von Blitzen und geisterhaften Polarlichtern und wimmelte nur so vor Wirbeln, Windströmungen und Stürmen. Der Große Rote Fleck, auf den *Pioneer*-Bildern nur als verschwommener Wirbel zu sehen, war nun klar zu erkennen.

Brad Smith war fasziniert: »Als wir zum ersten Mal einen Blick auf die verschlungene, komplexe Wolkenstruktur des Jupiter mit seinen Wirbelsturmsystemen werfen konnten, waren wir ebenso begeistert wie fassungslos. Wie sollten wir diese turbulente, chaotische Atmosphäre je verstehen können?«

Zudem erwiesen sich die Jupitermonde als Offenbarung für die beiden *Voyager*-Sonden. Statt der von vielen erwarteten öden, kraterübersäten Felsen besaß Jupiter ein Gefolge von Welten, die genauso bemerkenswert waren wie die Planeten des Sonnensystems. Am außergewöhnlichsten war Io, eine Welt voller weißer, roter, gelber und schwarzer Flecken aus verschiedenen Gesteins- und Schwefelverbindungen, die sich in Schichten abgelagert hatten. Io war vulkanisch aktiv – viel aktiver als die Erde. Wie in Kapitel 3 beschrieben, verformt sich Io unter der Schwerkraft Jupiters. Die dabei in seinem Innern entstehende Reibungswärme führt zu der vulkanischen Aktivität. Während des Vorbeiflugs registrierte *Voyager 1* allein acht Eruptionen auf Io. Der benachbarte Mond, Europa, war etwas kleiner als der Erdmond, seine Oberfläche war von einer gleichmäßigen Eisschicht bedeckt und wies so wenige Krater auf, daß einige Wissenschaftler die Kamera von

GEGENÜBER *Der mächtige Jupiter: Mit 142 980 km Durchmesser ist der riesige Gasplanet deutlich größer als alle anderen Planeten des Sonnensystems zusammen.*

UNTEN, VON LINKS NACH RECHTS *Io, die vulkanisch aktivste Welt des gesamten Sonnensystems; der dunkle, rätselhafte Kallisto; die wunderschöne Eiswelt Europa – die netzartigen Risse lassen einen flüssigen Ozean unter der gefrorenen Kruste vermuten.*

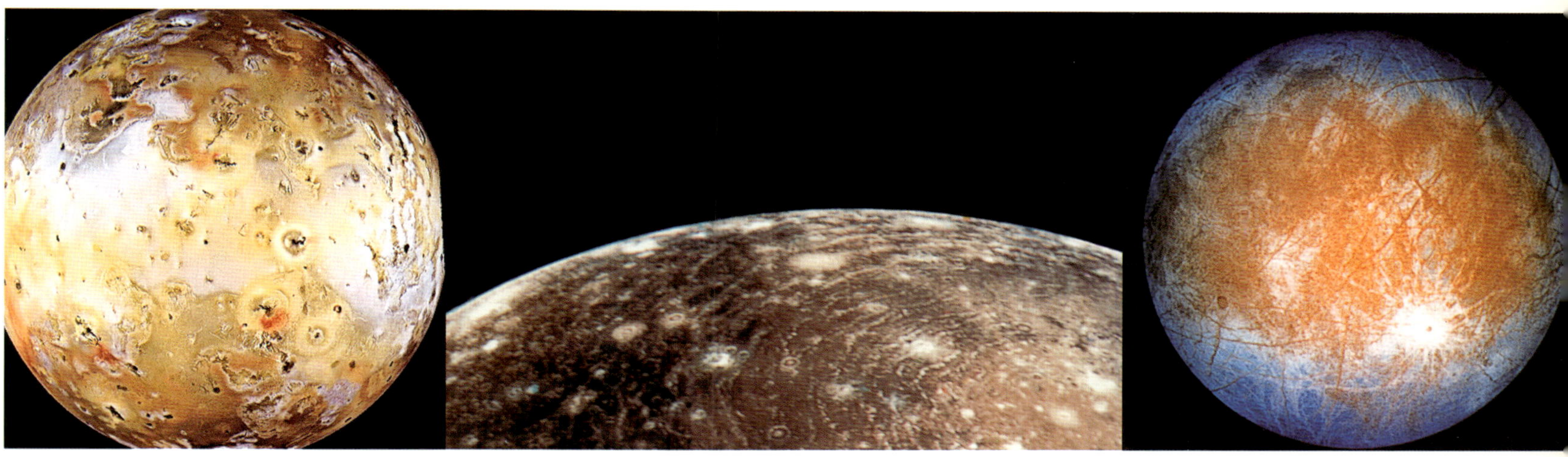

Voyager 2 für defekt hielten. Auch auf Europa muß es eine Wärmequelle geben, die die Oberfläche geschmolzen hat. Als nächstes folgte Ganymed, der größte Mond des Sonnensystems, eine Welt aus Gestein und Eis, die größer ist als Merkur. Auf Ganymed fanden sich mehr Krater als auf Europa, aber erst Kallisto, der vierte Trabant, sah ungefähr so aus, wie man es erwartet hatte. Kallisto war eine kalte, vereiste Kugel mit der höchsten Kraterdichte aller Monde im Sonnensystem, eine Welt, auf der sich seit Milliarden von Jahren nichts geändert hat. Die vier Galileischen Monde (benannt nach ihrem Entdecker) dominieren zwar den Raum um Jupiter, aber es war bereits bekannt, daß er noch mindestens neun weitere Monde besaß, und die *Voyager*-Sonden entdeckten noch einmal drei. Diese kleineren Monde, meist von nur ein paar Dutzend Kilometer Durchmesser, sind ein merkwürdiger Haufen. Manche der äußersten Monde umkreisen den Planeten in entgegengesetzter Richtung und lassen dadurch vermuten, daß sie »eingefangene« Asteroiden sind.

Die Vielfalt der Jupitermonde erstaunte die Wissenschaftler erneut. Jupiter war nicht nur aus demselben Material wie die Sonne, seine Monde bilden sogar ein Sonnensystem in Miniatur-

RECHTS *Dank ihrer deutlich verbesserten Kameras zeigten die Bilder der* Voyager 2 *Details, die die* Pioneer-*Sonde nur andeuten konnte.*

UNTEN *Prometheus und Pandora, die sogenannten »Schäfermonde«. Sie haben beide weniger als 150 km Durchmesser und halten die Teilchen des F-Rings von Saturn zusammen.*

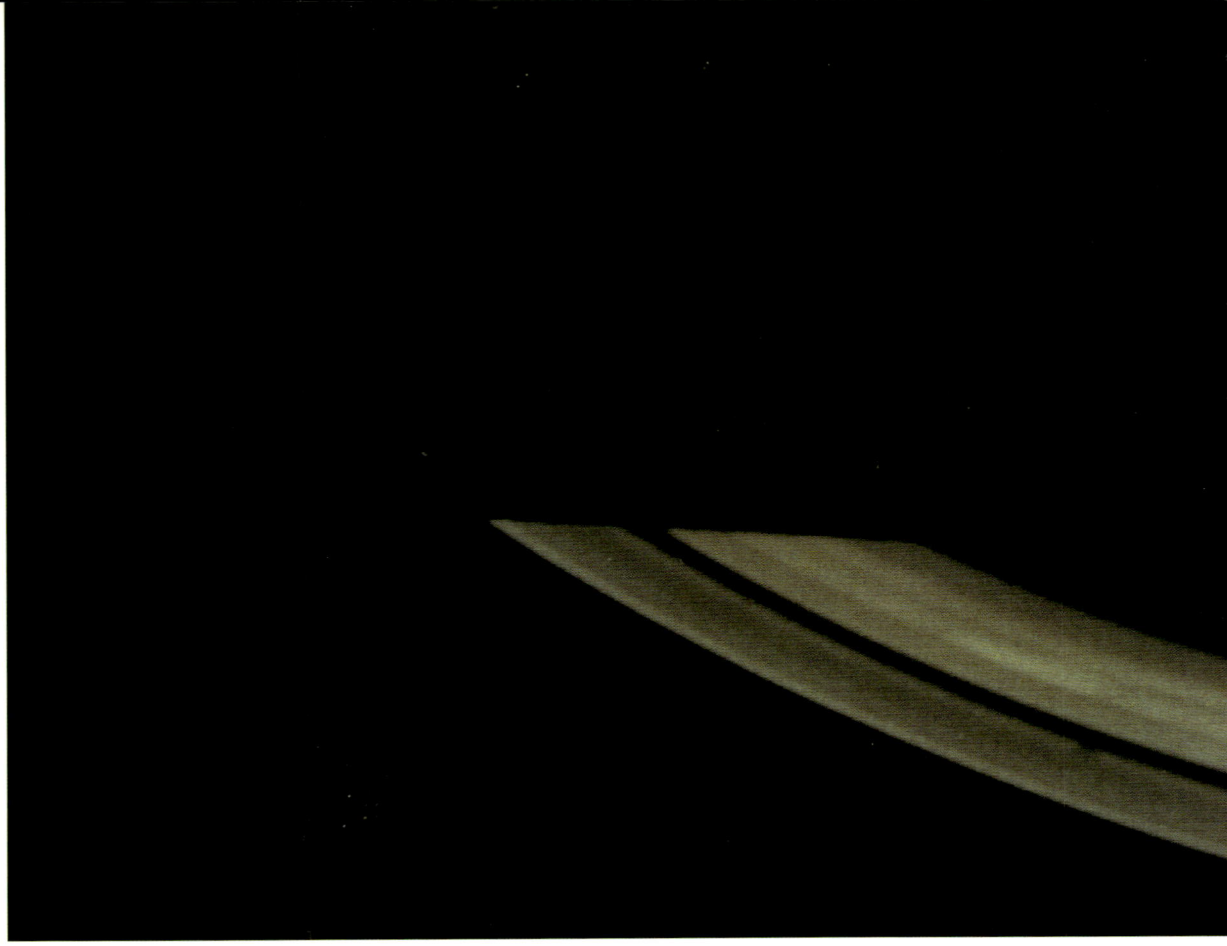

format, mit den festesten und heißesten Welten innen und den kälteren weiter außen. Während der wärmeintensiven Frühphase seiner Entstehung muß Jupiter eine große Menge Gase und Staub angesammelt haben, aus der sich seine Monde ähnlich wie die Planeten um die Sonne formierten.

Als die Sonde Jupiter verließ, wartete noch eine letzte Überraschung auf sie. Tobias Owen und Candy Hansen, zwei Mitglieder des Bildauswertungsteams, hatten sich für ein Abschiedsfoto eingesetzt. Sie vermuteten, daß sich im Gegenlicht der fernen Sonne ein verkümmerter Ring um Jupiter abzeichnen würde. Brad Smith wollte sich den beiden nicht anschließen, meinte aber, den Launen seiner Kollegen ruhig eine Aufnahme des sich entfernenden Riesen opfern zu können. Einige Wochen später saß Smith gerade in seinem Büro, als Candy Hansen hereinkam und ein Foto in die Luft hielt. Er war einen Moment lang verwirrt und erkannte nicht, was sie ihm zeigte. Dann aber begriff er plötzlich, daß auf dem Bild ein dünner Ring aus Gesteinstrümmern um den großen Planeten zu sehen war. Hansen und Owen hatten recht behalten. Später sollte die *Voyager*-Sonde ähnliche Ringe sowohl um Uranus als auch um Neptun herum entdecken und fotografieren. Aber in den nächsten 18 Monaten kündigte zunächst einmal das beeindruckende Ringsystem des Saturn die nächste Begegnung der *Voyager*-Sonde mit einem Gasriesen an.

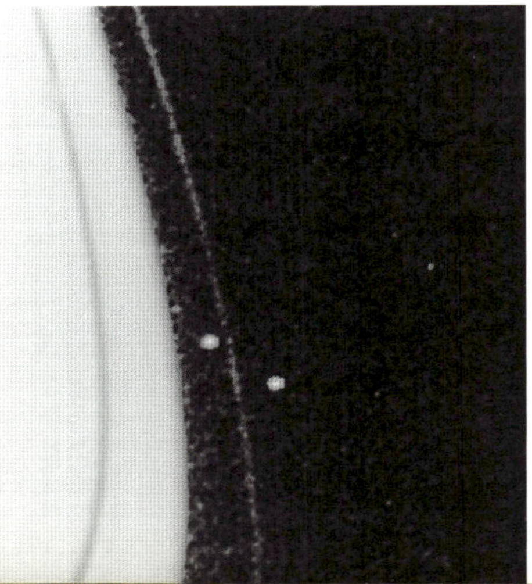

Rendezvous mit der Ringwelt

Im Oktober 1980, immer noch in 50 Millionen Kilometer Entfernung von Saturn, begannen die hochauflösenden Kameras von *Voyager 1* zu surren. Die Ringe selbst boten die erste Überraschung – sie erwiesen sich als außergewöhnlich komplexe Gebilde. Die »Adleraugen« der *Voyager*-Sonden

offenbarten weit mehr Details der Ringe, als dies ein Jahr zuvor der im Vergleich eher kurzsichtigen *Pioneer 11* bei ihrem Vorbeiflug gelungen war. Man hatte das System für unkompliziert gehalten: einige Trümmerringe mit etwas Abstand zueinander, die von der Schwerkraft an Ort und Stelle gehalten werden. Nachdem sie jedoch einen Ring passiert hatte, entdeckte sie einen besonders hellen Stern, der wie verrückt funkelte – jeder einzelne Ring bestand tatsächlich aus Tausenden von dünnen Gesteinsbändern. Die Cassinische Teilung allein war komplexer, als man das ganze Ringsystem eingeschätzt hatte. Jedes Foto eröffnete neue, ganz eigenartige Anblicke. Die Ringe waren auch nicht kreisrund; einer von ihnen schien aus zwei Strängen zu bestehen, die sich spiralförmig umeinander wanden; es gab sogar dunkle Streifen, die strahlenförmig nach außen liefen wie die Speichen eines Rades.

Schließlich fand das *Voyager*-Team einen Ring, der gar nicht hätte existieren dürfen. Er war so dünn, daß sich seine Bestandteile eigentlich hätten zerstreuen müssen. Statt dessen grenzten sich seine Ränder aber scharf gegen das Dunkel ab. Was konnte ihn wohl so fest zusammenhalten? Die Antwort fanden Wissenschaftler noch im selben Monat, als sie zwei winzige Monde entdeckten. Einer befand sich auf der Außen-, einer auf der Innenseite des Rings, beide schoben mit ihrer Schwerkraft die Trümmerteile nach innen. Sie wurden schnell als »Schäfermonde« bekannt, die ihre Gesteinsbrocken auf einer abgegrenzten Umlaufbahn zusammentrieben.

Auch nachdem *Voyager 1* von der Ringebene auf Saturn selbst zuflog, riß die Serie der Überraschungen nicht ab. Statt der ruhigen Atmosphäre, die man durch ein Teleskop sehen kann, fand die Sonde Wirbelstürme vor, wie es sie in ähnlicher Form auch auf Jupiter gibt. Die genauen Schwerkraftwerte, die die *Voyager*-Sonde unterhalb der Wolkendecke maß, stützten die Vermutung, daß der Ringplanet eine ähnliche innere Struktur besaß wie sein großer Bruder: flüssiger und metallischer Wasserstoff um einen Kern aus Gestein, wenn er auch kleiner und kälter als Jupiter ist.

Die *Voyager*-Missionen

Voyager 1

5. September 1977 Start mit einer *Titan-III*-Rakete vom Kennedy Space Center der NASA in Cape Canaveral, Florida.

5. März 1979 Ankunft bei Jupiter. Vorbeiflug in 277 000 km Entfernung.

12. November 1980 Ankunft bei Saturn. Vorbeiflug in 125 000 km Entfernung.

Voyager 2

20. August 1977 Start mit einer *Titan-III*-Rakete vom Kennedy Space Center der NASA in Cape Canaveral, Florida.

9. Juli 1979 Ankunft bei Jupiter. Vorbeiflug in 651 000 km Entfernung.

26. August 1981 Ankunft bei Saturn. Vorbeiflug in 10[illegible] 000 km Entfernung.

24. Januar 1986 Ankunft bei Uranus. Vorbeiflug in 81 500 km Entfernung.

25. August 1989 Letzte Station – Ankunft bei Neptun. Vorbeiflug in 5000 km Entfernung.

Neben der Erforschung der Planeten selbst entdeckten die *Voyager*-Sonden 22 neue Monde: drei bei Jupiter, drei bei Saturn, zehn bei Uranus und sechs bei Neptun.

Voyager 1 wurde nach der Begegnung mit Saturn nordwärts aus der Ebene geschleudert, auf der sich fast alle Planeten um die Sonne drehen. So wie *Voyager 2* befindet sie sich nun auf einer Mission zum Rand des Sonnensystems, um die Grenze des Einflußbereichs der Sonne zu erkunden, und weiter in den interstellaren Raum. Man erwartet, daß die *Voyager*-Sonden noch zwei oder drei Jahrzehnte lang brauchbare Informationen übermitteln werden. Die Kommunikation wird so lange aufrechterhalten, wie die bordeigene Atomstromanlage die Versorgung der Systeme gewährleisten kann. Die Gesamtkosten der *Voyager*-Missionen belaufen sich bis heute auf 865 Millionen Dollar.

1

2

3

Warum hat der Saturn Ringe?

Im 19. Jahrhundert berechnete der französische Mathematiker Edouard Roche (1820–1883), daß ein Mond bersten würde, sobald er eine bestimmte Entfernung von seinem Mutterplaneten unterschreitet. Die Diskrepanz zwischen den Gravitationskräften, die auf den Mond an seinem planetennächsten bzw. am entferntesten Punkt einwirken, wäre dann groß genug, um ihn so weit zu dehnen, daß er in zwei Teile zerbräche. Den minimalen Abstand, den ein Mond einnehmen kann, nennt man Roche-Grenze. Die *Voyager*-Sonde entdeckte, daß die Gesamtmasse der Ringe der des kleinen Saturnmonds Mimas entsprach. Somit ist es wahrscheinlich, daß die Ringe aus solch einem Mond entstanden sind. Vielleicht wurde der Mond durch eine kataklysmische Kollision zerstört, oder er kam Saturn einfach zu nahe und wurde von dessen Schwerkraft buchstäblich zerrissen. Was immer der Grund seiner Zerstörung auch gewesen sein mag, bis zum heutigen Tag sind die Stücke im unnachgiebigen Griff des Planeten gefangen, unfähig zum Abdriften und unfähig zur Bildung eines neuen Mondes.

Wann kam es zu dem Vorfall? Nach den Beobachtungen der *Pioneer*- und der *Voyager*-Sonden sind die Ringe unglaublich sauber, d. h. nicht durch den intensiven Sonnenwind versengt, dem sie pausenlos ausgesetzt sind. Manche Astronomen schließen daraus, daß sie jünger als 50 Millionen Jahre sind – das entspricht nur etwa einem Prozent von Saturns Lebensspanne. Andere vermuten, daß die Ringe eines Tages verschwinden werden – entweder driften sie ab, oder sie werden von Saturn aufgenommen –, noch bevor sie 100 Millionen Jahre alt sind. Was wir heute sehen, ist vielleicht nur ein vorübergehender Zustand. Könnten wir sehen, wie Saturn vor oder in einer Milliarde Jahren aussah bzw. aussehen wird, hätte er vielleicht einen weiteren Mond oder aber gar keine Ringe.

1 *Eine Falschfarben-Aufnahme der Saturnringe, erstellt von* Voyager 2 *aus 900 000 km Entfernung. Man kann die merkwürdigen dunklen Streifen erkennen, die strahlenförmig nach außen weisen.*
2 *Die Cassinische Teilung. In dieser Lücke fand* Voyager 2 *mehr Einzelheiten, als man in dem gesamten Ringsystem erwartet hatte.*
3 *Der gewundene F-Ring, der die Wissenschaftler bis heute vor ein Rätsel stellt.*

Warum hat der Saturn Ringe?

RECHTS *Titan, der größte Saturnmond, aufgenommen von* Voyager 1. *Obwohl er kleiner als Mars ist, besitzt Titan eine Atmosphäre, die anderthalbmal so dicht ist wie die der Erde.*

UNTEN *Iapetus, aufgenommen von* Voyager 2 *aus über einer Million Kilometer Entfernung. Sogar aus dieser Position konnten die Kameras Objekte von nur 21 km Größe ausmachen.*

GEGENÜBER OBEN *Die vernarbte Oberfläche von Saturns viertgrößtem Mond, Dione, aufgenommen von* Voyager 1.

GEGENÜBER UNTEN *Enceladus aus 120 000 km Entfernung, Objekte von 2 km Größe sind erkennbar. Die Risse lassen vermuten, daß seine Eiskruste irgendwann einmal geschmolzen war.*

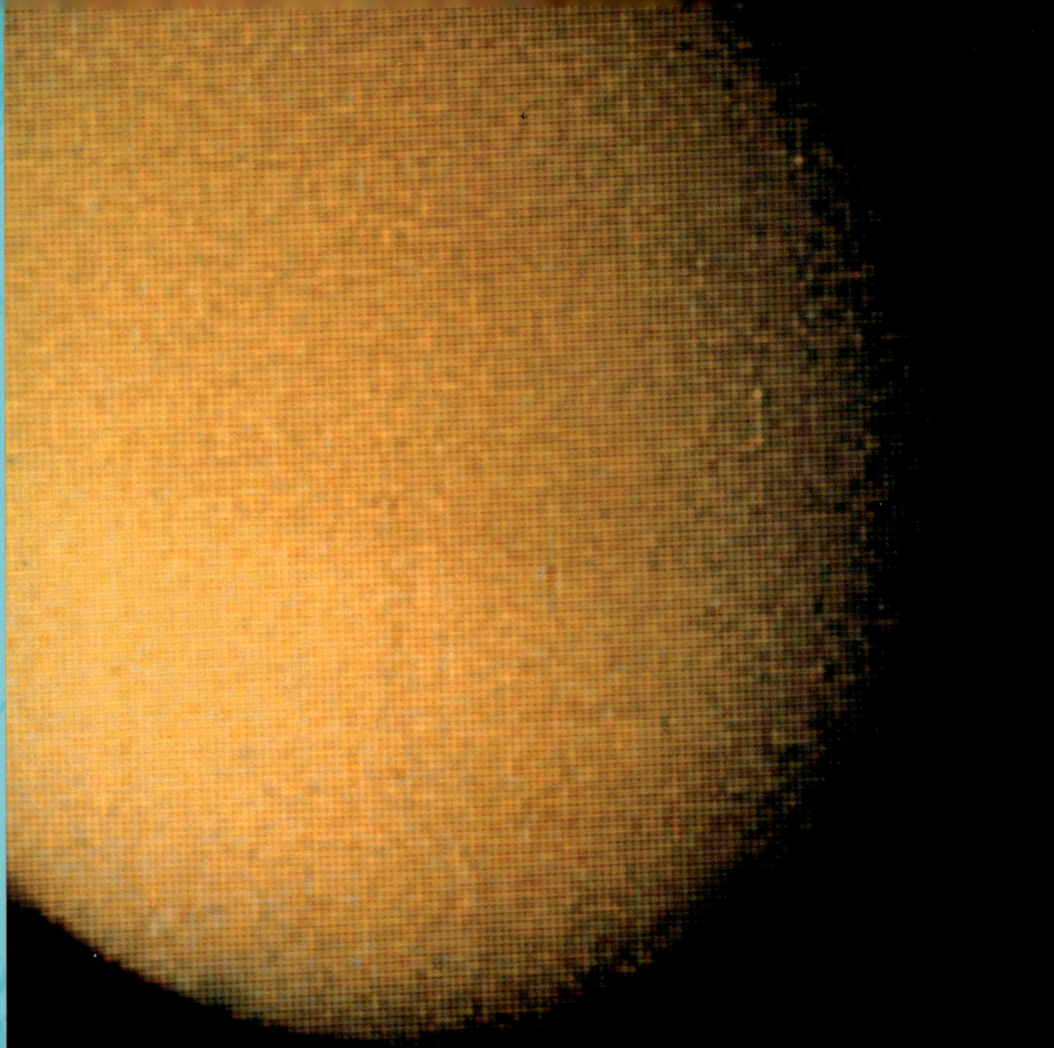

Voyager 1 unterzog auch die Monde des Saturn einer genaueren Beobachtung. Dabei stieg ihre Zahl auf 18 an, dies ist die größte Sammlung im Planetensystem. Während die exakt aufgereihten Jupitermonde jedoch eine kleine Ausgabe des Sonnensystems darstellen, sind die Saturnmonde bunt durcheinandergewürfelt. Titan sticht als einziger aus der Gruppe hervor, er ist der zweitgrößte Mond des Sonnensystems und der einzige, der eine Atmosphäre besitzt. Seine Geschichte verdient besondere Beachtung, die ihr in den Kapiteln 6 und 7 geschenkt wird. Von den anderen ist der sonderbarste wohl Iapetus, seine Hemisphären sind unterschiedlich, auf einer Seite ist er schneeweiß und auf der anderen tiefschwarz, man vermutet organische Substanzen oder »Ruß«. Ferner ist da noch Enceladus, der wie Jupiters Europa Anzeichen eines »kürzlichen« Schmelzprozesses zeigt, allerdings ist der Saturnmond nur auf einer Seite glatt.

Die meisten Saturnbegleiter sind kleine Eiswelten, aber sie scheinen eine interessante und turbulente Geschichte zu haben. Janus und Epimetheus sind Zwillingsmonde, zwei Hälften einer zerbrochenen Welt, die sich immer noch eine Umlaufbahn teilen. Die beiden Monde Tethys und Mimas sind fast vollständig mit Kratern bedeckt. Sie geben Hinweise auf die Entstehung der spektakulären Ringe, die die meisten Wissenschaftler inzwischen für die Überreste eines zerstörten Mondes halten.

Weiter zu Uranus

Die Planeten-Forschungsreise von *Voyager 1* endete bei Saturn, nachdem die Sonde sehr nahe an Titan vorbeigeflogen war und dann von der Gravitation des Riesen erfaßt und aus der Ebene der Planeten geschleudert wurde. Aber *Voyager 2* hatte so gute Arbeit geleistet, daß die NASA-Chefs, die inzwischen von Gary Hunts geheimem Programm erfahren hatten, dem großen Vorhaben nun doch zustimmten. Im August 1981 nahm *Voyager 2* den Weg durch die Ringebene, den *Pioneer 11* ein Jahr zuvor aufgezeigt hatte. Drei Milliarden Kilometer, die uns von Uranus trennen, bescherten ihm nicht nur die späte Entdeckung, sondern auch andauernde Anonymität. Die Physiker, die auf die gasförmige Struktur von Jupiter und Saturn aufmerksam gemacht hatten, erklärten den Astronomen nun, daß Uranus aller Wahrscheinlichkeit nach ebenfalls gasförmig war, aber niemand wußte, wie er wirklich aussah.

OBEN *Uranus, aufgenommen von* Voyager 2. *Die Wissenschaftler hatten gehofft, daß eine Aufnahme aus geringerer Entfernung mehr Details offenbaren würde – sie wurden schwer enttäuscht.*

RECHTS *Diese Uranus-Aufnahme des Hubble-Raumteleskops wurde im nahen Infrarot aufgenommen, um Details der Wolkenstruktur und des schwachen Ringsystems hervorzuheben. Weil die Rotationsachse des Uranus auf der Seite liegt, scheinen seine Monde sich von uns aus gesehen wie die Lichter eines Riesenrads um ihn zu drehen.*

Bei einer Übertragungsdauer der Nachrichtensignale zwischen Erde und *Voyager*-Sonde von fast sechs Stunden gab es keine Möglichkeiten zu kurzfristigen Änderungen, *Voyager 2* mußte früheren Instruktionen gehorchen – die Sonde war auf sich selbst gestellt. Als sie sich Uranus näherte, war des-

sen Südpol auf sie gerichtet. *Die Voyager*-Sonde erbrachte keine plausible Erklärung für die 90-Grad-Neigung des Uranus, am wahrscheinlichsten ist immer noch die Vermutung, daß er durch die Kollision mit einem Objekt von der Größe der Erde auf den »Rücken« geworfen wurde. Eines der ersten Forschungsergebnisse der *Voyager*-Sonde war die Bestätigung, daß Uranus deutlich kleiner als die inneren Riesenplaneten war und nur ein Drittel der Jupitergröße besitzt.

Endlich zeigte der siebte Planet der Kamera sein blaugrünes Gesicht. Das charakteristische blasse Aquamarin entsteht durch eine Methanschicht in der oberen Atmosphäre, die rotes Licht absorbiert. Obwohl der Planet immer näher kam, erkannte man jedoch keinerlei Details; es waren weder Wolkenbänder noch Flecken noch Wirbelstürme zu sehen. Das Team konnte seine Enttäuschung nicht verbergen. Andy Ingersoll, ein Atmosphärenspezialist am California Institute of Technology, witzelte, daß das Team inzwischen nicht mehr für Bilder, sondern für Einbildung zuständig wäre. Konnte der Planet wirklich so langweilig sein? Nach den Erfahrungen mit Jupiter und Saturn hatten die Wissenschaftler auch bei Uranus charakteristische Eigenschaften erwartet. Laut den Kamerabildern war er jedoch monochrom und von geringer sichtbarer Aktivität.

Im Gegensatz zu den gewaltigen Magnetfeldern von Jupiter und Saturn entdeckte die *Voyager*-Sonde ein Magnetfeld um Uranus erst zehn Stunden, bevor sie ihm am nächsten kam. Ein ziemlich ungewöhnliches Magnetfeld, es durchschnitt den Planeten in einem Winkel von 60 Grad zur Polachse. Vielleicht war es gerade dabei, sich neu auszurichten, aufgrund einer regelmäßigen Umkehrung der Pole. Wer wußte das schon? Die Rätsel häuften sich. So schief das Magnetfeld auch war, es erlaubte die erste genaue Messung der Rotationsgeschwindigkeit des Uranus. Nach zuvor geschätzten 16 Stunden errechnete die *Voyager*-Sonde eine Tageslänge von 17 Stunden und 24 Minuten auf Herschels Planeten.

Die Familie stellt sich vor

Das ausdruckslose Gesicht von Uranus war zwar enttäuschend, sein Gefolge jedoch bot Überraschungen. Ganz in seiner Nähe entdeckte Voyager neun unbekannte, winzige Monde. Die Oberflächen der fünf bereits bekannten Monde – Miranda, Oberon, Titania, Umbriel und Ariel – weisen auf eine Geschichte voller Kollisionen hin. Besonders auffallend war, daß alle bis auf Umbriel Anzeichen vergangener geologischer Aktivität zeigten, die große Teile ihrer vereisten Krusten geschmolzen und verformt hatte. Die fremdartigen Landschaftsbilder mit exotischen Oberflächenmerkmalen

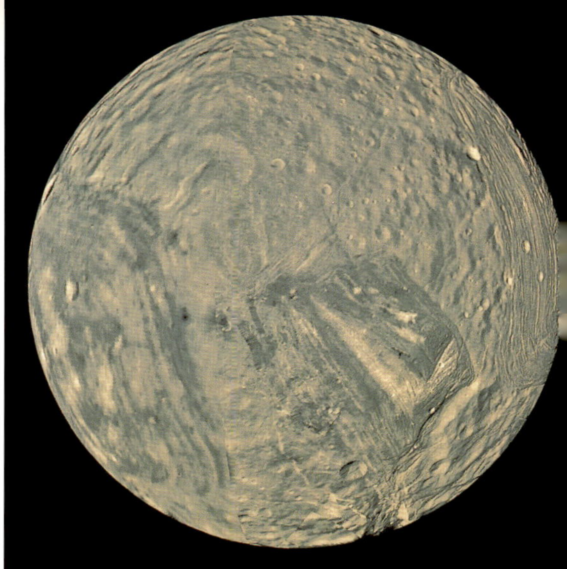

GANZ OBEN *Für das Fernsehen ungeeignet: Der Uranusmond Miranda würde keinen Schönheitswettbewerb gewinnen, böte aber ausgezeichnete Möglichkeiten für Bergsteiger.*

OBEN *Ariels Gesicht zeugt wie das seiner Cousine Miranda von einer bewegten Geschichte. In der Entstehungsphase des Sonnensystems kam es häufig zu heftigen Kollisionen, die ihre Spuren auf seiner Oberfläche hinterließen.*

LINKS *Wie zuvor Jupiter, überraschte auch Uranus mit einem Ringsystem. Die Eisringe sind die dunkelsten Objekte des Sonnensystems. Sie sind hier in Falschfarben abgebildet.*

Sonden zu den Riesen

Obwohl es zwischen den *Pioneer-* und den *Voyager*-Sonden große Unterschiede gibt, haben sie doch auch einiges gemeinsam. Am auffälligsten sind wohl die großen Antennen, die immer nach hinten zur Erde ausgerichtet sind, und die großen Ausleger mit ihren Teilchen- und Magnetfelddetektoren. Da sie sich so weit von der Sonne entfernten, daß Sonnensegel ineffektiv sind, wurden sie von kleinen Plutonium-Generatoren angetrieben, die an den Enden dafür vorgesehener Träger befestigt waren. Auf ihren Reisen zu den äußeren Planeten wurden die Sonden von mehreren kleinen Hilfsraketen gelenkt, die mit winzigen Korrekturen der Flugbahn dafür sorgten, daß sie genau auf Kurs blieben. Hier enden jedoch die Gemeinsamkeiten. Die *Pioneer*-Sonden sind deutlich kleiner (nur ein Drittel der *Voyager*-Größe) und drehen sich langsam um sich selbst, um nicht ins Schlingern zu kommen. Die *Voyager*-Sonden sind mit Stabilisierungskreiseln ausgerüstet und navigieren mit Hilfe der Sterne und des von Erde und Zielplanet reflektierten Lichts.

Die Bildverarbeitungssysteme der beiden Typen könnten unterschiedlicher nicht sein. Die *Pioneer*-Sonden waren mit einem einzelnen Bildsensor ausgestattet. Während die Sonde rotierte, tastete der Sensor den sich nähernden Planeten ab und speicherte das Bild Linie für Linie in Sequenzen von helleren und dunkleren Punkten. Mit Hilfe dieser Technik konnten die Sonden etwa ein grobes Farbbild pro Stunde übermitteln. Die kreiselstabilisierten *Voyager*-Sonden waren dagegen mit hochauflösenden Farbfernsehkameras ausgerüstet, die auf speziellen Plattformen montiert waren. Die Geschwindigkeit der Datenübermittlung war durch zusätzliche Sender in den Sonden, kombiniert mit besseren Empfängern auf der Erde, erhöht worden. Dadurch waren die *Voyager*-Sonden in der Lage, jede Minute ein gestochen scharfes Farbfoto zu senden.

1 *Die* Voyager-*Sonden der NASA flogen zu den äußeren Planeten und noch weiter.*

waren von Wasser, nicht von Gestein geformt worden. Wasser war aus dem heißen Innern aufgestiegen und gefroren, dabei dehnte es sich aus, brach die Kruste auf und bildete einige der unheimlichsten Landschaftsprofile des ganzen Sonnensystems.

Der kleine Mond Miranda, nur 500 km groß, ist besonders außergewöhnlich. *Voyager*-Bilder zeigten, daß der Satellit eines der komplexesten Gebilde des Sonnensystems ist, eine Collage aus Naturkatastrophen. Teile der Oberfläche sind mit großen Klippen, Canyons und Spalten übersät. An einer Stelle ragt ein Berg doppelt so hoch wie der Mount Everest in den Himmel. Am seltsamsten sind zwei rechteckige Flächen und eine V-förmige Figur, die aussehen, als wären sie von einem riesigen Pflug gezogen worden. Das begeisterte Geologenteam entwickelte exotische Theorien, um Miranda zu erklären. Vielleicht war sie einmal durch die Kollision mit einem Asteroiden zerbrochen, aber die Fragmente waren nahe beieinander geblieben und hatten sich im Lauf der Zeit wieder zu einem Gemisch aus Eis und Gestein zusammengefügt.

Eine solche Kollision könnte auch für die ungewöhnlich engen Uranusringe die Ursache sein. Fotos der *Voyager*-Sonde zeigten dunkle Ringe, die so schmal waren, daß es sie eigentlich gar nicht geben dürfte. Das Problem war, daß sie nicht alle von solchen Schäfermonden begleitet wurden, die die Saturnringe an ihrem Platz hielten. Möglicherweise waren sie erst vor kurzem durch einen zerbrechenden Mond entstanden. In dem Fall waren sie wahrscheinlich kurzlebig, das Gestein würde innerhalb weniger Millionen Jahre auf den Uranus stürzen.

Die Begegnung mit Uranus ließ die Wissenschaftler verwirrt zurück: Fast alles, was das Uranussystem betraf, war wissenschaftlich nicht erklärbar. Als die *Voyager*-Sonde sich in Richtung Neptun aufmachte, sagte Brad Smith: »Um das historische Szenario für das zu entwerfen, was *Voyager* am Uranus beobachtet hat, brauchten wir mehr Wunder, als irgend jemand akzeptieren würde.« Uranus und seine bewegte Vergangenheit ist bis heute ein ungelöstes Rätsel.

Während Uranus hinter *Voyager* zurückblieb, winkte ihr von fern ein Licht, so schwach wie ein Stern. In mehreren Milliarden Kilometer Entfernung war Neptun, ein Planet, der wohl kaum entdeckt worden wäre, hätte Uranus seine Position nicht preisgegeben.

OBEN *Neptun ist so weit von der Sonne entfernt – 4,5 Milliarden km –, daß das Radiosignal von* Voyager 2 *über vier Stunden bis zur Erde brauchte.*

SEITE 132 *Die letzte Station. Nach einer zwölf Jahre dauernden Reise fing* Voyager 2 *schließlich dieses Bild ein.*

Neptun

Nach der Entdeckung des Uranus durch William Herschel im Jahr 1781 versuchten Wissenschaftler fast 50 Jahre lang vergeblich, seine Bahn korrekt vorherzuberechnen. Jedes Mal, wenn sie sich am Ziel glaubten, schwenkte der Planet zur Seite. Man suchte verzweifelt nach Erklärungen für dieses merkwürdige Verhalten. Vielleicht brachte ein unentdeckter Mond ihn vom Kurs ab, oder ein großer Komet war gegen ihn geprallt und hatte ihn zur Seite geschoben. Manche Wissenschaftler wollten sogar die Gesetze der Schwerkraft opfern und vermuteten, die Newtonschen Bewegungsgesetze gälten nur bis zum Saturn. Trotz dieser Verwirrung setzte sich aber eine glaubwürdigere Theorie durch: Vielleicht wurde die Uranusbahn ja durch einen weit entfernten Planeten gestört, der den irdischen Teleskopen bislang verborgen geblieben war. Wie aber sollte man ihn finden? Viele Fachleute meinten, man könne mit Hilfe von Newtons Gravitationstheorie (die immer noch in Kraft war) interplanetarische Spurensicherung betreiben und den »Täter« anhand der »Fingerabdrücke« überführen, die er auf der Bahn seines nächsten Nachbarn hinterlassen hatte.

John Couch Adams, Mathematikstudent an der Universität von Cambridge in England, nahm sich vor, nach Beendigung seines Studiums ein bißchen Zeit auf die Lösung des Uranus-Rätsels zu verwenden. 1843 schloß er sein Studium mit doppelt so guten Noten ab wie der nächstbeste und begab sich sofort auf die Spur des unbekannten Planeten. George Airy, königlicher Astronom, hielt die Suche wie viele seiner Kollegen für aussichtslos. Mit Sicherheit war es eine entmutigende Arbeit. Dennoch schickte Couch Adams 1845 einen Brief an den Leiter des Cambridge-Observatoriums, John Challis, der alle Zweifler widerlegen sollte. In diesem Brief begründete Couch Adams nicht nur die Existenz eines neuen Planeten, er gab sogar eine mögliche Position an. Hätte sich jemand die Mühe gemacht, diese zu überprüfen, er hätte einen schwachen Lichtpunkt gefunden, der sich nur zwei Grad entfernt von der vermuteten Position bewegte.

Was folgte, war eine Blamage für die Wissenschaft. Challis schickte Couch Adams' Prognose an Airy. Airy tat sie als Unsinn ab. Soweit es ihn betraf, hatte der Neuling keinerlei Reputation

und war viel zu jung, um ernstgenommen zu werden. Nichts, so schien es, konnte ihn in seiner Meinung erschüttern, daß man einen Planeten vom Schreibtisch aus unmöglich entdecken konnte.

Inzwischen hatte ein etwas bekannterer Astronom aus Frankreich dieselbe Lösung erarbeitet. Am 1. Juni 1846, neun Monate nachdem der Engländer seine Mitteilung an den königlichen Astronomen geschickt hatte, gab Urbain Jean Joseph Leverrier die Position des Planeten an der Pariser Akademie der Wissenschaften bekannt.

Noch im selben Jahr, am 25. September erhielt Leverrier einen Brief vom Berliner Observatorium, in dem es hieß: »Der Planet, dessen Position Sie bestimmt haben, existiert tatsächlich.« Obwohl die Franzosen später die Entdeckung des Neptun heftig als ihre eigene verteidigten, setzte sich schließlich die sachliche Gerechtigkeit durch, daß Couch Adams und Leverrier beide den neuen Planeten auf einem Blatt Papier entdeckt hatten.

OBEN *Das ignorierte Genie, der Mathematiker und Astronom John Couch Adams (1819–1892).*

RECHTS OBEN *Der französische Astronom Urbain Jean Joseph Leverrier (1811–1877).*

LINKS OBEN *Zwei zeitgenössische und äußerst tendenziöse Karikaturen aus Frankreich, die Couch Adams auf der Suche nach Neptun in einem falschen Teil des Nachthimmels zeigen, bevor er ihn in Leverriers Unterlagen entdeckt.*

Letzter Halt auf der Grand Tour

UNTEN *Die* Voyager-*Bodenstation im JPL in Pasadena, Kalifornien.*

GANZ UNTEN *Niemand hatte geologische Aktivität auf dem Neptunmond Triton, dem kältesten Objekt des Sonnensystems, erwartet. Der Anblick von Geysiren, die mehrere tausend Meter hohe Fontänen ausstießen, war daher ein spektakuläres Abschiedsgeschenk für die* Voyager-*Sonde.*

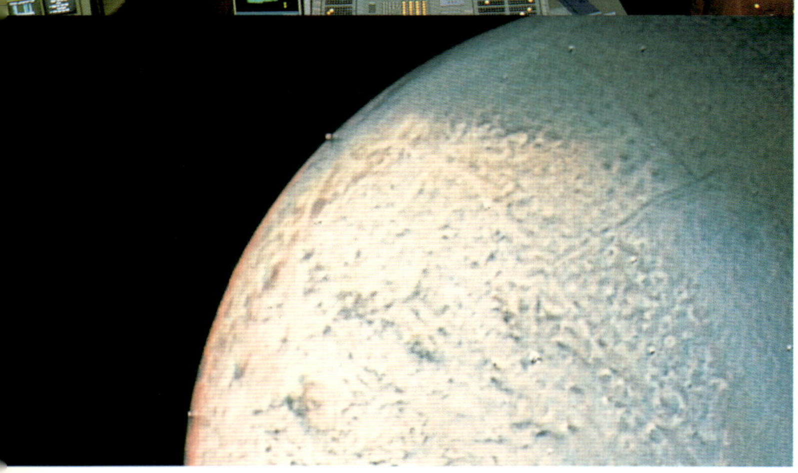

Neptun ist so weit entfernt, daß ihm von seiner Entdeckung 1846 bis zu der lautlosen Ankunft der *Voyager*-Sonde immer noch 22 Jahre für einen vollständigen, 165 Jahre dauernden Umlauf um die Sonne fehlten. Niemand wußte exakt, wo der Planet sich befand. Daß es den Flugingenieuren der *Voyager*-Mission gelang, ihre Sonde bis auf 40 km genau dorthin zu steuern – etwa gleichbedeutend mit einem Golfspieler, der ein As von Los Angeles nach London schlägt –, war wie bei allen großen Errungenschaften eine Kombination aus Glück und Geschick.

So erreichte *Voyager 2* Neptun am 24. August 1989 nach zwölf Jahren rasenden Flugs durch das All nur sechs Minuten zu spät. Gary Flandro befand sich mit seinem Sohn im JPL, um Zeuge eines kaum faßbaren Ereignisses zu werden. 25 Jahre waren seit seinen ersten Berechnungen mit dem Rechenschieber vergangen. Nach eigener Aussage hat er noch heute Schwierigkeiten, die richtigen Worte für seine Empfindungen beim Eintreffen der ersten Bilder zu finden. Ruhm beansprucht er jedoch nicht für sich. Die wahren Helden waren seiner Ansicht nach Newton, Adams und Leverrier, die uns als erste dem äußersten Riesenplaneten nähergebracht hatten.

Die Übermittlung der ersten Bilder von Neptun zur Erde dauerte vier Stunden und sechs Minuten. Nach den Erfahrungen mit Uranus befürchtete man, auch Neptun könnte eine kalte Welt ohne spezifische Merkmale sein. Doch auch bei ihrer letzten Begegnung widerlegte *Voyager* die Erwartungen. Während die Sonde sich dem zweiten blauen Riesen näherte, wurden plötzlich Wolkenbänder wie auf Jupiter sichtbar. Winde wehten dort stärker als auf Saturn, und es gab einen wirbelnden dunklen Fleck von der Größe der Erde. Die Wolkenfetzen hoch über Neptun formierten und zerteilten sich innerhalb von Minuten direkt vor der Kamera. Er erwies sich als der wandelbarste Planet des Sonnensystems.

Jeder Tag brachte neue Erkenntnisse. *Voyager* entdeckte einen weiteren dunklen Punkt, den man D 2 nennt, und einen sehr beweglichen weißen Fleck, der jetzt »Scooter« heißt. Außerdem erspähte sie sechs neue Monde und einen schwach ausgeprägten, unvollständigen Ring, der aus mehreren Teilbögen bestand und möglicherweise erst vor kurzem bei dem Zusammenprall eines Kometen mit einem kleinen Mond entstanden ist.

Die größte Überraschung bot jedoch der große Mond Triton. Astronomen waren schon lange davon fasziniert gewesen, daß Triton seinen Mutterplaneten in West-Ost-Richtung umkreist, in Gegenrichtung zu fast allen anderen Monden des Sonnensystems. Aber das war nicht das einzig Ungewöhnliche. Was man auch immer von dem kältesten Körper des Sonnensystems erwartet hatte, es war nicht geologische Aktivität. Doch aus 38 000 km Entfernung nahmen die *Voyager*-Kameras die rauchenden Auswürfe von Geysiren auf, die Tausende von Metern hoch steigen, bevor sie von der dünnen Triton-Atmosphäre in senkrechtem Winkel zur Seite geblasen wurden (siehe Kapitel 3). Der Anblick war einfach unglaublich.

GEGENÜBER OBEN Voyager 2 *blickt noch einmal zurück auf Neptun und macht die vielleicht schönste Aufnahme überhaupt.*

GEGENÜBER UNTEN *Carl Sagan stellt den Überraschungsgast auf der Abschiedsparty der NASA für* Voyager 2 *vor – Chuck Berry, wen sonst?*

Riesen aus Eis

Trotz aller oberflächlichen Unterschiede war Neptun fraglos eng mit Uranus verwandt. Die Erkenntnisse der *Voyager*-Mission stellten die wissenschaftlichen Modelle des Sonnensystems in Frage. Zu den neuen Theorien gehört z. B. die, daß man nicht von vier ähnlichen Gasplaneten, sondern von zwei unterschiedlichen Gruppen von Riesenplaneten sprechen muß.

Uranus und Neptun unterscheiden sich erheblich von Jupiter und Saturn. Bill Hubbard vom Lunar and Planetary Laboratory in Arizona sieht sie sogar als zwei völlig andersartige Planetentypen an – als Eisriesen, nicht als Gasriesen. Unter ihren kalten Wolkendecken, vermutet Hubbard, bestehen sie überwiegend aus überhitztem, unter Druck stehendem Eis aus Wasser, Ammoniak und Methan. Möglicherweise verbergen sie große Ozeane aus Wasser unter den gasförmigen Schichten, die wie die Erde durch steinerne Kerne im Innern gewärmt werden. Ihre Zusammensetzung läßt vermuten, daß sie sich lange Zeit nach Jupiter und Saturn gebildet haben. Ihre »Jugend« verbrachten Uranus und Neptun in einem Teil des Sonnensystems voller Gestein und Eis, in dem jedoch die großen Wasserstoff- und Heliumwolken fehlten, wie sie Jupiter und Saturn angezogen hatten. Wie in Kapitel 1 erklärt, wurden diese Gase durch die Entstehung der Sonne verdrängt. Sowohl Jupiter als auch Saturn waren bereits ausreichend beschaffen, um ihre großen, gasförmigen Mäntel festzuhalten. Uranus und Neptun bildeten sich aber an anderer Stelle und zu anderer Zeit und haben eine ganz eigene Prägung.

Lebe wohl, Voyager

Die Begegnung mit Neptun war ein Anfang, aber auch ein Ende. Am 25. August 1989 gab es für die *Voyager*-Sonde keine Planeten mehr zu besuchen. (Die Stellung der Planeten ließ kein Rendezvous mit Pluto zu.) Heute fliegt die Sonde auf den Rand des Sonnensystems zu. Im nächsten Kapitel erfahren wir Genaueres über die Sonden *Voyager 1* und *2*, die immer noch im Dienst sind, jetzt aber andere Aufgaben haben: Sie messen Stärke und Größe des Einflußbereichs der Sonne. *Voyager 2* hatte ein neues Licht auf Jupiter und Saturn geworfen und sehr viel Neues über den bis dahin eher unbekannten Uranus erbracht. Neptun wurde von der Sonde sozusagen neu entdeckt. Dennoch, trotz des Forschereifers der Ingenieure und Wissenschaftler am JPL wissen wir immer noch sehr wenig über die Riesenplaneten. Hinsichtlich Masse und Größe dominieren sie das Sonnensystem, unser kleiner Planet und seine steinigen Nachbarn nehmen sich wie Zwerge dagegen aus. Doch sie bleiben für uns weiterhin fremde, seltsame Welten.

Zwei Tage nach dem Ende der Begegnung mit Neptun feierte das erschöpfte *Voyager*-Team eine Gala-Party. Chuck Berry war als Ehrengast geladen. Als letzten Song spielte er natürlich »Johnny B. Goode«. Während die Sonden in der Tiefe des Weltraums verschwanden, schwärmten einige Teammitglieder: »Ich bin sicher, daß eine Sonde irgendwann von einem Raumfahrervolk gefunden wird«, behauptete Rich Terrile. »Sie wird in einem Museum aufbewahrt und in Ehren gehalten werden. Ich hoffe, wir selbst werden dieses Volk sein.«

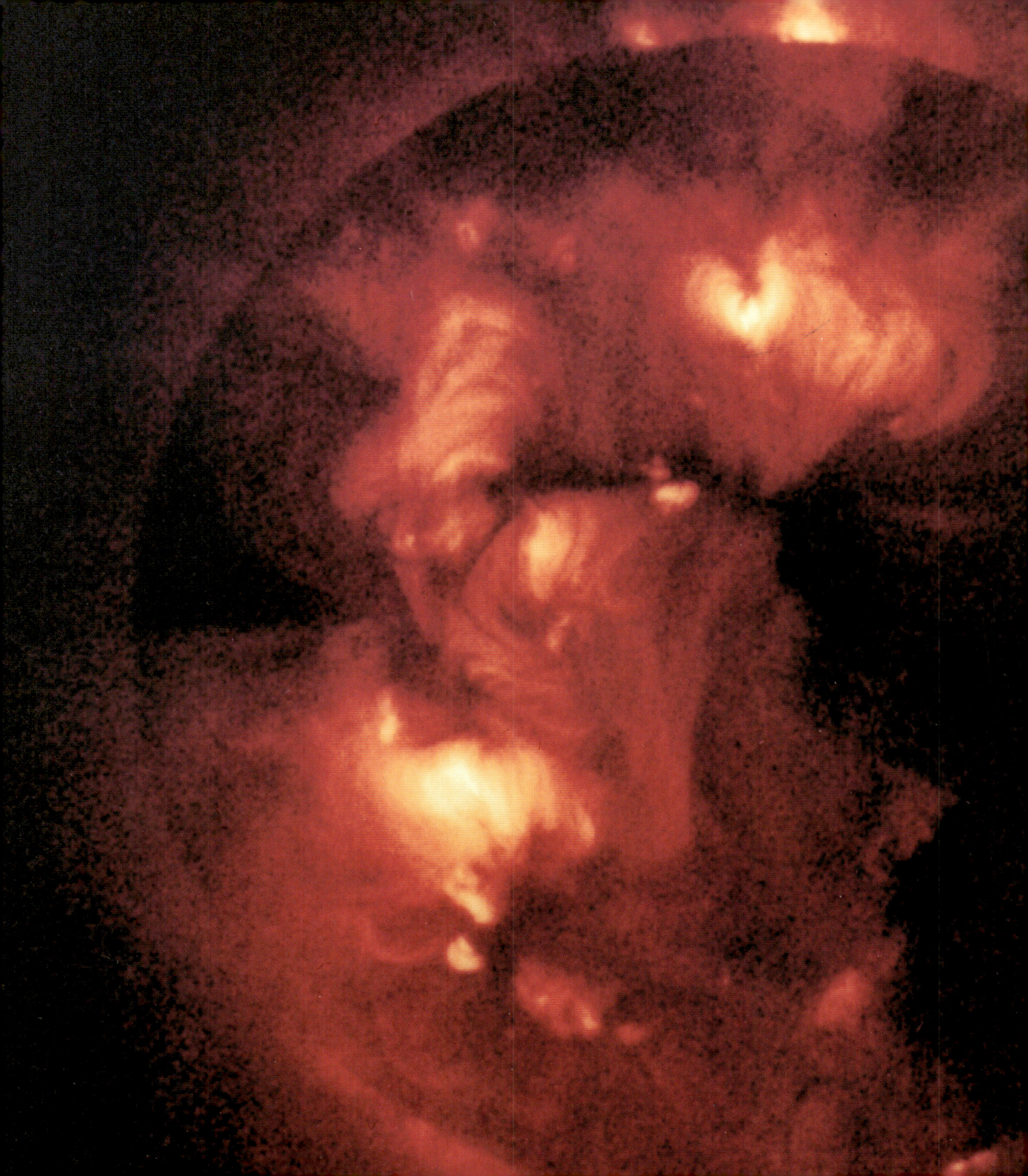

5

Im Mittelpunkt: die Sonne

September 1973: Schon seit mehreren Wochen arbeitet die drei Mann starke Besatzung der US-Raumstation *Skylab* intensiv an der gründlichsten Studie der Sonne, die es je gegeben hat. Von ihrem Aussichtspunkt 432 km über der Erdoberfläche aus können sie, in mehreren Schichten einander ablösend, die Sonnentätigkeit bis zu 14 Stunden am Tag aufzeichnen – von der Erde aus wäre dies unmöglich. Gleich zu Beginn ihres zweimonatigen Auftrags hatten sie die Station verlassen, um einen defekten Wärmeschutzschild zu reparieren, damit sich das Innere nicht gefährlich aufheizen konnte. Nun, da ihnen die tödliche Strahlung nichts mehr anhaben konnte, genossen sie die Schönheit der Sonne. In der Woche zuvor war Crewmitglied Dr. Owen Garriot als erster Mensch

Zeuge einer gewaltigen Sonneneruption geworden, die eine feurige Fontäne aus brennendem Gas ins All hinausgeschossen hatte. In der ersten Aufregung hätte Garriot bestimmt nicht vermutet, daß dies erst der Anfang des mächtigsten Ausbruchs von Naturgewalt war, den je ein Mensch gesehen hatte. »Es ist, als ob sie jemand heftig durchschüttelt«, rief sein Kollege Jack Lousma, als aus einer ganzen Reihe von Sonnenflecken in der Äquatorgegend mehrere Millionen Kilometer hohe Feuersäulen aufloderten. Die drei Männer saßen wie gebannt vor ihren Monitoren und beobachteten bis zu 33 Eruptionen an einem einzigen Tag. Eine ganze Woche lang zuckte und spuckte die Sonne ungeahnt heftig, bis sie sich schließlich zu einem grandiosen Finale steigerte, das den Beobachtern den Atem nahm. »Jetzt kommt der große Bruder«, stieß Kommandant Alan Bean beim Anblick einer riesigen Eruption hervor, die auch *Skylab* mit geladenen Teilchen so stark bombardierte, daß die Kommunikation zur Erde unterbrochen wurde. Sie hatten diesen Wärmeschild gerade rechtzeitig repariert.

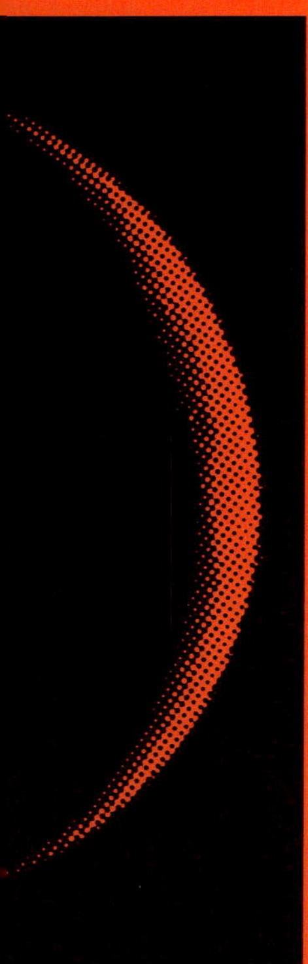

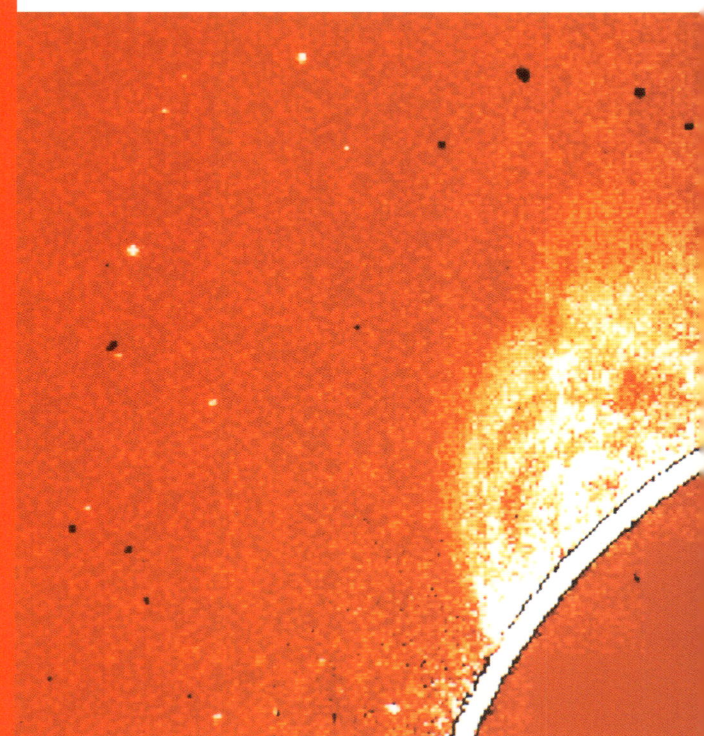

Die Sonne befindet sich nicht einfach im Zentrum des Sonnensystems, sie ist das Sonnensystem. Etwa 99,8 % der Materie des Sonnensystems befinden sich innerhalb der glühenden Kugel. Ohne die Sonne wäre Leben auf der Erde nicht möglich. Sie ist der einzige Stern, der als Scheibe erscheint, deren Oberfläche genau beobachtet und untersucht werden kann. Die neun Planeten, Tausende Kometen, unzählige Asteroiden und die Schwärme vereister Trümmer, die die Sonne umkreisen, sind insgesamt nicht mehr als ein Krümel, ein kleiner Rest Materie, der bei ihrer Entstehung übriggeblieben ist. Für die Sonne sind die Planeten nur kleine Kugeln, die ihrer Gravitation und ihrer gefährlichen Strahlung vollkommen ausgeliefert sind.

SEITEN 136–137 *Dieses Bild wurde von dem japanischen Satelliten* Yohkoh *im Röntgenstrahlenbereich aufgenommen. Es offenbart die Aktivität, die auf der Oberfläche der scheinbar so ruhigen Sonne herrscht.*

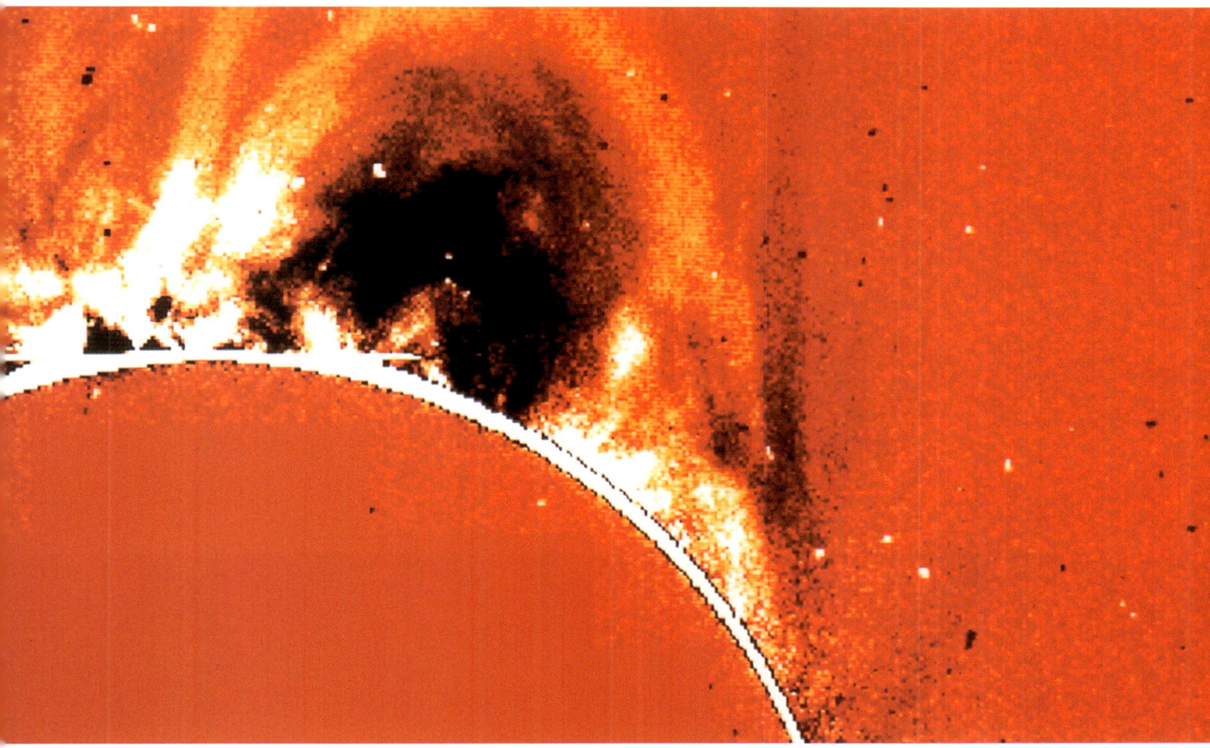

Bei uns auf dem dritten Planeten ist der Anblick der grellen, gelben Scheibe, die täglich über den Himmel zieht, so normal wie der Anblick der eigenen Eltern, dennoch war sie bis vor kurzem noch ein vollkommenes Rätsel. Man fragt sich, was unsere Ahnen wohl gedacht haben, während sie der Sonne auf ihrem Weg von der Morgen- zur Abenddämmerung nachsahen. Wie erklärten sie die Wärme, die von ihr ausging? Und wo blieb die Sonne über Nacht, nachdem sie Licht und Wärme hinter den Horizont gezogen hatte? Dieses Kapitel schildert, wie der Mensch versucht hat, das wichtigste Objekt des Sonnensystems zu verstehen. 3000 Jahre dauerte dieser Weg, und er führt uns zum Innersten der Sonne.

LINKS OBEN *Solare Feuerwirbel, aufgenommen von dem europäischen Satelliten* SOHO.

RECHTS OBEN *Die alten Ägypter glaubten, daß die Sonnengötter Ra und Khnum tagsüber am Himmel vorbeizogen und bei Sonnenuntergang auf einem Kahn in die Unterwelt zu Osiris geschleppt wurden, wo sie die Nacht verbrachten.*

Ein Stern in unserer Mitte

Die Ägypter hielten die Sonne für den Gott Ra, den Schöpfer von Licht und Leben. Am Tag wurde Ra in einem Boot über ihre Köpfe hinweggezogen. Nachts gelangte der Kahn auf einem großen unterirdischen Fluß, um den ständige Dunkelheit herrschte, zurück in den Osten. Die Sonne steht im Mittelpunkt zahlreicher Mythologien, aber die wissenschaftliche Betrachtung begann mit den griechischen Philosophen. Eines Tages züngelte eine Flamme am hellichten Tag über den Himmel von Athen, die die Ankunft eines Meteoriten ankündigte. Dieser große Brocken brennendes Metall konnte nur von der Sonne ausgestoßen worden sein – glaubte zumindest der Philosoph Anaxagoras im fünften Jahrhundert v. Chr. Für ihn war die Sonne eine Scheibe aus glühendem Metall, von dem manchmal Teile zur Erde fielen. Ein Jahrhundert zuvor hatte der griechische Philosoph Xenophanes behauptet, die Sonne sei eine brennende Wolke. Diese Theorie war elegant und plausibel genug, um Aristoteles zu gewinnen. Der große Denker überzeugte seine Kollegen davon, daß die Sonne ein makelloser brennender Feuerball war, der zusammen mit dem Mond und den fünf bekannten Planeten die Erde umkreiste.

Die meisten Gelehrten waren sich einig, daß der Mond das erdnächste Objekt am Himmel war. Bei allen anderen war man sich nicht so sicher. Merkur, Venus und Sonne konkurrierten um die nächste Position, Jupiter und Saturn galten jedoch übereinstimmend als am weitesten entfernt. In den nächsten 1900 Jahren umkreiste ein perfekter Feuerball die Erde, der weiter weg als der Mond, aber näher als Jupiter war.

Im Jahr 1543 sorgte ein Astronom aus Thorn für eine Sensation, als er es wagte, die Lehren von Aristoteles und der Kirche anzuzweifeln, indem er erklärte, die Sonne, nicht die Erde, sei das

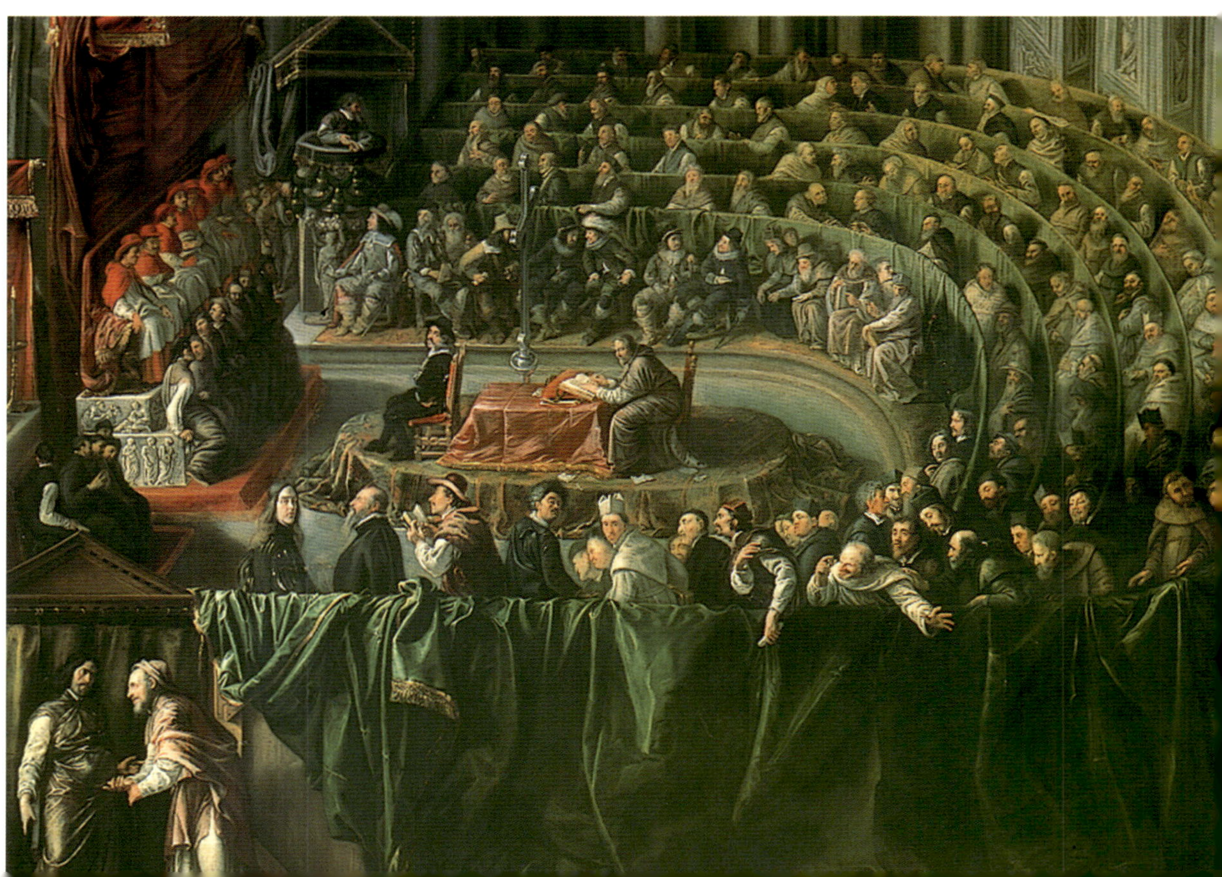

RECHTS *Galilei vor Gericht in Rom (Künstler unbekannt). Dem großen Astronomen wurde von der katholischen Kirche der Prozeß gemacht, nachdem er das heliozentrische System von Kopernikus verteidigt hatte.*

Zentrum unseres Kosmos. Dazu entwarf Nikolaus Kopernikus auch gleich eine neue Karte des Sonnensystems, auf der Merkur als erster Planet eingezeichnet war, danach Venus und Erde, dann folgten Mars, Jupiter und Saturn. Zu Beginn des folgenden Jahrhunderts setzte sich auch einer der größten Astronomen überhaupt, Galileo Galilei, für Kopernikus' Theorie eines heliozentrischen Planetensystems ein. Dafür wurde er vor die Inquisition in Rom gezerrt und gezwungen, öffentlich zu widerrufen. Die Kirche hatte Galilei zwar zu einer Kehrtwendung gezwungen, das änderte jedoch nichts an den Tatsachen.

OBEN *Jesuitenpater Angelo Secchi (1818–1878), offizieller Astronom von Papst Pius IX.*

Etwa 250 Jahre später untermauerte Angelo Secchi, von Beruf Geistlicher und Direktor des Vatikan-Observatoriums, diese Theorie. Er war einer der ersten Wissenschaftler, der sich des neuentwickelten Spektroskops bedienen konnte, mit dem Astronomen anhand des Lichtspektrums eines Planeten die dort vorhandenen Elemente ableiten konnten. In seinem Observatorium oben im Turm der St.-Ignatius-Kirche in Rom führte Secchi eine Studie über die chemische Zusammensetzung der Sonne durch. 1862 begann er, das Licht einiger Sterne zu analysieren. Schon in der ersten Nacht seiner Untersuchungen kam ihm das Spektrum eines Sterns bekannt vor. Tatsächlich, der spektroskopische Fingerabdruck war in jeder Hinsicht mit dem der Sonne vergleichbar. Über 200 Jahre lang hatte man vermutet, daß die Sonne ein Stern sein könnte, Secchis Ergebnisse bestätigten dies nun. Es muß ein besonderer Moment gewesen sein – er gab bekannt, daß Sonne und Sterne Mitglieder derselben Familie seien. Wir lebten im Licht eines Sterns.

Als Galilei Kopernikus unterstützt und erklärt hatte, die Erde sei nicht das Zentrum des Planetensystems, hatte dies die Kirche erzürnt. Nun erklärte ihr wichtigster Astronom, daß nicht einmal die Sonne im Kosmos etwas Besonderes sei, sondern nur eine von Millionen anderer Sonnen überall in der Milchstraße. Die Astronomie war erwachsen geworden und brachte beunruhigende Neuigkeiten. Die Sonne, und damit auch die Menschheit, wurde auf den ihr gebührenden Platz verwiesen.

Mitte des 19. Jahrhunderts war die Sonne also in den richtigen Kontext gesetzt worden, was war aber mit ihren Besonderheiten? Ihre Helligkeit blendete die Astronomen und schützte sie selbst vor neugierigen Blicken, Secchi und seine Berufsgenossen wußten daher wenig mehr, als Aristoteles schon vor Jahrhunderten zusammengetragen hatte. Dennoch konnten sie eine Menge über die rätselhafte Sonne erfahren, wenn sie die richtigen Momente abwarteten.

Im Schatten des Mondes

Etwa dreimal pro Jahrzehnt wandert der Mond genau zwischen Erde und Sonne hindurch und sorgt so ein paar Minuten lang für einen unvergleichlichen Anblick. Aufgrund eines unwahrscheinlichen Zufalls erscheinen Mond und Sonne praktisch gleich groß am Himmel. Dadurch bedeckt der Mond während einer Sonnenfinsternis die Sonne so, daß nur noch die Strahlen vom Rand der Sonne die Erde erreichen und sie in dämmriges Zwielicht tauchen. Den Strahlenkranz nennt man Korona. Die Korona ist so schwach, daß man sie nur während einer Sonnenfinsternis sehen kann. Früher glaubte man, die Korona entstünde durch Sonnenstrahlen, die von einer dünnen Mondatmosphäre gestreut werden. Aber um das Jahr 1850 hatten die meisten Wissenschaftler erkannt, daß die Korona eine atmosphärische Erweiterung der Sonnenoberfläche ist.

Ein weiteres Geheimnis der Sonne ist sogar noch kurzlebiger. Einige Sekunden vor und nach einer totalen Sonnenfinsternis wird an der Sonne ein roter Rand sichtbar. Erst spät erkannten die Astronomen, daß diese flüchtige Lichterscheinung durch eine Schicht direkt über der Sonnenoberfläche verursacht wurde. Im allgemeinen ist diese dünne Schicht aufgrund des blendenden Sonnenlichts unsichtbar. Den sichtbaren Teil der Sonne nennt man Photosphäre (nach dem griechischen Wort »phos« für »Licht«), die neuentdeckte, durchscheinend-rote Schicht nennt man Chromosphäre (nach dem griechischen Wort »chroma« für »Farbe«). Am Rand der Sonnenscheibe wurden während einer Finsternis schon häufiger rötliche »Beulen« gesichtet, manche von ihnen so groß, daß sie mit bloßem Auge erkennbar waren. Schon vor langer Zeit, im Jahr 1231, beschrieb der italienische Astronom Muratori solch eine dieser roten Stellen als brennendes Loch. Es sind Flammenzungen, die Hunderttausende von Kilometern ins All schießen, bevor eine mysteriöse Kraft (so erschien es jedenfalls den Sonnenforschern im 19. Jahrhundert) sie wieder auf die heiße Sonnenoberfläche zurückzog. Man nennt diese Feuerbögen »Protuberanzen«, ihr Anblick gehört zum Beeindruckendsten, was es im Sonnensystem gibt. Bis zum Ende des 19. Jahrhunderts waren sie aufgrund begrenzter technischer Möglichkeiten nur während einer Sonnenfinsternis zu sehen. Nur etwa dreimal pro Jahrzehnt hatten die Astronomen die Gelegenheit, sie für kurze Zeit zu beobachten.

UNTEN *Eine imposante Sonnen-Protuberanz, aufgenommen vom Sacramento-Observatorium in Kalifornien.*

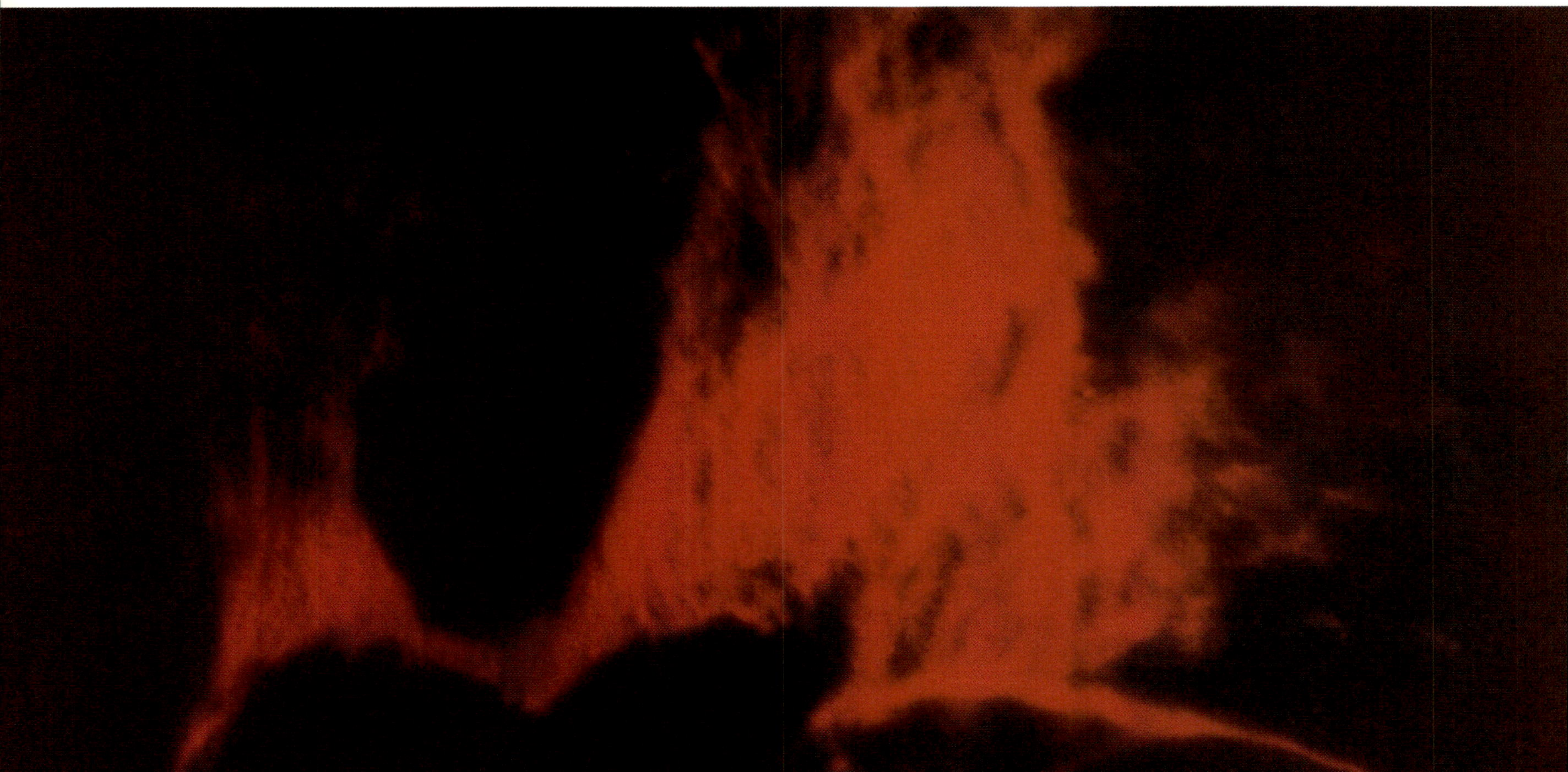

Die Kopernikanische Revolution

Bis zum 16. Jahrhundert glaubte man, die Erde sei das Zentrum des Universums. Heute mag sich diese Theorie kurios ausnehmen, sie basierte jedoch auf scheinbar offenkundigen Gegebenheiten. Man sah die Sterne am Himmel vorbeiziehen und fragte sich, ob sich wohl die Erde oder der Himmel bewegte. Angenommen, die Erde drehte sich, dann müßte doch ein Pfeil, der gerade nach oben geschossen wird, durch die Erddrehung abgedrängt werden und in sicherer Distanz zu dem Schützen wieder herunterfallen. Tatsächlich kam der Pfeil jedoch genau an der Abschußstelle herunter. Für die Astronomen war dies ein eindeutiger Beweis dafür, daß die Erde sich unbeweglich in der Mitte eines rotierenden Kosmos befand. Die katholische Kirche übernahm diese Theorie, und so wurde das Konzept eines himmlischen Weltenplans in der Bibel bewahrt. Das Universum galt als das Werk eines unfehlbaren Gottes.

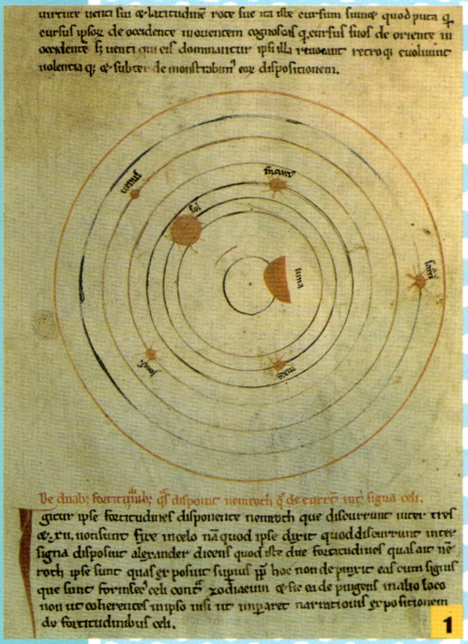

Im Lauf der nächsten 1000 Jahre wurde es für die Astronomen immer schwieriger, diese Weltsicht mit dem zu vereinen, was sie tatsächlich am Himmel beobachteten: Die Bewegungen der Planeten waren viel komplizierter, als dies in einem einfachen, geozentrischen System der Fall gewesen wäre. Nach vielen Jahren der Unzufriedenheit erschien 1543 das Buch »De Revolutionibus Orbium Coelestium« des deutsch-polnischen Astronomen Nikolaus Kopernikus, der darin beschrieb, daß die Bewegungen der Planeten kein Rätsel mehr seien, wenn man nicht die Erde, sondern die Sonne als Bezugspunkt nähme. Die Sonne, argumentierte Kopernikus, müßte also das Zentrum des Universums sein. »De Revolutionibus« wurde in Kopernikus' Todesjahr veröffentlicht, der Verleger fügte im vorderen Teil des Buchs eine Gegenerklärung hinzu, um dem Autor posthume Schande zu ersparen. Er schrieb, daß die dargelegten Argumente lediglich als mathematische Hilfsmittel anzusehen wären und daß die zentrale Stellung der Sonne als Schlußfolgerung nicht wörtlich zu nehmen sei. Die Kirche nahm diese freiwillige Korrektur unwidersprochen zur Kenntnis, und Kopernikus entging dem Vorwurf der Blasphemie.

Dennoch schloß sich eine wachsende Zahl von Astronomen der Kopernikanischen Vorstellung an, so daß sich ein neues Bild der kosmischen Ordnung entwickelte. Schließlich war es Galileo Galilei, der, bestärkt durch seine eigenen Beobachtungen in den ersten Jahren des 17. Jahrhunderts, das geozentrische Universum als Irrtum entlarvte. Die Kirche sah dies als direkte Attacke auf die Arbeiten von Aristoteles und die Bibel an, und nachdem er Bekanntschaft mit der Inquisition gemacht hatte, widerrief Galilei öffentlich seine Ansichten und blieb bis an sein Lebensende unter Hausarrest.

1 *Diese Zeichnung aus dem 15. Jahrhundert, entnommen einem wissenschaftlichen Werk über Astronomie, zeigt das Universum so, wie man es sich damals vorstellte, mit der Erde im Zentrum, umkreist von der Sonne und den bekannten Planeten.*

2 *Eine Abbildung des »Kopernikanischen Weltbilds«, benannt nach Nikolaus Kopernikus (1473–1543), dem deutsch-polnischen Astronom, der als erster die Sonne und nicht die Erde im Zentrum des Universums sah.*

Im Jahr 1869 hatten zwei Astronomen, der Franzose Jules Janssen und der Engländer James Norman Lockyer, beim Anblick einer Sonnenfinsternis denselben Gedanken. Ob es wohl möglich wäre, den Sonnenrand außerhalb einer totalen Sonnenfinsternis zu beobachten? Beide stellten ihre Spektroskope zur selben Zeit so ein, daß der sichtbare Teil des von der Sonne ausgehenden Lichts herausgefiltert wurde, so daß sie den schmalen, rubinrot-flackernden Lichtstreifen am Rand der Sonne erkennen konnten. Dieser aufregende Anblick war nun plötzlich das ganze Jahr über verfügbar.

Das Spektroskop machte es möglich, neue, faszinierende »Landschaften« in der Chromosphäre zu entdecken. Als einer der ersten sah Secchi etwas, das er »spicules« (Spikulen) nannte, was soviel heißt wie »Stamm« oder »Stengel«. Das sind Säulen aus Gas, die bis zu 15 000 km emporschießen und beinahe so aussehen wie eine »brennende Prärie« im Wind. Die etwa 2000 km breiten Feuerzungen verblassen nach etwa zehn Minuten, und neue Spikulen steigen auf. Secchi nannte diese Erscheinung »Präriegras« und bemerkte, daß sie in »Büscheln« auftrat, die er als »Hecken« bezeichnete. In der Chromosphäre über der Photosphäre existieren ebenfalls Gebiete, die Sandstränden ähneln. Diese Erscheinung, von den Astrophysikern später als »chromosphärische Fackeln« gekennzeichnet, inspirierte französische Astronomen zu dem Namen »plages« (Plages).

Gegen Ende des 19. Jahrhunderts waren die Astronomen in der Lage, die Sonne in verschiedenen Bereichen des Spektrums zu fotografieren. Der junge Solarphysiker George Ellery Hale

OBEN *Kurz vor einer totalen Sonnenfinsternis wird fast das ganze Sonnenlicht blockiert, dabei entsteht dieser überwältigende Lichteffekt, den man als »Diamantring« bezeichnet.*

RECHTS *Wien im Schatten des Mondes, gemalt von Balthasar Wiegand im 19. Jahrhundert. Die Faszination einer totalen Sonnenfinsternis war schon immer gewaltig.*

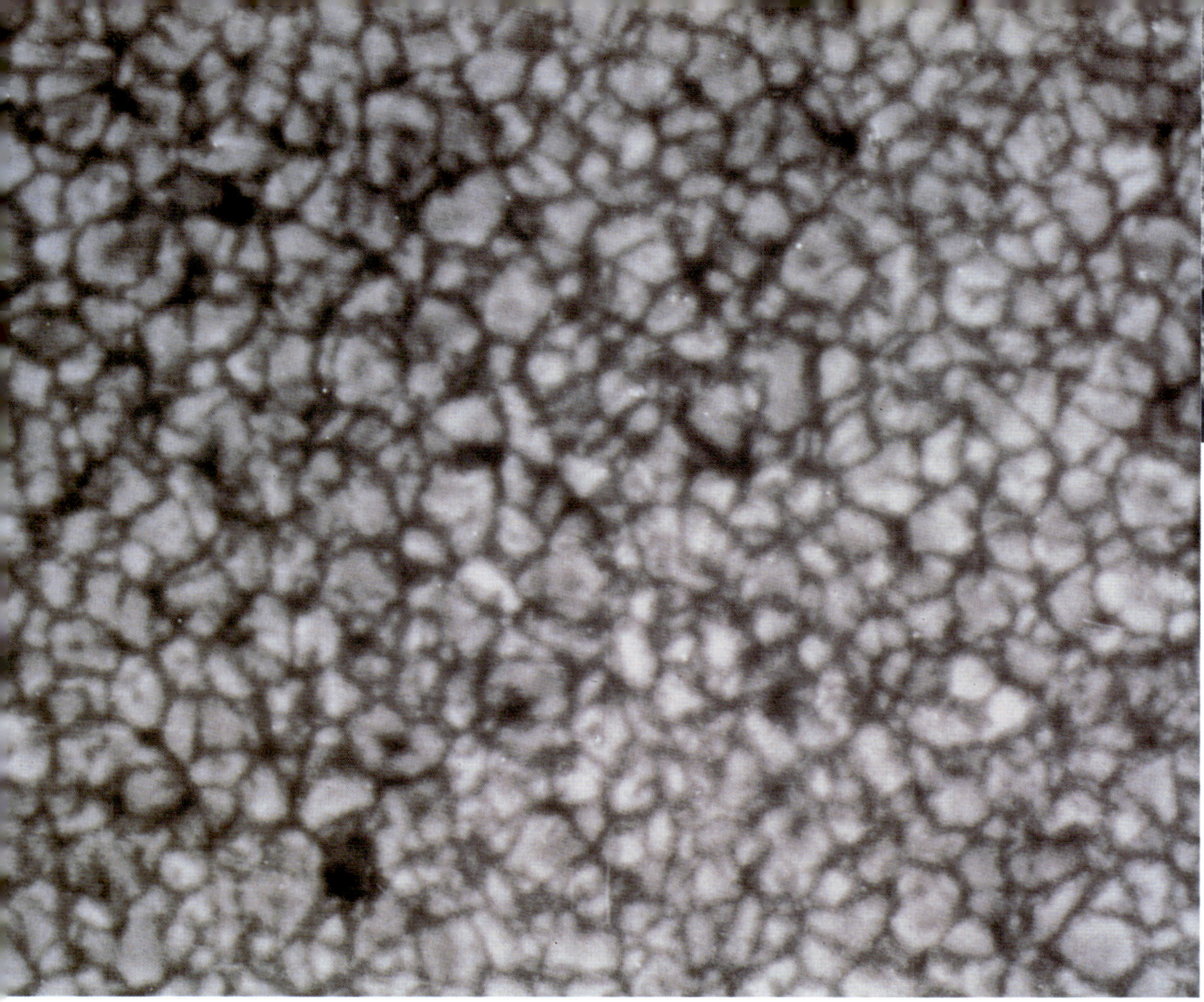

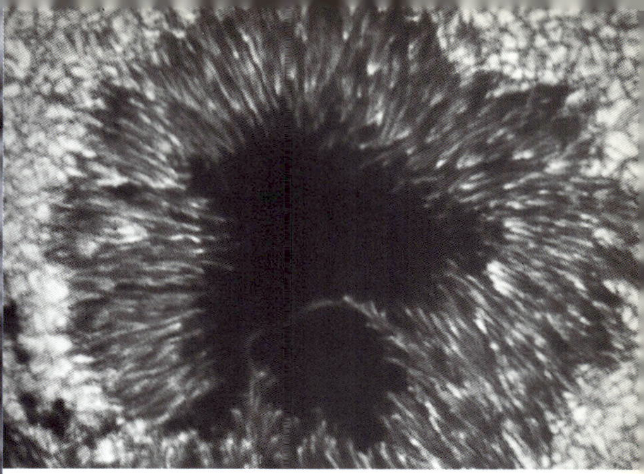

OBEN *Sonnenflecken sind die kältesten Regionen auf der Sonnenoberfläche – dort herrschen »nur« 4000 °C.*

LINKS *Die sogenannte »Granulation« entsteht durch heiße, mehrere tausend Kilometer große Gasblasen, die aus dem Sonneninnern aufsteigen.*

UNTEN *Auf dieser Falschfarben-Aufnahme der Sonne sind Sonnenflecken (grüne Bereiche) und die Granulation zu erkennen, die der Sonnenoberfläche ihr körniges Erscheinungsbild verleiht.*

entwickelte das sogenannte Spektrohelioskop, und schon bald arbeiteten Astronomen wie Janssen an verbesserten Aufnahmen von Secchis Spikulen und Hecken, um sie für die Nachwelt zu erhalten. Einige besonders faszinierende Bilder zeigten die körnige Oberfläche der Sonne. Es schien, als sei sie von Millionen von aufsteigenden, heißen Gasblasen bedeckt.

Inzwischen weiß man, daß diese etwa 1500 km Durchmesser besitzen. Sie steigen mit einer Geschwindigkeit von bis zu 3600 km pro Stunde aus dem Sonneninnern auf, kühlen dann an den Rändern ab und sinken wieder nach innen. Diese Blasen nennt man »Granulen«, sie bedecken die gesamte Sonnenoberfläche und steigen und sinken wie Wellen in stürmischer See. Allmählich begannen die Wissenschaftler, die Komplexität der aktiven Sonnenoberfläche zu durchschauen, aber die Vorgänge im Innern, die diese spektakulären Erscheinungen hervorriefen, blieben ihnen weiterhin verschlossen.

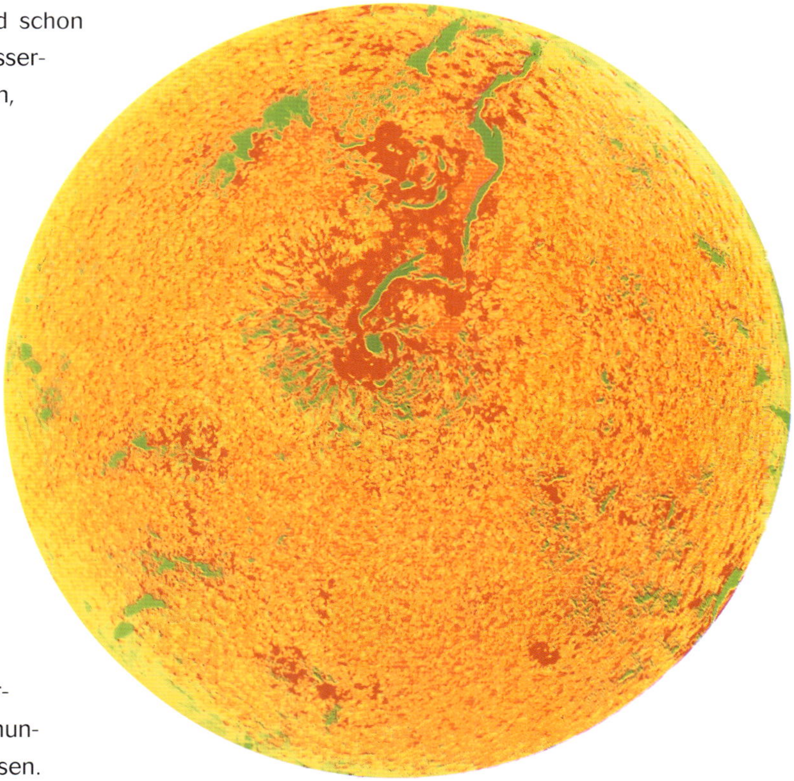

Das innere Feuer

Jeder Mensch spürt instinktiv, wie wichtig Sonnenenergie für das Leben auf der Erde ist. Wir fühlen die Wärme auf der Haut und spüren die nächtliche Kälte, wenn die Sonne verschwindet. Es ist inzwischen wissenschaftlich belegt, daß die Sonnenenergie, die jährlich auf einen Quadratmeter Erde trifft, genauso groß ist wie die Energiemenge, die bei der Verbrennung von 100 l Petroleum entsteht. Aber die Erde ist nicht mehr als ein Staubkorn, das vor dem großen Flutlichtscheinwerfer Sonne herumtanzt, sie nimmt nur einen winzigen Bruchteil der Energie auf, die die Sonne produziert.

Zweieinhalbtausend Jahre nachdem Anaxagoras vermutet hatte, die Sonne bestünde aus brennendem Metall, war den Wissenschaftlern nichts Besseres eingefallen, als zu behaupten, sie sei eine Kugel aus brennender Kohle. Mit Hilfe der neuentwickelten Spektroskopie fanden die Wissenschaftler im letzten Jahrhundert jedoch heraus, daß ein Element in besonders großen Mengen in der Sonne vorhanden war: weder Eisen noch Kohlenstoff noch Silizium, sondern Wasserstoff. Drei Jahrhunderte zuvor hatte Newton mit Hilfe seiner neuartigen Gravitationstheorie demonstriert, daß die Sonne aus etwas Leichterem als Gestein bestehen mußte, nun fand man heraus, was es war. Die Sonne war eine Gaskugel.

OBEN *Sir Norman Lockyer (1836–1920) entdeckte, daß die Sonne große Mengen eines neuen Elements enthielt – Helium. Das trug maßgeblich zur Lösung des Rätsels bei, wie die Sonne ihre Energie erzeugt.*

Mitte des 19. Jahrhunderts war Hermann Helmholtz, ein angesehener Physiker seiner Zeit, zu dem Schluß gekommen, daß die Sonnenenergie nicht einfach nur durch Verbrennung entstehen konnte. Wenn ein Stoff verbrennt, nehmen seine Masse und sein Volumen ab, so wie Kohle zu Ruß wird. Wenn in der Sonne also irgend etwas Derartiges verbrennen würde, müßte sie schrumpfen, was jedoch nicht der Fall ist. Helmholtz besah sich alle bekannten Fakten hinsichtlich der Zusammensetzung der Sonne und kam zu der ersten plausiblen Erklärung für die Wärmestrahlung der Sonne: Nur eine langsame Kontraktion der Sonne ist in der Lage, die gewaltige Energie zu produzieren.

Nach seiner Schätzung leuchtete die Sonne bereits seit 20 Millionen Jahren und würde noch weitere 17 Millionen Jahre Energie produzieren, bevor sie ausglühte. Helmholtz' Theorie wurde jedoch schon bald angezweifelt. Anfang des 20. Jahrhunderts hatte die radiometrische Altersbestimmung verschiedener Gesteine ergeben, daß die Erde viel älter war als angenommen – mindestens 1,5 Milliarden Jahre (das tatsächliche Alter beläuft sich auf 4,5 Milliarden Jahre). Helmholtz' Theorie zufolge war die kontrahierende Sonne deutlich jünger. Er mußte sich getäuscht haben. Die ersten Hinweise auf die Quelle der Sonnenenergie wurden jedoch schon 50 Jahre zuvor entdeckt.

1868 war ein entscheidendes Jahr. Norman Lockyer und Jules Janssen machten zufällig gleichzeitig, aber unabhängig voneinander dieselbe Entdeckung. Die beiden Astronomen studierten die chemische Zusammensetzung von Protuberanzen während einer Sonnenfinsternis, als ihnen in dem üblichen spektroskopischen Muster der Sonnenstrahlung plötzlich eine neue Linie auffiel. Die Linie befand sich im gelben Bereich des Spektrums und hatte nirgendwo eine Entsprechung. Beide erkannten in ihr den Hinweis auf ein neues chemisches Element, und Lockyer benannte es nach dem griechischen Sonnengott Helios. Helium, das in der Sonne in großer Menge, auf der Erde aber praktisch überhaupt nicht vorkam, gab der Wissenschaft neue Rätsel auf, es war jedoch auch der Schlüssel zum Verständnis der Sonnenenergie.

Sonnenstrahlung: zehn Millionen Jahre unterwegs

Angenommen, man könnte in die Sonne einen Blick werfen wie in einen Kochtopf, man würde überhaupt nichts erkennen. All die Energie, die dort erzeugt wird, ist für das menschliche Auge unsichtbar. Der Kern der Sonne ist schwarz wie die Nacht. Bei der Kernreaktion, in der Wasserstoff in Helium übergeht, wird als Nebenprodukt energiereiche Gammastrahlung freigesetzt. Unter normalen Bedingungen würde diese Gammastrahlung nur 2,5 Sekunden brauchen, um die Sonne zu verlassen und ins All hinaus zu entwischen. Aber die Dichte des 15 Millionen Grad Celsius heißen Sonnenkerns ist so groß, daß die Gammastrahlen keinen Zentimeter weit kommen, ohne mit subatomaren Teilchen zusammenzuprallen und dadurch zu weniger energiereichen Röntgenstrahlen abgeschwächt zu werden. Jedoch kommen auch die Röntgenstrahlen nicht besser voran, da sie immer wieder absorbiert und reemittiert werden.

Einzelne Röntgenstrahlen gelangen in den Außenbereich des atomaren Kerns, in die nächste Schicht der Sonne, die »Strahlungszone«. Hier sinkt die Temperatur auf etwa fünf Millionen Grad Celsius, die Umgebung ist weniger dicht, und die Absorptionsrate nimmt ab, dadurch gelangen die Röntgenstrahlen relativ schnell zur nächsten Schicht, der »Konvektionszone«. Hier beträgt die Temperatur nur noch etwa eine Million Grad Celsius, aber wieder werden die Röntgenstrahlen blockiert. Sie werden nun in riesigen Gasblasen nach außen weitertransportiert. Mit einer Geschwindigkeit von mehr als 300 km/h erreicht das Gas schließlich die Oberfläche, dort erscheint es in Form von dicht gepackten Granulen, die die gesamte Sonne bedecken. Die Röntgenstrahlen machen dabei noch weitere Veränderungen durch, wobei sie ständig Energie verlieren und zuerst zu ultravioletten Strahlen und schließlich, an der Oberfläche, zu Sonnenlicht werden. Vom Kern bis zur Oberfläche hätten ungehinderte Gammastrahlen 2,5 Sekunden benötigt, so hat der Weg zehn Millionen Jahre gedauert. Nach dieser zermürbenden Reise erreicht das nun freigesetzte Sonnenlicht nach nur acht Minuten die Erde. Jedes helle Licht am Nachthimmel hat seinen Weg auf ähnliche Weise genommen, bevor es Hunderte, Tausende, sogar Millionen von Jahren zur Erde reiste.

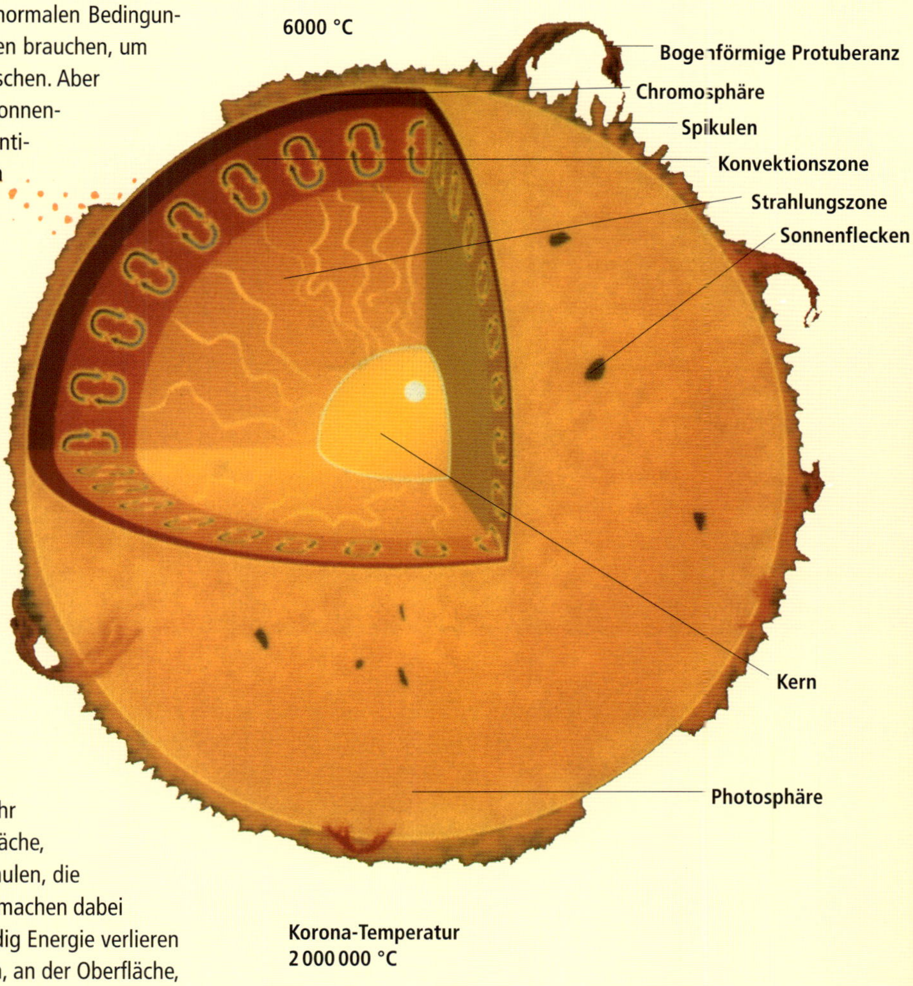

Ein ganz normaler Stern

Während die Sonne für uns von einzigartiger Wichtigkeit ist, gehört sie unter den Hunderten von Milliarden Sternen dieser Galaxie doch nur zum Durchschnitt.

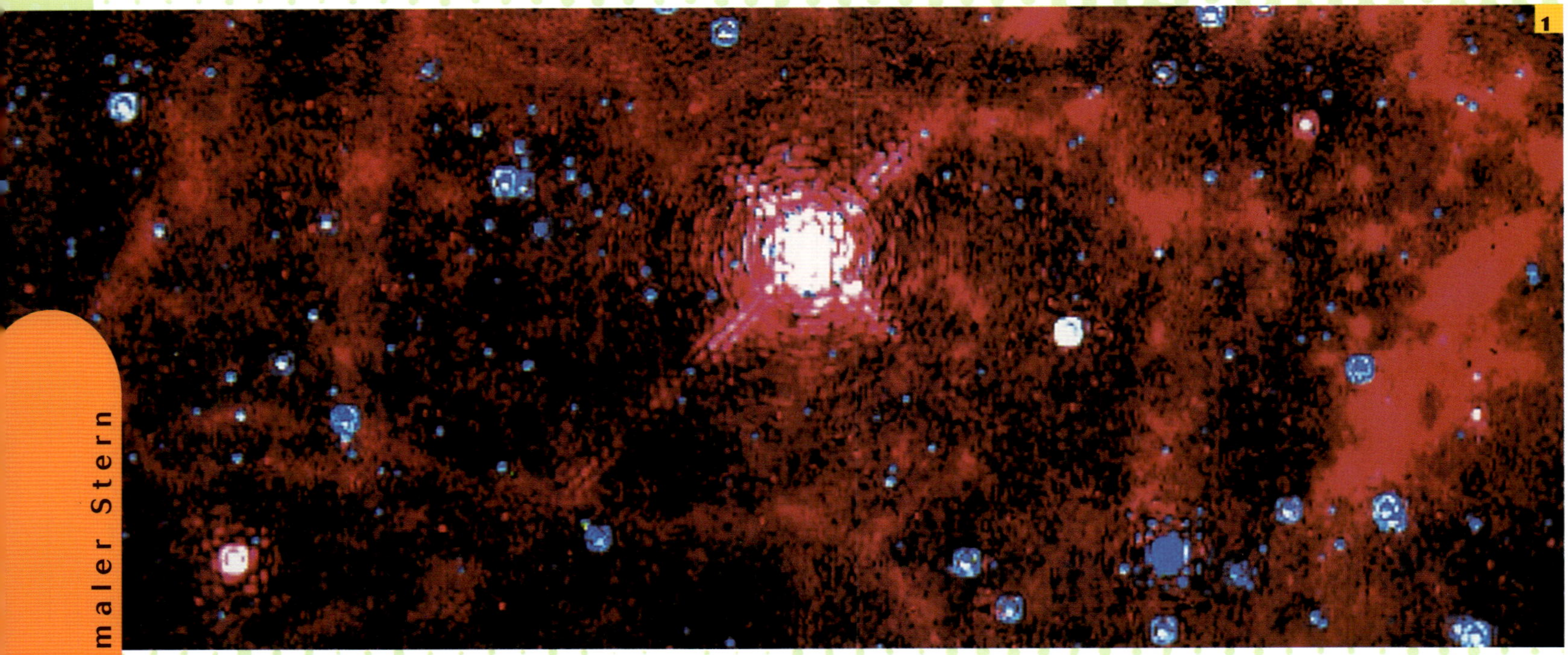

1 *Der »Pistolenstern« ist einer der größten und hellsten Sterne des bekannten Universums (Mitte). Unsere Sonne ist etwa so groß wie die vergleichsweise kleinen Sterne um ihn herum.*

Es gibt ganz außergewöhnliche Sterne im Kosmos: Riesensterne, die 1000mal heller leuchten als die Sonne; Neutronensterne, die eine so große Dichte besitzen, daß sie zwar die gleiche Masse wie die Sonne haben, ihr Durchmesser aber nur 10 km mißt; Magnetare, deren Magnetfelder so stark sind, daß sie einen Menschen in kürzester Zeit töten würden, indem sie seine Atome durcheinanderwirbeln. Es gibt pulsierende Sterne, explodierende Sterne und solche, die nur ganz leicht rötlich glimmen. Unsere Sonne aber ist relativ unspektulär. Sogar ihre offizielle Klassifikation – ein gelber G-2-Zwerg – klingt eher langweilig.

Wenn unsere Sonne z. B. so groß wäre wie Beteigeuze, der rote Riese im Sternbild Orion, würde sich ihre Oberfläche bis zum Mars ausdehnen, und die Erde könnte nicht existieren. Solche gigantischen Sterne sind jedoch selten, die große Mehrheit besitzt Durchmesser von etwa einer Million Kilometer und hat etwa die Größe der Sonne. Und obwohl manche Sterne die 100fache Masse der Sonne, andere nur ein Fünftel davon besitzen, entspricht die Masse unseres Sterns ziemlich genau dem galaktischen Durchschnitt.

Tatsächlich gehört die Sonne in fast jeder Hinsicht – Helligkeit, Größe, Temperatur, sogar Alter – nur zur Mittelklasse. Aber dennoch, wenn die Sonne sehr hell gewesen wäre, hätte sie all ihren Brennstoff vielleicht schon innerhalb einer Million Jahre verbraucht ..., und es hätte uns nie gegeben.

Der Sonnenreaktor wird entdeckt

Im Jahr 1905 veröffentlichte Albert Einstein die Spezielle Relativitätstheorie, die sich mit den veränderten Eigenschaften von Raum und Zeit beschäftigt, in der sich Körper mit annähernd Lichtgeschwindigkeit bewegen. Er stieß dabei auf eine fundamentale Beziehung: $E=mc^2$ (die Energie »E«, die ein Körper besitzt, ist gleich der Masse »m« mal dem Quadrat der Lichtgeschwindigkeit »c«). Abgesehen davon, daß dies wohl die einzige wirklich berühmte physikalische Gleichung ist, offenbarte sie der Welt auch eine völlig neue Perspektive: Die Materie besitzt ein gewaltiges Energiepotential. Sogar der Masse eines Sandkorns entspricht mehr Energie, als bei einer Explosion von mehreren Tonnen Dynamit freigesetzt wird.

Kurze Zeit später fand man bei der Untersuchung radioaktiver Elemente heraus, daß es möglicherweise einen Weg gab, an diese Energie heranzukommen. Ein instabiler Atomkern wie z. B. Uran zerfällt in zwei kleinere Kerne. Wissenschaftler stellten jedoch fest, daß die Summe der Teile leichter war als das Ganze – ein Teil der ursprünglichen Masse des Uranatoms geht verloren, diese Differenz wird in Form von Energie freigesetzt. Der britische Astronom Arthur Stanley Eddington erkannte 1926 als erster, welches Potential sich in der Umwandlung von Masse in Energie für die Sonne verbarg. Der Wasserstoff, der in der Sonne so reichhaltig vorhanden war, besaß ein praktisch unerschöpfliches Energiereservoir.

Eddington und seine Kollegen folgerten also, daß Wasserstoff im Innern der Sonne zu Helium umgewandelt wird. Der immense Druck und die extremen Temperaturen in der Sonne lassen die Wasserstoffkerne zu Helium verschmelzen. Bei dieser Kernfusion geht eine winzige Menge Masse verloren, die nach der Einsteinschen Theorie in Energie umgewandelt wird. Einen sicheren Beweis lieferten später die 50er Jahre, als die erste Wasserstoffbombe gezündet wurde, drei Jahrzehnte zuvor stellte Eddington jedoch nur theoretische Berechnungen an, nach denen der Wasserstoff durch Fusion Milliarden von Jahren ohne Leistungsverlust Energie liefern könnte, ohne auch nur annähernd verbraucht zu werden. Obwohl der Kernreaktor der Sonne eine Masse von vier Millionen Tonnen pro Sekunde in Energie umwandelt, dauert es doch 25 Jahre, bis eine Erdmasse verschwindet – damit sind aber noch 300 000 Erdmassen übrig, bis aller Wasserstoff aufgebraucht ist. Es stellt sich allerdings sofort die Frage, warum die Sonne nicht explodiert, wenn sich in ihr eine Wasserstoffbombe befindet, die viel größer ist als alle Planeten zusammengenommen? Die Antwort ist, daß das bloße Gewicht des Gases den Kern der Sonne so stark zusammendrückt, daß ein Bersten des Reaktors unmöglich ist.

Zwischen 1920 und 1950 arbeitete eine Gruppe ausgezeichneter Nuklearphysiker die Details von Eddingtons Theorie aus, nach der die Sonne durch Kernfusion »betrieben« wird. Sie konstruierten ein Modell der Sonne und stellten fest, daß sich im Innern der Sonne, genau wie Eddington vorausgesagt hatte, ein Atomreaktor von 400 000 km Durchmesser befinden mußte, der etwa ein Viertel des Gesamtvolumens der Sonne einnimmt. Dort wird bei einer Temperatur von 15 Millionen Grad Celsius und einem Druck, der 225 Billionen mal so groß ist wie normaler Luftdruck, Wasserstoff zu Helium umgewandelt, wobei ständig Energie freigesetzt wird. Diese Voraussagen erwiesen sich als äußerst präzise. Aber während die Physiker ihre Berechnungen überarbeiteten, stellten andere Astronomen fest, daß das Innere der Sonne alles andere als einfach strukturiert ist.

UNTEN *Der Physiker Albert Einstein (1879–1955) in einem nachdenklichen Augenblick.*

Kernfusion – die unfaßbare Kraft der Sonne

Im Innern der Sonne befindet sich das effektivste Kraftwerk, das die Wissenschaft kennt. Es ist ein Kernreaktor, in dem das häufigste Element des Universums, Wasserstoff, in das zweithäufigste Element, Helium, umgewandelt wird. Dabei setzen selbst winzige Mengen Wasserstoff soviel Energie frei, daß sogar eine Miniaturausgabe des Sonnenreaktors, insofern Wissenschaftler ihn konstruieren könnten, alle Energieprobleme auf der Erde mit einem Schlag lösen würde.

Wir kennen Kernenergie natürlich schon seit einigen Jahrzehnten, aber in unseren vergleichsweise bescheidenen Kraftwerken werden Atomkerne nicht miteinander verschmolzen, sondern gespalten. Im Vergleich zu den leistungsintensiven und rückstandsfreien Reaktionen, die in der Sonne stattfinden, ist Kernspaltung ein armseliges Instrument zur Energieproduktion, bei der als Nebenprodukt auch noch radioaktiver Abfall entsteht, der entsorgt werden muß. Auch die Kernfusion wurde auf der Erde schon bewerkstelligt – mit der Wasserstoffbombe –, aber die Zerstörungskraft dieser furchtbaren Waffe hat nur gezeigt, wie gefährlich es ist, die für eine Wasserstoff-Kernfusion notwendigen Bedingungen zu schaffen. Auch zur Energieerzeugung wurden bereits kleine Mengen zur Fusion gebracht, doch die Kosten übersteigen den Nutzen.

Trotz dieser Schwierigkeiten bleibt die Kernfusion ein lohnendes Ziel. Man stelle sich vor: eine Welt, in der praktisch unbegrenzte Energiemengen aus einem ungefährlichen, geruchlosen Gas gewonnen werden können, das in einer frei verfügbaren Verbindung wie Wasser enthalten ist. Dieser Traum wird mit aufwendigen Experimenten verfolgt. Vielleicht wird er ja eines Tages Wirklichkeit, dann werden wir mit Hilfe derselben Technik Energie erzeugen, die auch die Sterne anwenden.

1 *Ein Sonnenreaktor auf der Erde. Die erste Wasserstoffbombe wurde am 31. Oktober 1952 gezündet und trug den Codenamen »Ivy Mike«.*

Fenster zu einer gepeinigten Seele

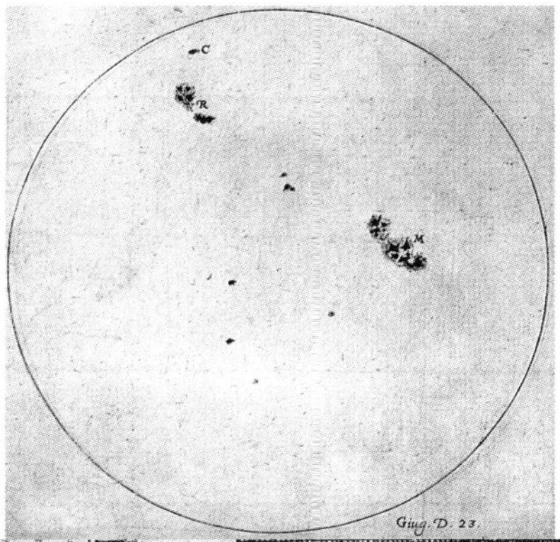

Galilei setzte Aristoteles' Sonne nicht nur an einen anderen Platz im Himmelsgewölbe, er zeigte auch noch andere Fehler auf. Mit Hilfe des ersten astronomischen Teleskops entdeckte Galilei mehrere dunkle Flecken auf der Sonnenoberfläche (allerdings wußte er nicht, daß die Chinesen sie schon im Jahr 28 v. Chr. gesehen hatten). Während Galilei mit seinen Beobachtungen beschäftigt war, führte ein deutscher Jesuit ebenfalls eine Langzeitstudie zu den seltsamen dunklen Stel-

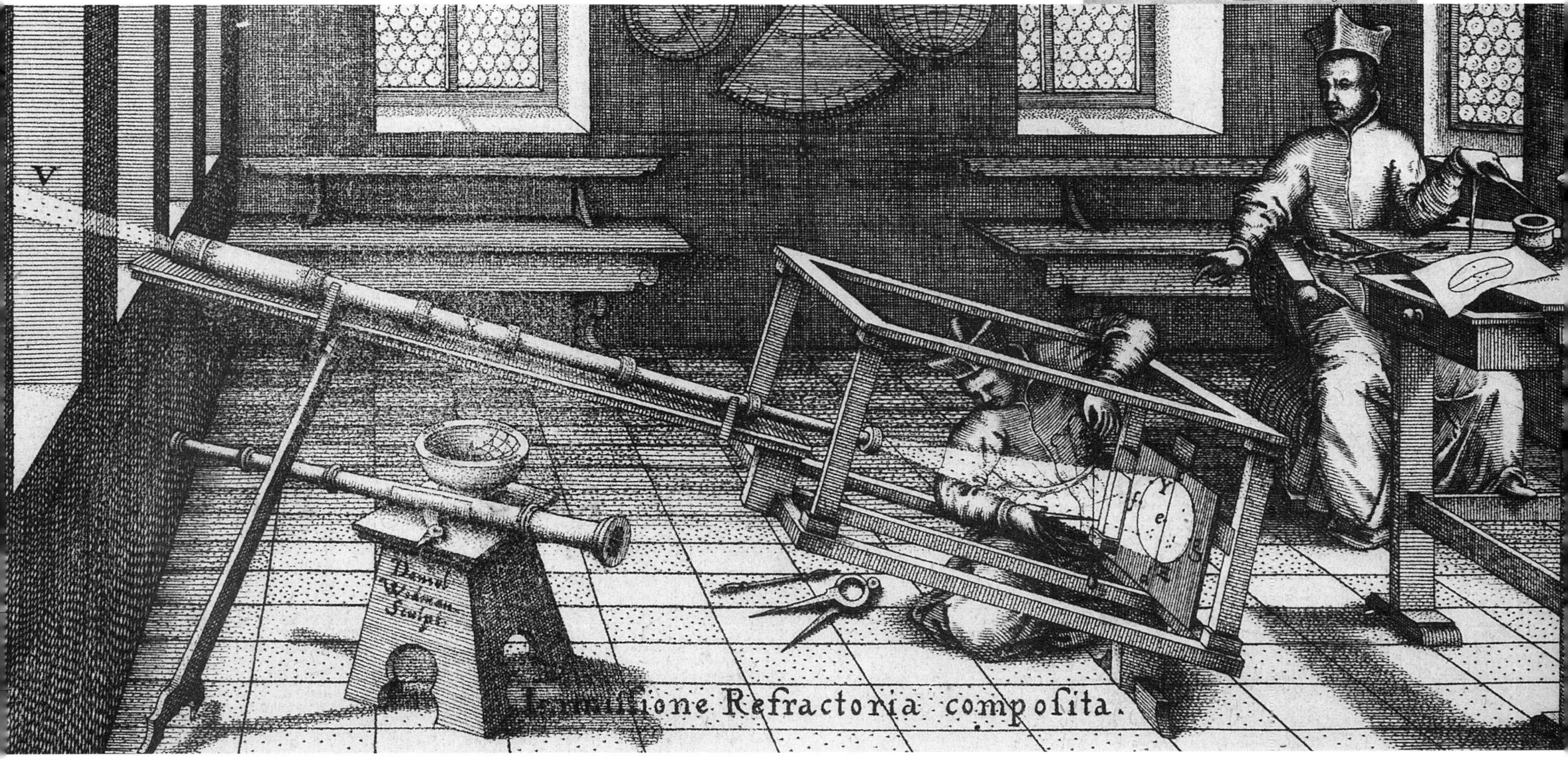

len auf der Sonne durch. Christoph Scheiner beobachtete mehr als zehn Jahre lang, wie die Flecken auf ihrer Oberfläche auftauchten und wieder verschwanden. Der Jesuit erklärte sie mit Rücksicht auf seinen Orden und das Erbe Aristoteles' jedoch zu kleinen Planeten mit engen Umlaufbahnen um die Sonne. Galilei widersprach und behauptete, die Flecken befänden sich direkt auf der Sonne. Wie sich herausstellte, hatte er damit recht. Die Sonnenflecken sind tatsächlich Teil der Sonne.

Im Jahr 1781 begann ein anderer berühmter Astronom, William Herschel, mit dem Studium der Sonne und war sofort fasziniert von den verstreuten dunklen Stellen, deren Weg über die Son-

GANZ OBEN *Darstellung der Sonnenflecken in Galileis 1613 erschienenem Buch über die Sonne.*

OBEN *Christoph Scheiner (1575–1650) bei der einzig sicheren Methode der Sonnenbeobachtung. Der deutsche Jesuit befand sich in andauerndem Disput mit Galilei über die Herkunft der Sonnenflecken.*

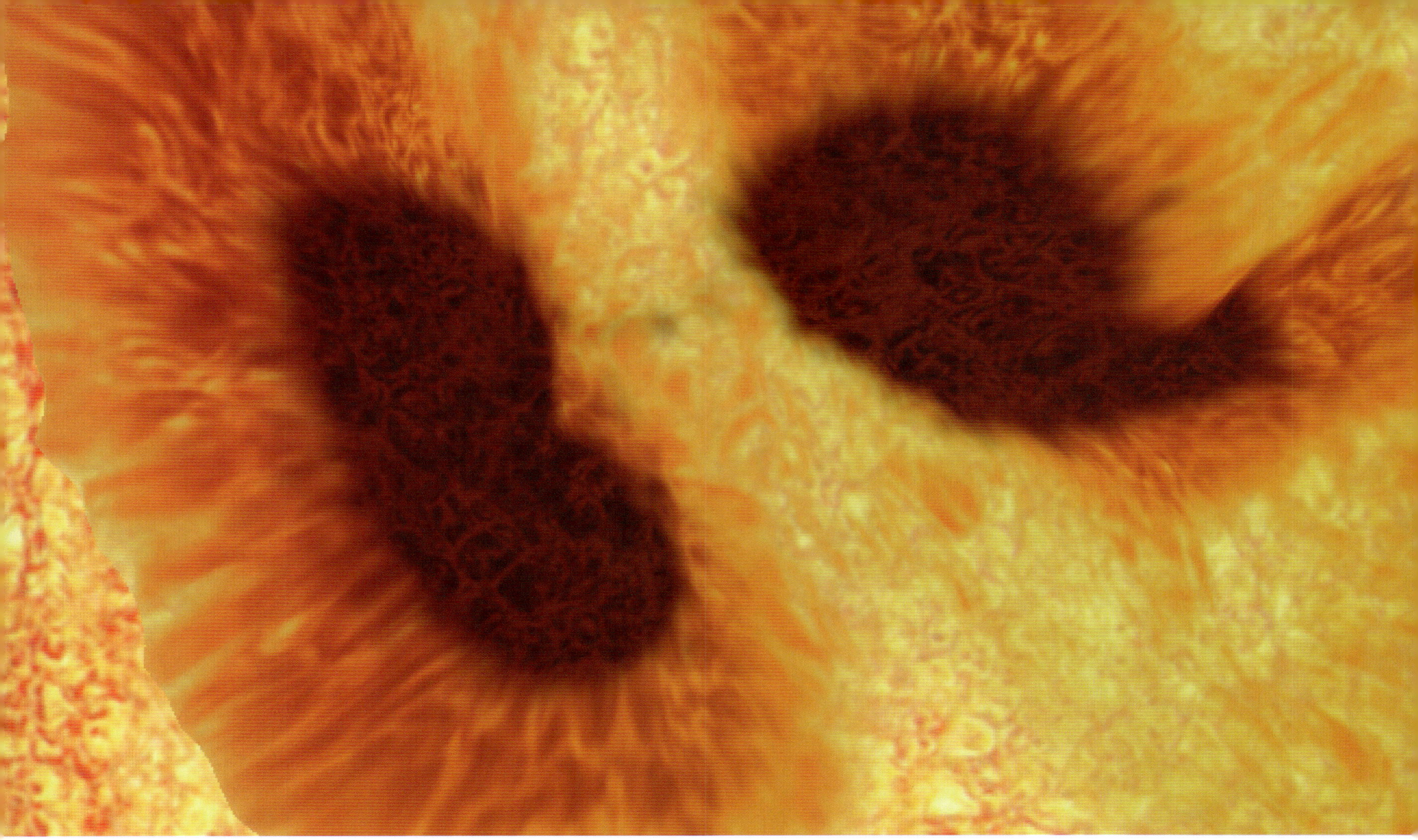

OBEN *Einige computeranimierte Sonnenflecken.*

GEGENÜBER *Die Position eines Sonnenflecks auf der sichtbaren Sonnenscheibe. Durch Beobachtung dieser Bewegungen fand Galilei heraus, daß die Sonne, genau wie die Planeten, rotiert.*

nenscheibe schon Galilei verfolgt hatte. Herschel fand eine einfache Erklärung: Unter den heißen Wolken mußte ein kühlerer Planet verborgen sein. Sonnenflecken waren nichts anderes als Lücken in der Wolkendecke, durch die man den Planeten sehen konnte. In einer Hinsicht behielt Herschel recht – Sonnenflecken sind tatsächlich kühler als die sie umgebende Chromosphäre –, seine Vorstellung von einem festen Planeten war jedoch grundfalsch. Es ist beinahe beruhigend, zu wissen, daß selbst der so systematisch vorgehende, pedantische Entdecker des Uranus vor gelegentlicher romantischer Phantasterei nicht gefeit war. Dennoch waren die Sonnenflecken etwas Besonderes, und 50 Jahre später wurden die Astronomen wieder auf sie aufmerksam.

Im Jahr 1829 gab ein deutscher Apotheker und Amateurastronom seinen Beruf auf, um sich ganz der Astronomie zu widmen. Es wurde die Lebensaufgabe von Heinrich Samuel Schwabe, den mythischen (wie sich später herausstellte) Planeten Vulkan zu finden, der sich innerhalb des Merkurorbits befinden sollte. Schon bald geriet Schwabe in Gefahr, die vorbeiziehenden Sonnenflecken und den dunklen Punkt, der Vulkan sein könnte, zu verwechseln. 17 Jahre lang verfolgte er das Verhalten der Sonnenflecken akribisch genau und stellte mit der Zeit hinsichtlich Erscheinen und Häufigkeit ein wiederkehrendes Muster fest.

1843 erklärte er, daß die Häufigkeit der Sonnenflecken über einen Zeitraum von elf Jahren kontinuierlich wachse. Dann verschwänden sie plötzlich, und alles begänne von vorn. Die Sonnenflecken hatten einen der ersten Hinweise auf das komplexe Verhalten der Sonne geliefert: Unser Stern unterliegt einem elfjährigen Zyklus.

Mitte des 19. Jahrhunderts widmete sich noch ein weiterer, finanziell unabhängiger Amateurastronom intensiv seinem Hobby. Richard Carrington verwendete einen beträchtlichen Teil des Vermögens seines Vaters auf den Bau eines Teleskops im englischen Redhill, er leistete einen wichtigen Beitrag zu unserem Verständnis von der Sonne. Im Verlauf eines elfjährigen Zyklus bemerkte Carrington ein bis dahin unbeachtetes Phänomen: Die Flecken bewegten sich in Äquatornähe schneller als in der Nähe der Pole. Galilei hatte herausgefunden, daß sich die Sonne einmal in 27 Tagen um sich selbst dreht (rechnet man die Bewegung der Erde mit ein, sind es tatsächlich nur 25,4 Tage).

Carringtons Entdeckung bedeutete jedoch, daß die Sonne kein vollständig fester Körper war. Wie bei dem riesigen Gasplaneten Jupiter bewegten sich die Bänder in der Mitte schneller als außen. Die wahre Beschaffenheit der Sonnenflecken blieb dennoch ungeklärt, und die Vorgänge in der Sonne wurden noch längst nicht verstanden.

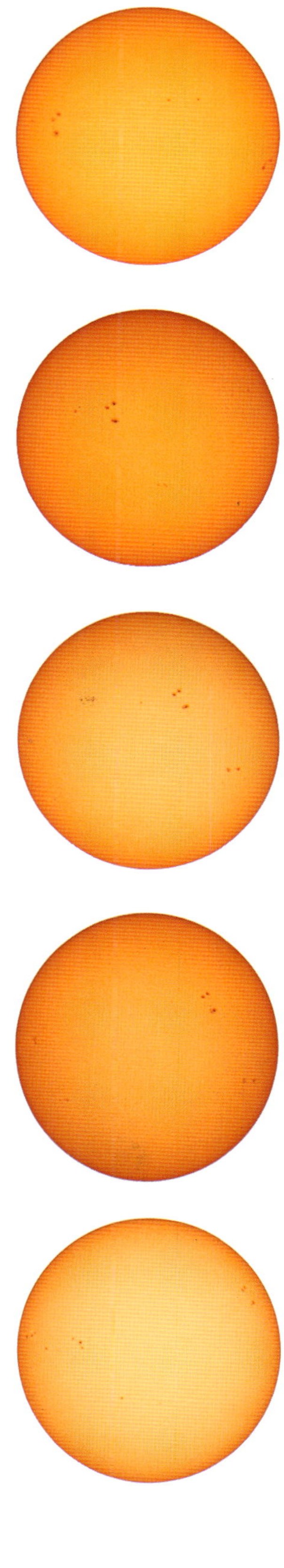

Die magnetische Sonne

Zu Beginn des 20. Jahrhunderts hatte George Ellery Hale drei neue Sonnen-Observatorien eingerichtet, er selbst erforschte die rätselhaften Sonnenflecken vom Mount-Wilson-Observatorium aus. Ihm gelangen mehrere wichtige Entdeckungen. Er berechnete z. B., daß die Sonnenflecken trotz der enormen Temperatur von 4000 °C immer noch 2000 °C kühler waren als ihre Umgebung. Vermutungen früherer Astronomen wurden also bestätigt. Außerdem erkannte er an den veränderten Spektrallinien innerhalb der Sonnenflecken den Einfluß eines starken Magnetfelds. Hale konnte belegen, daß die Sonne ein Magnetfeld besaß, und zwar ein sehr ausgeprägtes; an manchen Stellen ist es 6000mal so stark wie das Feld der Erde.

Spätere Studien erwiesen, daß Sonnenflecken bipolar sind, denn sie treten meistens in Paaren auf. (Sonnenflecken verhalten sich so wie Magneten, die ebenfalls einen Nord- und einen Südpol haben. Entgegengesetzte Pole ziehen sich an, gleichnamige Pole stoßen sich ab.) Flecken auf der nördlichen Hemisphäre und ihre Äquivalente auf der Südhalbkugel besitzen entgegengesetzte Polaritäten. Als die Sonne 1913 gerade in einen neuen Zyklus trat, bemerkte Hale mit großem Erstaunen, daß die Sonnenflecken ihre Polaritäten getauscht hatten, das Magnetfeld der Sonne hatte sich umgekehrt!

Die Feldlinien der Erde verlaufen ordentlich von einem Pol zum anderen, die der Sonne geraten jedoch auf dem Höhepunkt ihres Elf-Jahres-Zyklus in große Unordnung. Schließlich versuchte der englische Astronom Horace Babcock, dieses bizarre Verhalten folgendermaßen zu erklären: Zu Beginn eines Sonnenzyklus laufen die Feldlinien z. B. direkt vom Nord- zum Südpol. Da sich aber die elektrisch geladenen Teilchen am Sonnenäquator schneller fortbewegen als in Polnähe, wird das Magnetfeld in der Mitte der Sonne verzerrt. Durch die Gasströme werden die zentralen Abschnitte der Feldlinien immer weiter deformiert und winden sich umeinander. Durch die Rotation der Sonne überlappen die Linien ihre ursprünglichen Positionen, während ihre Endpunkte weiterhin an den Polen fixiert bleiben.

Mit Fortschreiten dieses Prozesses wickeln sich die Feldlinien immer weiter um den Sonnenäquator und um sich selbst. Endlich »zerbrechen« einzelne Feldlinien und richten sich nach der

UNTEN *Chaotische Linien: Im Lauf ihres elfjährigen Zyklus wird das Magnetfeld der Sonne vollkommen verdreht, dadurch entstehen Sonnenflecken, Protuberanzen, Flares und koronale Massenauswürfe.*

Sonnenoberfläche aus. An den Stellen, wo sie auf die Oberfläche treffen und eindringen, fällt die Temperatur, und die Photosphäre erscheint dunkler. Wenn das passiert, entsteht ein einzelnes Paar Sonnenflecken. Nach elf Jahren sind die Feldlinien so stark verdreht, daß sie plötzlich nachgeben und sich neu anordnen. Dabei kehrt sich die Polarität um.

Wir wissen heute, daß die Sonne von Hunderten solcher Feldlinien umgeben ist, die kreuz und quer über die Oberfläche verlaufen. Es scheint, als ob die magnetischen Bögen wie Leitlinien wirken, an denen sich große Protuberanzen orientieren – sie bilden die mysteriöse Kraft, die die Flammenzungen zurück zur Sonnenoberfläche zieht.

Geheimnisvolle Lichter

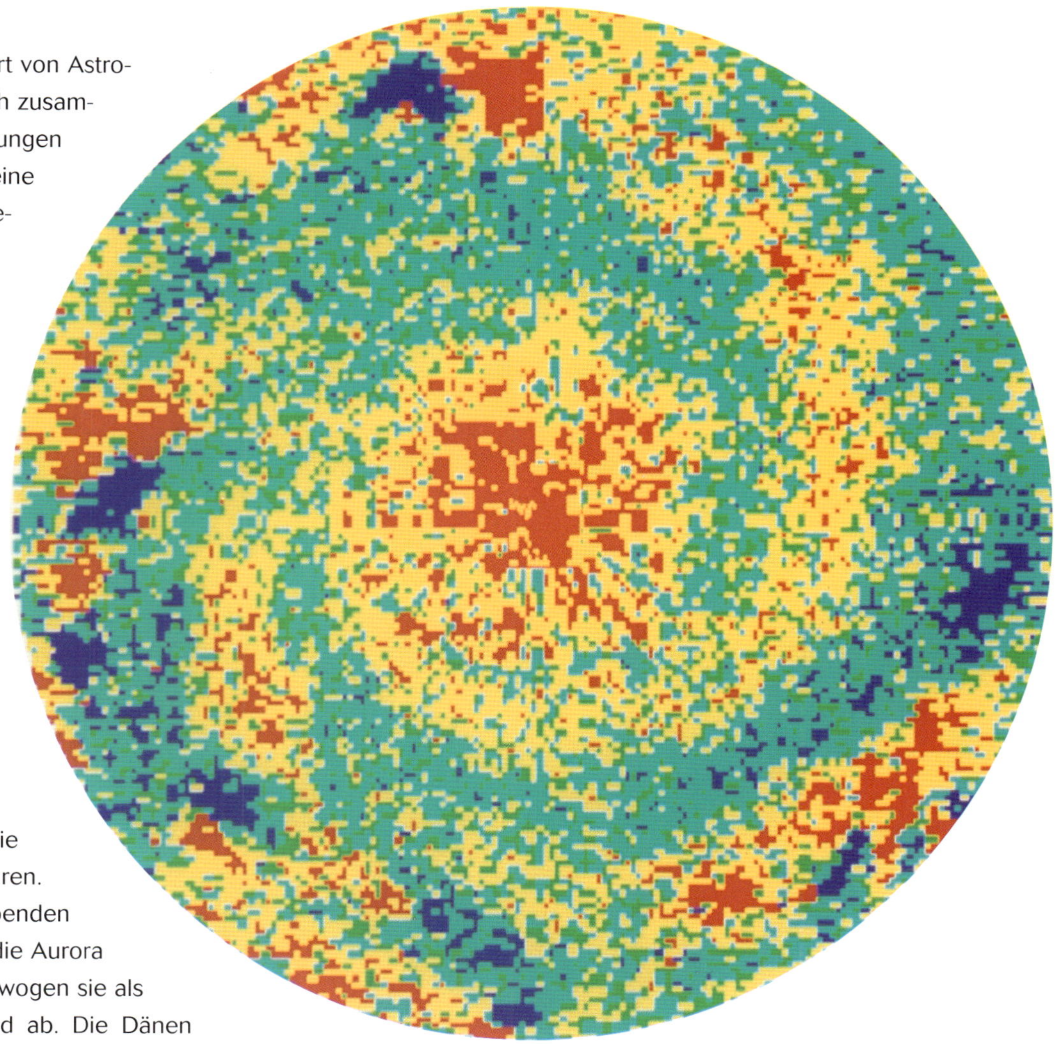

Nicht alle Protuberanzen, die im 19. Jahrhundert von Astronomen beobachtet wurden, fielen wieder in sich zusammen. Gelegentlich riß sich eine der Flammenzungen los und schleuderte eine große Menge Plasma (eine Wolke heißes, ionisiertes Gas) aus dem Einflußbereich der Sonne heraus und weit in das Sonnensystem hinein. Diese Eruptionen wurden 1859 erstmals von Carrington beobachtet, und auch bei ihnen scheinen Sonnenflecken eine Schlüsselrolle zu spielen. Später wurde Hale Zeuge mehrerer großer Ausbrüche in der Nähe einer Gruppe aktiver Sonnenflecken. Dann bemerkten Hale und Carrington, daß sich in Zeiten verstärkter Aktivität von Sonnenflecken und Protuberanzen auch an anderer Stelle etwas tat – weit entfernt von der Sonnenoberfläche. Auf dem Höhepunkt der Sonnenaktivität wurden auf der Erde in Polnähe merkwürdige, zuckende Lichterscheinungen am Nachthimmel gesichtet. Der Gedanke erschien abenteuerlich, doch irgendwie schien die Sonne nach der Erde zu greifen und sie zu berühren. Seit Jahrtausenden haben die in Polnähe lebenden Menschen die Aurora Borealis im Norden und die Aurora Australis im Süden bestaunt. In klaren Nächten wogen sie als farbiges Lichtermeer am Nachthimmel auf und ab. Die Dänen haben das Erscheinen von Nordlichtern seit Jahrhunderten aufgezeichnet, aber niemand konnte ihre Entstehung erklären. Das Weltraumzeitalter hielt jedoch eine ganze Reihe von Antworten bereit.

Am 10. Oktober 1946 wurde das erste wissenschaftliche Meßinstrument mit Hilfe einer *V-2*-Rakete in die Atmosphäre geschossen. Sie stieg in 90 km Höhe auf und kam damit dem Rand der Atmosphäre recht nahe. Die Rakete war mit Meßgeräten ausgestattet, die dort ultraviolette Strahlung feststellten. Im Lauf der 50er Jahre entdeckte man mit Hilfe weiterer Raketen, daß das All voller Röntgen- und Gammastrahlung war, die hauptsächlich von den aktivsten Gebieten der Sonne emittiert wurde. Das All war alles andere als leer, es war ein lebensfeindlicher Ort voller tödlicher Strahlung. Warum konnte man diese nicht von der Erdoberfläche aus feststellen? Zum ersten Mal bekamen die Wissenschaftler eine Ahnung davon, daß die Atmosphäre eine Schutzhülle gegen die Bedrohungen durch die Sonne ist. Aber sie sollten bald entdecken, daß die Erde noch andere Abwehrmechanismen besaß.

OBEN *Aus dieser Perspektive oberhalb eines Pols sieht man deutlich, wie die Feldlinien durch die schnellere Rotation in Äquatornähe verzerrt werden.*

Sonnenwind

Astronomen hatten schon lange vermutet, daß die Sonnenkorona eine größere Ausdehnung besitzt als den drei Millionen Kilometer großen Lichthof, den sie während einer Sonnenfinsternis gesehen hatten. Schon im siebten Jahrhundert hatten die Chinesen beobachtet, daß der Schweif eines Kometen nicht an der Flugrichtung orientiert ist, sondern ungeachtet der Bewegung grundsätzlich von der Sonne wegzeigt. Eine Zeitlang vermutete man als Ursache eine unbekannte Strahlung der Sonne, aber gegen Ende der 50er Jahre waren Raketen weit genug in den Weltraum hinausgeflogen, um die Sonnenstrahlung zu messen. Sie mag zwar für Menschen tödlich sein, ist aber nicht stark genug, um einen Kometenschweif abzulenken. Es mußte also etwas anderes sein. Einige Astronomen glaubten an eine Form von Hochgeschwindigkeitsteilchen, doch auch sie kamen zu keinem Ergebnis. Eines Tages im Jahr 1958 fand jedoch ein junger Wissenschaftler der Universität von Chicago, Eugene Parker, innerhalb weniger Stunden die Lösung.

Nach seiner Theorie produzierte die Sonne über die Korona hinaus einen kontinuierlichen Teilchenstrom, den er als »Sonnenwind« bezeichnete. Parker versuchte, seine Theorie im *Astrophysical Journal* zu veröffentlichen, doch seine Idee erschien so absurd, daß sie glatt abgelehnt wurde. Der junge Astrophysiker wurde von allen Seiten mit Kritik überhäuft, wissenschaftliche Gutachter erklärten, seine Ausführungen seien unsinnig. Nach allgemeinem Kenntnisstand war die Korona ein statisches Gebilde, eine extrem dünne Atmosphäre, die die Sonne genauso umgab wie unsere Atmosphäre die Erde. Laut Parkers Modell beschleunigten die Teilchen in zwei Millionen Kilometern Entfernung von der Sonne – an genau der Stelle, an der die Korona zu enden schien – mit 650 000 km/h auswärts. Beim Erreichen der Erde hatten sie bereits eine Million Kilometer pro Stunde erreicht. Parker war der Meinung, daß sich die Atmosphäre der Sonne bis weit jenseits von Erde und Mars ausdehnte, vielleicht sogar bis zu Jupiter.

UNTEN *Aurora Borealis, Polarlichter über Spitzbergen, einer Insel im arktischen Ozean.*

Er brauchte nicht lange zu warten, bis die Raumfahrt seine Kontrahenten widerlegte. Der erste Hinweis darauf kam zwar eher unauffällig, war jedoch entscheidend. Im selben Jahr, als Parker seine Theorie vorstellte, hatten die Amerikaner ernsthaft mit der Raumfahrt begonnen. Während der sowjetische Satellit *Sputnik* nicht viel mehr war als ein fliegendes Radio, führte *Explorer 1*, der erste amerikanische Satellit, im All wissenschaftliche Experimente durch, die sofort großes Interesse erregten. An Bord des *Explorer 1* befanden sich von dem Wissenschaftler James Van Allen konstruierte Instrumente zur Messung kosmischer Strahlung. Man vermutete damals, Partikelströme von anderen Sternen und fernen Galaxien im interplanetarischen Raum vorzufinden, von der Sonne wurde jedoch kein Beitrag erwartet. Van Allens Suchergebnisse waren sehr erstaunlich. Die Meßinstrumente zeigten an, daß sich das Magnetfeld der Erde weit über die Atmosphäre hinaus ins All erstreckte. Man bezeichnet diesen Bereich heute als Magnetosphäre.

OBEN *Aurora Australis, von einem Space-Shuttle aus gesehen.*

LINKS *Der Halleysche Komet – er ist der einzige Komet, der schon von einem römischen Eroberer und von einem Papst beobachtet wurde. Er wird in der Nürnberger Chronik erwähnt und ist auf dem Bayeux-Teppich zu sehen. 1985 wurde er von nicht weniger als fünf Sonden aufgesucht.*

Andere Detektoren registrierten Partikelströme, die sich entlang dieser neuentdeckten Feldlinien bewegten. Diese energiereichen Zonen wurden Van-Allen-Gürtel genannt. Aber woher kamen die energiereichen geladenen Teilchen? Plötzlich ergab Parkers umstrittene Sonnenwind-Theorie einen Sinn.

Am 12. September 1959 startete die sowjetische Sonde *Lunik 2*. Die Sonde sollte zum Mond fliegen und dort zerschellen. Als sie die Erdatmosphäre verließ, zeigten die Meßgeräte plötzlich etwas an. Ströme von geladenen Teilchen bewegten sich aus Richtung der Sonne mit mindestens 60 km/sec durch den Raum. Sie schienen Parkers Annahmen zu bestätigen, doch die Messungen dauerten nur kurze Zeit und überzeugten die Kritiker der Sonnenwind-Theorie nicht. Der endgültige Beweis wurde schließlich durch die amerikanische Sonde *Mariner 2* erbracht, die 1962 auf dem Weg zur Venus eindeutig nachwies, daß jene fluktuierenden Plasmaströme tatsächlich Parkers Sonnenwind entsprachen. Spätere Messungen ergaben, daß die energiereichen Teilchenströme – Wasserstoff, Helium, Protonen, Elektronen – aus den Polarregionen austreten und sich durch die Rotation der Sonne spiralförmig ausbreiten wie Wassertropfen aus einem Rasensprenger. Die »Atmosphäre« der Sonne besitzt also eine viel größere Ausdehnung als die Korona, man könnte sagen, die Korona ist nur der sichtbare Teil des Sonnenwinds.

Ein Hafen im Sturm

Das Weltraumzeitalter hatte gerade erst begonnen, und schon zeigte sich, was für ein unwirtlicher Ort das All ist. Das »Vakuum«, das wir erwartet hatten, exisitierte nicht. Der Weltraum ist angefüllt mit Unmengen tödlicher Gammastrahlen, Röntgenstrahlen und ultravioletten Strahlen, die die Sonne mit Lichtgeschwindigkeit abgibt. Ferner gibt es die vergleichsweise langsamen Plasmaströme, die zwischen den Planeten hin- und herwogen. Welchen Effekt hat diese gefährliche Kombination auf die Planeten, die ihr ausgesetzt sind? Die Augen richteten sich auf Merkur, den Planeten, der der höchsten Konzentration der gefährlichen Strahlung ausgesetzt ist. Der endlose Plasmastrom in dieser geringen Entfernung zur Sonne macht Leben auf Merkur unmöglich. Wie kommt es, daß wir auf der Erde vor der Gefahr geschützt sind?

Nachdem *Explorer 1* den Van-Allen-Gürtel entdeckt hatte, begannen ganze Reihen von sowjetischen und amerikanischen Satelliten damit, den ewigen Widerstreit aufzuklären, der sich täglich weitab im All zuträgt. Der obere Rand der Erdatmosphäre ist eine Verteidigungszone gegen die gefährliche Strahlung der Sonne. Die Feldlinien der Erde treten an einem Pol in alle Richtungen aus, verlaufen in einem weiten Bogen durch den Raum und vereinigen sich wieder am gegenüberliegenden Pol. Die apfelförmige Magnetosphäre ist nichts anderes als ein Schutzschild, der den Sonnenwind abhält und um unseren Planeten herumleitet. Gelingt es dem Sonnenwind, die äußere Magnetosphäre zu durchdringen, wird er von den inneren Feldlinien umgeleitet, und die Teilchen laufen spiralförmig um die Feldlinien bis zu den Polen. Diese Zonen geladener Teilchen wurden von Van Allen entdeckt. In den Polregionen – den einzigen Orten, an denen die Feldlinien die Erde berühren – dringen Wellen der Teilchen in die Atmosphäre ein und schaffen so die faszinierenden Polarlichter. Manchmal durchbricht eine Welle den Schutzschild der Erde und verursacht Störungen des Telefonnetzes oder Pannen in E-Werken, die zu Stromausfällen in großen Städten führen kön-

GEGENÜBER *Bildmontage der Sonne im ultravioletten Bereich, äußere Atmosphäre bzw. Korona und Sonnenwind sind zu erkennen. Das schwarze Band ist der Rand eines Filters.*

OBEN *Die* Apollo-12-*Astronauten Al Bean und Pete Conrad führten eine Serie von Experimenten durch, um den Effekt des Sonnenwinds auf den Mond zu erforschen.*

nen. Aber der Schutzschild der Erde schützt nicht nur unsere Handys: Ein Blick auf Mars oder Venus zeigt, daß er für uns lebenswichtig ist.

Als *Mariner 2* 1962 die Venus erreichte, entdeckten die Wissenschaftler zu ihrer Überraschung, daß der erdverwandte Planet kein Magnetfeld besitzt. Der Grund dafür ist höchstwahrscheinlich seine besonders langsame Rotation. Da kein Magnetfeld vorhanden ist, strömen die Teilchen von der Sonne ungehindert durch die obere Atmosphäre und reißen sie mit sich. Zum Glück ist die Atmosphäre der Venus dicht genug, um dies zu verkraften, die Sonne bläst Reste der Venusatmosphäre jedoch bis zur Erde. Mars besitzt nur sehr schwache, lokale Magnetfelder – sie stehen in keinem Verhältnis zu den globalen Magnetfeldern der Erde –, Wissenschaftler vermuten, daß gut ein Fünftel der Marsatmosphäre durch den seit 4,5 Milliarden Jahren andauernden Sonnenwind verlorengegangen ist. Die Erkenntnis, daß die Magnetosphäre die Atmosphäre schützt, macht sie besonders wichtig. Schließlich hält die obere Atmosphäre die tödliche Strahlung der Sonne ab: ultraviolette, Röntgen- und Gammastrahlung.

Einzelne Astronauten haben sogar in relativ niedrigen Umlaufbahnen, die teilweise von der Magnetosphäre geschützt waren, von Lichtblitzen in ihren Augen berichtet. Sie wurden von geladenen Teilchen verursacht, die durch die Außenhülle ihrer Raumkapsel und durch die Augenlider bis zur Netzhaut vorgedrungen sind.

Daß die *Apollo*-Astronauten die extremen Bedingungen auf dem Mond – der keine schützende Atmosphäre vor der Strahlung der Sonne besitzt – überlebt haben, war eher Glück. Inzwischen weiß man, daß die Sonnenaktivität 1972 zwischen den *Apollo*-Missionen *16* und *17* besonders hoch und äußerst gefährlich war. Wären Astronauten diesen zahlreichen Flares auf dem Mond ausgesetzt gewesen, hätten sie kaum Überlebenschancen gehabt.

Mit der Weiterentwicklung der Raumfahrt erreichten die Sonden größere Entfernungen, doch der Sonnenwind schien sich endlos auszudehnen. Die *Pioneer*-Sonden *10* und *11* entdeckten, daß der Sonnenwind heftig mit dem gewaltigen Magnetfeld des Jupiter reagiert, so daß Plasmabänder entstehen, deren Dichte eine Million mal so hoch ist wie die der Van-Allen-Gürtel um die Erde. In den letzten Jahren gelangen dem Hubble-Raumteleskop wunderschöne Bilder von Polarlichtern am Jupiter, sie zeigen tiefblaue Ringe in den Polarregionen.

In drei Milliarden Kilometer Entfernung von der Sonne bildet der Sonnenwind mit der Magnetosphäre des horizontal liegenden Uranus eine gestreckte, sechs Millionen Kilometer lange Spirale. Heute registrieren die *Voyager*-Sonden weit jenseits der Umlaufbahnen von Neptun und Pluto immer noch Sonnenwind. Dank dieser Sonden wissen wir, daß sich die Planeten nicht nur im Bereich der Schwerkraft der Sonne, sondern auch innerhalb ihrer Atmosphäre befinden.

UNTEN *Das Hubble-Raumteleskop nahm diese Fotos von Polarlichtern an Jupiter und Saturn auf.*

Die aufgewühlte Sonne

Im Mai 1973 startete die NASA eine Raumstation, damit begann eine neue Ära der Sonnenforschung. *Skylab* war eine bemannte Beobachtungsstation, ein 75 t schweres Labor von der Größe eines Eisenbahnwaggons, integriert in die letzte Stufe einer *Saturn-V*-Rakete. Fast sechs Monate lang überwachten drei Drei-Mann-Crews von dort aus rund um die Uhr die Sonne. Nur 40 % der Sonnenenergie werden in Form von sichtbarem Licht abgegeben, der Rest als Röntgen- und Gammastrahlung sowie als Ultraviolett- und Infrarotstrahlung. Ausgerüstet mit fünf Teleskopen für Röntgenstrahlung und den ultravioletten Bereich, zwei Fernsehkameras und einem Teleskop, das eine andauernde Sonnenfinsternis simulierte, kreiste *Skylab* 430 km über den höchsten Wolken der Erde, 150 Millionen Kilometer entfernt von der Sonne, um sie von dort aus in ihrer Gesamtheit genau zu studieren. Was hätten Hale, Janssen und Lockyer wohl darum gegeben, mit an Bord zu sein!

Bevor sie überhaupt ihre Arbeit aufnahm, wurde die erste Crew schon mit der zerstörerischen Gewalt des Sterns konfrontiert, den sie beobachten sollte. Während des unbemannten Starts von *Skylab* wurde der Schutzschild gegen die Sonnenstrahlung abgerissen. Schutzlos der Sonne ausgesetzt, stieg die Temperatur an Bord des Labors auf 50 °C. Ein provisorischer Schild mußte konstruiert und von der ersten Besatzung hinaufgebracht werden. Obwohl die Reparatur erfolgreich verlief, mußte die Crew tagelang mit einer Arbeitstemperatur von über 30 °C zurechtkommen.

Eines Tages, noch zu einem frühen Zeitpunkt der Mission, machten die Astronauten eine unheimliche Beobachtung. Eine riesige Protuberanz erhob sich über mehrere Stunden in der Sonnenkorona. Die Crew hatte sich bereits an den Anblick großer Bögen und Flammenzungen gewöhnt, aber diese hier besaß eine ganz andere Dimension. Die Plasmawolke dehnte sich mit einer Geschwindigkeit von 2,5 Millionen Kilometer pro Stunde aus und schien bald so groß wie die Sonne selbst. Schließlich explodierte die angeschwollene Wolke ohne jede Vorwarnung und schleuderte Milliarden Tonnen von Teilchen in den Raum. Es sah aus, als ob die Sonne aufgebrochen wäre, doch während das heiße Gas sich ausbreitete, schloß sich die Sonne wieder und kehrte zu normaler Aktivität zurück. Die *Skylab*-Astronauten waren soeben als erste Menschen Zeugen einer Eruption in der Sonnenkorona (Coronal Mass Ejection; CME) geworden; insgesamt konnten die drei Besatzungen mehr als 100 dieser Phänomene im Lauf ihrer neunmonatigen Arbeitszeit beobachten.

Die Gesamtdauer der Korona-Beobachtungen von Secchi, Carrington, Hale und ihren Nachfolgern betrug seit der Sonnenfinsternis von 1839 insgesamt nur 80 Stunden. *Skylab* überwachte die Sonne fast neun Monate lang rund um die Uhr. In dieser Zeit sammelte sich eine ganze Bibliothek fotografischer Hinweise auf die Entstehung des Sonnenwinds an. Zum Zeitpunkt des *Skylab*-Starts galt als erwiesen, daß besonders starke Böen des Sonnenwinds gelegentlich durch Löcher in der Sonnenkorona entwichen. Diese Löcher assoziierte man wiederum mit Lücken in dem ansonsten sehr dichten Gewirr von Feldlinien. Die Röntgenaufnahmen, die *Skylab* von der Korona erstellte, zeigten deutlich große schwarze Löcher in der ansonsten undurchdringlichen Schicht. Die Löcher rotieren in der Nähe der Polargebiete. Auf der Erde ausgeführte Untersuchungen der Erdmagnetosphäre zeigten, daß die Erde regelmäßig viereinhalb Tage, nachdem *Skylab* das Auftreten solcher Löcher gemeldet hatte, von einer besonders hohen Plasmakonzentration getroffen wurde. Außerdem wies die Raumstation nach, daß größere Löcher zu stärkerem Sonnenwind führten. Das Gefahrenpotential der Sonne wurde immer deutlicher: lebensbedrohliche Strahlung, tödlicher Son-

nenwind, Flares und die riesigen, furchterregenden CMEs; es galt, den Stern in unserer Mitte genau im Auge zu behalten.

Die *Skylab*-Station wurde Anfang des Jahres 1974 aufgegeben. Über drei Jahre später heizte eine Serie besonders ausgeprägter Flares die Erdatmosphäre so stark auf, daß sie sich bis zur Umlaufbahn der Station ausdehnte. Die größere Reibung bremste die Kapsel ab, so daß sie begann, sich taumelnd auf die Erde zuzubewegen. Sie zerbrach schließlich irgendwo über dem Indischen Ozean, ihre Trümmer schlugen weit verstreut im australischen Outback auf. Trotz ihres kurzen Einsatzes hatte die *Skylab*-Station gute Dienste geleistet. Sie hatte neue Informationen über den Sonnenwind, Flares und CMEs geliefert und selbst durch ihren Absturz noch den gefährlichen Einfluß der Sonne verdeutlicht.

OBEN *Eine große Sonneneruption, aufgenommen von der* Skylab-*Station. Unser Planet ist im Vergleich zur Sonne ein Winzling. Es gibt Sterne, die sogar tausendmal so groß wie unsere Sonne sind.*

GEGENÜBER OBEN *Die erste* Skylab-*Besatzung startet am 25. Mai 1973 vom Kennedy Space Center in Florida.*

GEGENÜBER UNTEN *Die letzte* Skylab-*Besatzung an ihrem Arbeitsplatz.*

Die Rundum-Untersuchung

Nach der *Skylab*-Station wurden ganze Reihen von Sonnenobservatorien in Umlaufbahnen geschossen, die Sonne wurde zu dem Objekt im Sonnensystem, das am gründlichsten erforscht wurde. Während der Entstehung dieses Buchs beobachteten nicht weniger als sieben Satelliten die Sonne und ihren Einfluß auf die Erde.

Die Erde liegt wie alle anderen Planeten außer Pluto nahezu in der Ebene des Sonnenäquators, aus dieser Perspektive kann man die Sonne ebensowenig verstehen, wie man das Verhalten der Erdatmosphäre nur anhand der Wetterentwicklung am Äquator erklären kann. Im Jahr 1990 wurde die Sonde *Ulysses*, ein gemeinsames Projekt der European Space Agency (ESA) und der NASA, auf eine lange Reise zur Erforschung der Sonnenpole geschickt. Die Sonde flog zuerst zum Jupiter, um sich mit Hilfe der Gravitation des Gasriesen so zu beschleunigen, daß sie aus der Äquatorebene geschleudert wurde. Zuerst tauchte sie unter dem Südpol der Sonne hindurch, dann schwang sie auf der Rückseite der Sonne nach oben und überquerte den Nordpol. Diese phantastische Reise ermöglichte der Sonde einen einzigartigen Blickwinkel, aus dem sie den Sonnenwind von oben und unten beobachten konnte. Vor dem *Ulysses*-Projekt waren die Wissenschaftler davon

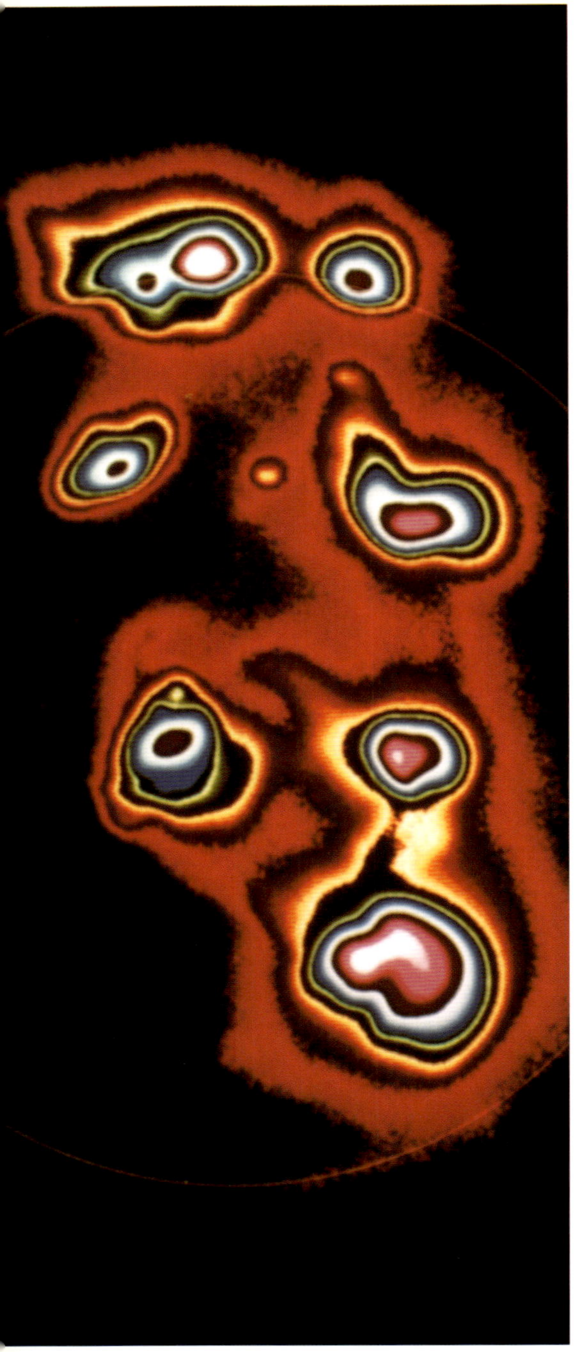

OBEN *Diese Röntgenaufnahme der Sonne zeigt starke Oberflächenaktivitäten, sie wurde 1973 von der* Skylab-*Station erstellt.*

ausgegangen, daß der Sonnenwind sich in der Form eines einfachen, rotierenden Rasensprengers ausbreitet, nun aber zeigte sich, daß es zwei Arten von Sonnenwind gab: den schnellen, von den Polen ausgehenden Wind und einen langsameren, der in Äquatornähe entweicht. Diese beiden Windströmungen stehen in Wechselwirkung zueinander, so daß sie zusammen ein spiralförmiges Wellenmuster bilden.

Am 2. Dezember 1995 starteten ESA und NASA ein neues Gemeinschaftsprojekt und schossen ein 2 t schweres Labor für die Sonnenforschung ins All. Seitdem schwebt das *Solar and Heliospheric Observatory (SOHO)* in 1,5 Millionen Kilometer Entfernung von der Erde genau an dem Punkt, wo sich die Gravitationskräfte von Sonne und Erde gegenseitig aufheben, und ist 24 Stunden am Tag in Betrieb. Ausgerüstet mit zwölf Präzisionsinstrumenten, sendet diese Sonde täglich Tausende von Bildern der Sonnenoberfläche an eine kleine Schar Wissenschaftler, die auf der ganzen Welt verstreut sind. Sie ist mit einigem Abstand das fortschrittlichste Gerät, das je für die Erforschung der Sonne gebaut worden ist.

SOHOs zweite Aufgabe ist es, tief in die Sonne hineinzusehen, oder besser gesagt, hineinzuhören. So wie Seismometer auf der Erde jedes Grollen im Innern des Planeten aufzeichnen, versucht *SOHO*, die von der Sonne ausgehenden Schallwellen zu registrieren. Im Innern der Sonne herrscht ein wirres Getöse aus zehn Millionen verschiedenen Geräuschen. Dadurch, daß die Schallwellen sich in alle möglichen Richtungen bewegen, bringen sie die in der Sonne enthaltenen Gase zum Vibrieren. Die Instrumente der *SOHO*-Station überwachen die irisierende Oberfläche und können das heillose Gewirr aus Summen, Brummen und Pulsieren innerhalb der Sonne in einzelne Vibrationen zerlegen, was zur Klärung einiger tief unter der Oberfläche verborgenen Geheimnisse beigetragen hat.

Die Reise zum Mittelpunkt der Sonne

15 000 km unterhalb der Sonnenoberfläche stieß die *SOHO*-Station auf Windströme, die vom Äquator in Richtung Polargebiete drifteten. Diese Ströme bewegen sich so langsam, daß sie dafür ein ganzes Erdjahr brauchen. In den Polregionen fand *SOHO* direkt unter der sichtbaren Oberfläche ausgedehnte Plasmaströme – heißes Gas –, die um die Sonne zogen wie Jetstreams um die Erde. Auf Fotos im ultravioletten Bereich sieht man, daß sie funkeln wie eine verspiegelte Discokugel. Die *SOHO*-Station konnte beobachteten, wie sich weißglühende Plasmawolken in Äquatornähe sammelten, bevor es zu CMEs kam. Wenn sich die verdrehten Feldlinien routinemäßig öffnen und neu anordnen, entweicht das Plasma nach außen wie Sodabläschen in einem Glas Mineralwasser und wird dann zu Sonnenwind. Ferner wurden Tornados aus Feuer gesichtet, die durch das glutheiße Chaos der Sonnenatmosphäre wirbelten, und es gab Hinweise auf Sonnenbeben – Oberflächenstörungen, die sich vom Zentrum einzelner Flares nach außen fortsetzen.

Von all den Entdeckungen, die die *SOHO*-Station bis jetzt geliefert hat, war aber die wohl wichtigste die Lokalisierung des verborgenen Magnetfeldgenerators der Sonne. Als die Sensoren immer tiefer in die Sonne eindrangen, registrierten sie, daß sich die Strahlungszone – die Schicht, die den Kern umhüllt – starr dreht. Die Konvektionszone direkt darüber rotiert jedoch differentiell, d. h. am Äquator schneller als an den Polen. Die meisten Wissenschaftler glauben, daß hier, am Übergang von Strahlungs- zu Konvektionszone, durch das Aufeinandertreffen zweier Kräfte starke elektrische Ströme erzeugt werden, die wiederum die Ursache für das mächtige Magnetfeld der Sonne sind.

Die *SOHO*-Station hat bereits einen verheißungsvollen Blick bis ins Zentrum der Sonne erlaubt. Man hatte gehofft, daß man um so mehr von der magnetischen »Uhr« und dem Elf-Jahres-Zyklus verstehen würde, je mehr man über den Kern erfuhr; eine Zeitlang sah es jedoch so aus, als würde es dazu nie kommen. Gegen Mitternacht des 25. Juni 1998, während routinemäßig durchgeführter Wartungsarbeiten, verlor die Bodenstation den Kontakt zu *SOHO*. Inzwischen ist sie wieder »angesprungen« und funktionstüchtig. Sie hat diese kleine Erholungsphase nicht nur gut verkraftet, manche ihrer Instrumente arbeiten sogar besser als je zuvor. Auf der *SOHO*-Station laufen bereits die Vorbereitungen für den nächsten Höhepunkt des Sonnenzyklus. Im Jahr 2000 wird die Sonne »aus allen Nähten platzen«, sie wird Materie durch das ganze Sonnensystem schleudern und mehrere Jahre lang brodeln, bis sie sich wieder beruhigt und den Planeten eine weitere elfjährige Ruhepause gönnt.

Die dehnbare Grenze

Wie weit dehnt sich die Sonnenatmosphäre aus? Als die beiden *Voyager*-Sonden 1977 in Richtung der Gasriesen aufbrachen, war eine ihrer Aufgaben die Vermessung des Sonnenwinds. Heute, über 20 Jahre später, sind die Sonden immer noch unterwegs und registrieren immer noch Sonnenwind. Sie rasen mit 40 000 km/h in unterschiedlichen Richtungen davon, man schätzt, daß sie bei diesem Tempo etwa im Jahr 2015 die Heliopause erreichen. Sie bezeichnet das Grenzgebiet, in dem der Sonnenwind langsam abebbt und sich schließlich unmerklich mit interstellaren Strömungen vermischt. Sie ist der äußerste Rand des Einflußbereichs der Sonne – die Grenze des Sonnenreichs. 1998 führten massive Sonneneruptionen zu interplanetarischem Chaos. Es waren die gewaltigsten Ausbrüche von Sonnenaktivität, die je aufgezeichnet wurden. Mehrere Monate später meldeten beide *Voyager*-Sonden, obwohl sie über 500 Millionen Kilometer voneinander entfernt waren, starke Windstöße aus Richtung der Sonne. Mehr als ein Jahr später kamen seltsame Nachrichten von den Sonden. Sie hatten gerade ein geisterhaftes Echo der Sonnenwindstöße in Form von Radiowellen aus der Gegenrichtung empfangen. Wissenschaftler haben aus diesen Ereignissen berechnet, daß der Sonnenwind etwa in 22 Milliarden Kilometer Entfernung von der Sonne mit den interstellaren Windströmen anderer Sterne zusammenstößt – das entspricht der 15 000fachen Entfernung der Erde. Die Signale der *Voyager*-Sonden sind schon jetzt schwach, niemand weiß, ob sie überhaupt noch zu empfangen sind, wenn sie den Rand des Sonnensystems erreichen. Aller Wahrscheinlichkeit nach werden sie nach Verlassen des Sonnensystems ihre Geheimnisse für sich behalten und mit in die Unendlichkeit des Alls nehmen.

OBEN *Ein Gemälde der* SOHO *– der bedeutendsten Sonnenbeobachtungsstation der Geschichte.*

6

Hüllen aus Gas und Dampf

Es ist November 1971, sowjetische Wissenschaftler bereiten sich darauf vor, einen Aufprall auf den Mars mit 25 000 km/h mitzuerleben. Die Sonden *Mars 2* und *3* sind die ersten, die versuchen, in die Marsatmosphäre einzudringen. Die Observatorien des ganzen Landes haben einen riesigen Sturm auf dem Mars gemeldet. Der Planet ist von Pol zu Pol mit einer dicken Staubschicht bedeckt, doch Programmänderungen sind bei den Sonden jetzt nicht mehr möglich – *Mars 2* taucht als erste ein, 7 km über der Oberfläche wird sie so stark durchgeschüttelt, daß die Datenübertragung ins Stocken gerät. Wenige Momente später bricht sie ab, und die Ingenieure können sich nur vorstellen, wie die Sonde mit einem metallischen Krachen dumpf aufschlägt.

Fünf Tage später stürzt sich *Mars 3* in den Sturm. Plötzlich beruhigt sich aber die Anzeige des Höhenmessers, unterdrückte Aufregung herrscht im Kontrollraum. Genau in diesem Augenblick müßte sich auf der Oberfläche des fernen Planeten das Gehäuse öffnen, eine Antenne sollte mit der Untersuchung der Umgebung beginnen und eine Fernsehkamera in Aktion treten. 90 Sekunden später drängen sich die Wissenschaftler um den Fernschreiber, der ein Bild auszudrucken beginnt. Doch nach nur 15 Sekunden endet die Übertragung plötzlich. Das ersehnte erste Bild der Marsoberfläche zeigt nicht mehr als ein Gewirr von Schlangenlinien. Die Sonde arbeitet nicht mehr. Man kann nicht genau den Grund nennen; wahrscheinlich liegt es am Sturm. Der erste Kontakt der Menschheit mit der Marsatmosphäre ist vorüber, die Begrüßung war nicht gerade freundlich.

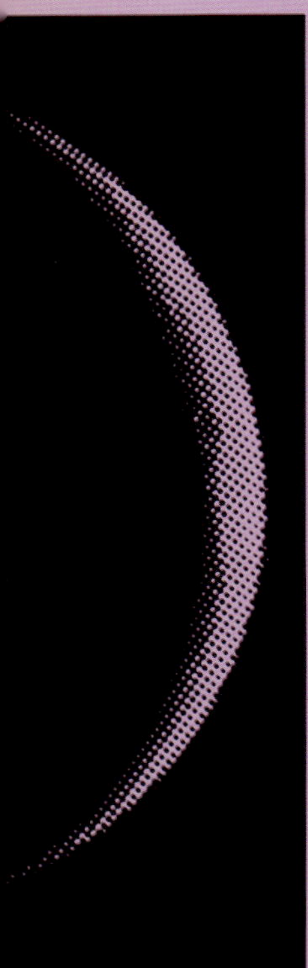

Im Jahr 1959 verließ ein Mensch zum ersten Mal die Erdatmosphäre. Der US-Air-Force-Pilot David Simons erreichte damals 37 000 m Höhe in der Kapsel *Man High Mission 2*. In einer Druckkapsel sitzend, die an einem Testballon befestigt war, schwebte Simons über der zarten Gashülle und warf als erster Mensch einen Blick ins Jenseits des Luftozeans, der uns seit Menschengedenken umgeben hat. Auch als alter Mann erinnert er sich an den »ehrfurchtsvollsten, den fesselndsten Anblick, den ich je hatte – einen Sonnenuntergang durch die unberührte Klarheit an der Grenze zum Weltall«.

SEITEN 166–167 *Der Saturnmond Titan ist der einzige Mond im Sonnensystem, der eine Atmosphäre besitzt.*

Die Grenze zum Weltall

Die Atmosphäre ist eigentlich nicht mehr als eine dünne, flüchtige Schicht Gas, kaum der Rede wert angesichts der Ausmaße eines Planeten wie der Erde. Würde man die Temperatur so weit senken, daß die Luft gefriert, bliebe nur eine 15 m dicke Schicht rund um den Erdball übrig. Aus der Perspektive von uns Menschen gesehen, bedeutet die Atmosphäre aber natürlich viel mehr. Sie ist ein gewaltiger Sturm aus 4500 Billionen Tonnen Luft. Sie ist die Ursache für eine Welt mit lebensbedrohlichen Extremen – eisigen Schneestürmen in der Antarktis, Sandstürmen in der Sahara, Orkanen in den Tropen und Sturmfluten an den Küsten. Dennoch wären wir ohne die Atmosphäre verlo-

LINKS OBEN *Sonnenaufgang an der Grenze zum Weltraum, aufgenommen von Space-Shuttle-Astronauten, 35 Jahre nachdem David Simons als erster Zeuge dieses Anblicks geworden war.*

RECHTS OBEN *Als einer der ersten »echten« Raumfahrer schaffte es David Simons sogar auf die Titelseite von »Life«. Er hatte das Foto 1957 selbst aufgenommen.*

OBEN *Ein mächtiger Sturm:* Space-Shuttle-*Astronauten machten diese Aufnahme von Hurrikan Luis, der im September 1995 über die Karibik hinwegfegte.*

ren. Die Sonnenenergie könnte die Temperatur ohne sie nur in Äquatornähe über den Gefrierpunkt steigen lassen. Der Treibhauseffekt ist kein Phänomen des 20. Jahrhunderts – er existiert schon seit Milliarden von Jahren und ist für uns vor allem Lebensspender, denn durch ihn steigt die Oberflächentemperatur um 30 °C. Die Atmosphäre bewahrt aber nicht nur das Leben, sie sorgt auch für das unmittelbare Gefühl, lebendig zu sein. Der Himmel über uns ist in unserem Leben immer präsent, er ist meistens von einem klaren Blau, manchmal von tiefem Violett, für Momente sogar leuchtend orange. Zeitweise sind phantastische, skurrile Formationen in ihm zu sehen, mal treiben zarte Wolkenfetzen in großer Höhe vorbei, mal hängen dunkle Bänke bedrohlich tief. Auch wenn wir nicht sehen könnten, würde die Luft unser Leben mitbestimmen. Der Atem in den Lungen, der Wind in den Haaren, der Regen in den Gesichtern, das Empfinden von Wärme und Kälte – die Atmosphäre betrifft uns in jedem Augenblick unseres Lebens. So gesehen ist es nicht sehr überraschend, daß wir uns, sobald es möglich war, unseren Planeten zu verlassen und die anderen Welten des Sonnensystems zu erforschen, vor allem für deren Atmosphären, Wetter und die Möglichkeit von Leben interessierten. Dies ist die Geschichte der ersten außerirdischen Atemzüge.

Ein löchriger Schleier

So häufig ich schon die Venus studiert habe, wunderte ich mich ... ob ihrer gleichmäßig hellen Erscheinung, ich kann nicht sagen, daß ich auch nur einen Fleck auf ihr entdeckt hätte. Wird nicht vielleicht alles Licht von einer sie umgebenden Atmosphäre reflektiert?

Christiaan Huygens, Neue Muthmaßungen von den himmlischen Erd-Kugeln und deren Schmuck, 1690

Seit Anbeginn der Zivilisation sah man die Planeten als Wandelsterne am Nachthimmel, als gestaltlose, bewegliche Lichtpunkte und sonst nichts. Mit der Erfindung des Teleskops kam jedoch die Erkenntnis, daß die Planeten Körper waren, so real und greifbar wie die Erde. Der niederländische Astronom Christiaan Huygens, der die Mathematik, Astronomie und die Handhabung optischer

Geräte meisterhaft beherrschte, war jedoch der erste, der sie als Welten ansah – Orte, an denen es Luft und Wasser gab und die vielleicht sogar bewohnt waren. Er beobachtete Mars, Jupiter und Saturn, doch am meisten interessierte ihn die Venus, der helle Morgenstern. Konnte sich um unsere Nachbarwelt wirklich eine Atmosphäre, ein Himmel wölben?

Es dauerte mehrere Jahrzehnte, bis Huygens' Vermutungen hinsichtlich der Venus wieder aufgenommen wurden. Der russische Wissenschaftler Michail Lomonossow beobachtete die Venus im Jahr 1761 durch ein Teleskop an der Universität von St. Petersburg, um mitanzusehen, wie sie die Sonnenscheibe kreuzte – eine seltene astronomische Konstellation, die man »Transit« nennt. Als die kleine Silhouette der Venus über die gleißende Sonne kroch, bemerkte er, daß der Rand des Planeten sich nicht scharf und glatt gegen sie abhob, wie der Mond dies während einer Mondfinsternis tat, sondern verschwommen wirkte. Außerdem stellte er zu seiner Überraschung fest, daß die Silhouette beim Verlassen der Scheibe von einem Lichthof umgeben schien. Seine Schlußfolgerung, dies sei »eine Atmosphäre von ähnlichen, wenn nicht größeren Ausmaßen wie die, die unsere Erde umgibt«, traf genau zu.

Eine Welt mit ähnlichen Abmessungen wie die Erde und einer Atmosphäre, nur etwas näher an der Sonne ... die Vorstellung von Wolken um die Venus war so verlockend, daß Lomonossows Beobachtung schon bald dazu führte, Analogien zur Erde zu vermuten. Alles, was man über die Venus wußte, schien darauf hinzudeuten, daß es sich um eine mit Leben erfüllte Oase handelte. Im Lauf der folgenden zwei Jahrhunderte entwickelte sie sich in der Vorstellung der Menschen zu einer verborgenen Zuflucht, einem Sumpfland mit exotischer Flora und Fauna – einem Garten Eden.

Erste Anzeichen, daß diese idyllische Vorstellung falsch sein könnte, ergaben sich Anfang des 20. Jahrhunderts. Astronomen versuchten mit Hilfe von Spektroskopen, die chemische Zusammensetzung der Venusatmosphäre zu analysieren. Sie fanden keinerlei Sauerstoff, sondern eigentlich nur große Mengen Kohlendioxid. In den 50er Jahren richteten die Wissenschaftler dann ihre neuentwickelten Radioteleskope auf den Morgenstern und fanden heraus, daß es dort unglaublich heiß sein mußte – mehrere hundert Grad Celsius –, so intensiv war die gemessene Strahlungsmenge. Die Ergebnisse widersprachen den Erwartungen in einem solchen Maß, daß viele sie für unwahrscheinlich hielten. Statt dessen vermuteten sie, daß die starken Radiowellen auf unbekannte Weise weit oben in der Atmosphäre erzeugt wurden und daß unter den Wolken dennoch eine milde Oase läge. Dann kam eine andere Theorie auf: All das Kohlendioxid könnte wie eine isolierende Schicht um den Planeten liegen. Die Venusoberfläche war vielleicht deshalb so heiß, weil ein sehr starker Treibhauseffekt die von der Sonne kommende Wärmeenergie nicht um 30, sondern eher um 300 °C aufheizte.

So kam es, daß die Venus, nicht der Mars, zu Beginn des Weltraumzeitalters das wichtigste Ziel und die Quelle so vieler Rätsel war. Im Winter 1962 richtete die erste interplanetarische Sonde Amerikas, *Mariner 2*, ihre Meßfühler aus 35 000 km Entfernung auf diese verborgene Welt.

OBEN Mariner 2 *war die erste erfolgreiche interplanetare Mission. Die Sonde fiel auf ihrem Weg zur Venus so oft aus und funktionierte dann wieder, daß bald der Spruch die Runde machte, das JPL stünde für »Just Plain Lucky« (etwa: einfach nur Glück gehabt).*

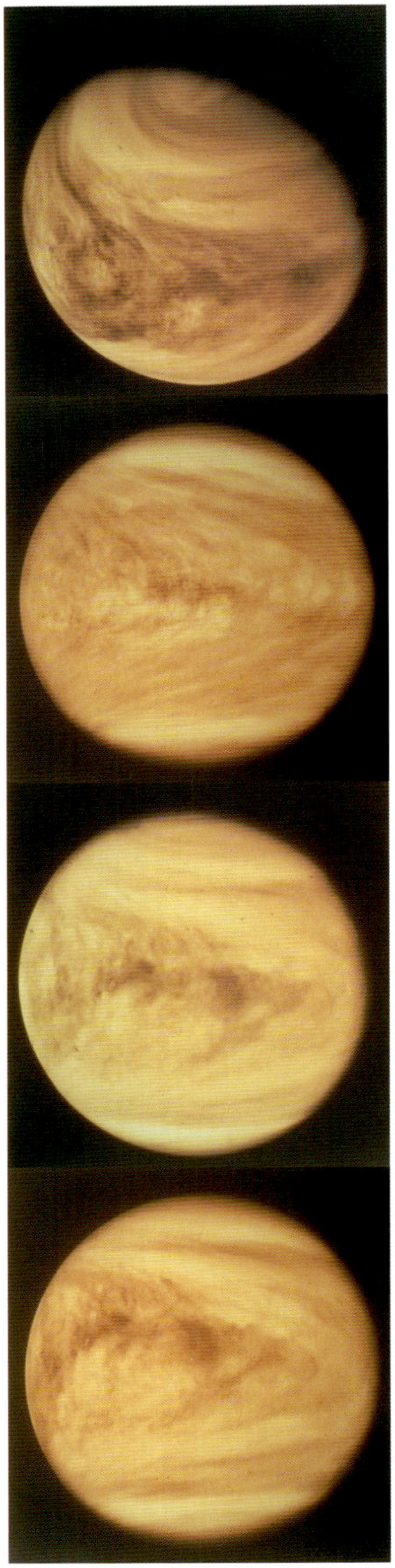

Die Meßergebnisse der *Mariner-2*-Sonde waren nicht ganz eindeutig, doch wies alles darauf hin, daß die Wärme von der Oberfläche ausging und nicht von der Wolkendecke. Die Temperaturmessung ergab unglaubliche 400 °C.

Am 18. Oktober 1967 tauchte dann die Sonde *Venera 4* in die Venusatmosphäre ein. Als sich der Fallschirm der sowjetischen Sonde öffnete und sie begann, langsam dem Boden entgegenzuschweben, übermittelte sie die ersten Details der Bedingungen unterhalb der Wolkenschicht. Die sowjetischen Ingenieure wußten nicht, wie lange der Sinkflug dauern würde. Deshalb glaubten sie, als der Zeiger des Höhenmessers nach 94 Minuten plötzlich stehenblieb und keine Signale mehr übertragen wurden, ein paar hoffnungsvolle Momente lang, daß die Sonde gelandet war. Nach nochmaliger Überprüfung der übertragenen Daten machten sie jedoch eine enttäuschende Entdeckung. In dem Moment, als die Sonde zu landen schien, befand sie sich noch immer 25 km über der Oberfläche. Die letzten übertragenen Daten zeigten eine Außentemperatur höher als in einem Ofen an, aber noch überraschender war der gemessene Außendruck von 18 Atmosphären, d. h. er war 18mal so hoch wie der Normaldruck auf der Erde. Im Augenblick dieser Messung gab die Außenhülle nach, und *Venera 4* wurde zu einem Haufen Metallschrott zusammengequetscht.

Am nächsten Tag, als *Venera 4* schon halb geschmolzen auf der Oberfläche lag, flog eine amerikanische Sonde bis auf 4000 km an Venus heran. *Mariner 5* bestätigte die hohen Temperaturen unter der Wolkendecke und schätzte den Luftdruck an der Oberfläche auf schwindelerregende 100 Atmosphären. Beide Sonden zeigten an, daß die Zusammensetzung der Luft auf der Venus keine Ähnlichkeit mit der auf der Erde hatte – sie besteht aus 95 % Kohlendioxid.

Eine harte Nuß

Im Frühling 1969 teilten die Sonden *Venera 5* und *6* das Schicksal ihrer Vorgängerin: Keine von beiden gelangte näher als 16 km an die Oberfläche heran, bevor sie zermalmt wurde. Den sowjetischen Wissenschaftlern wurde klar, daß die Landung auf der Venus eine gewaltige Herausforderung darstellte. Schließlich kam dem Lavotchkin-Institut in Moskau die Lösung dieser Aufgabe zu. Dort war auch die Sonde *Luna 9* entwickelt worden, die als erste sanft auf dem Mond aufsetzte, und in den späten 60er Jahren arbeitete man bereits an dem ehrgeizigen Projekt *Luna 15*, der Sonde, die eigentlich *Apollo 11* übertrumpfen und mit Gesteinsproben zur Erde zurückkehren sollte.

Als *Venera 4* startete, hatte das Lavotchkin-Team nicht damit gerechnet, daß der Luftdruck auf der Oberfläche der Venus mehr als zehnmal so hoch sein könnte wie auf der Erde. Sie hatten die Sonde außerdem darauf vorbereitet, in einem Venusozean zu landen, sie also schwimmfähig konstruiert und mit einer Antenne versehen, deren Befestigungsmechanismus sich bei Kontakt mit Flüssigkeiten auflöste. Angesichts dessen, was sie inzwischen über die Venus erfahren hatten, erschienen all ihre Vorbereitungen ziemlich lächerlich. Die herrschende Temperatur machte das Vorhandensein flüssigen Wassers völlig unmöglich, und auch der Luftdruck war weit höher als angenommen. Wladimir Perminow, der Hauptverantwortliche für die Entwicklung neuer Sonden, ordnete den Bau einer speziellen Hochdruckkammer und einer großen Zentrifuge an, mit der die starken Bremskräfte simuliert werden konnten, denen die Sonden ausgesetzt waren, wenn sie mit 11 km/sec in die Atmosphäre hineinrasten.

Perminow hatte den auf der Venus zu erwartenden Druck mit seinen Kollegen besprochen; die meisten rechneten mit 60 bis 100 Atmosphären. Perminow entschied sich, auf Nummer Sicher zu gehen, und entwickelte eine Raumkapsel, die 180 Atmosphären standhalten konnte. Die ersten Prototypen der *Venera-7*-Sonde wurden schon bald harten Tests unterzogen. Der Druck in der Kammer war so groß, daß es einen ganzen Tag dauerte, ihn so weit abzubauen, daß man die Tür wieder öffnen konnte.

Venera 7 erreichte die Venus am 15. Dezember 1980. Ihre Fallschirme waren verkleinert worden, damit sie schneller fiel und sich vor der Landung nicht so lange in der mörderischen Atmosphäre aufhielt. Eine Zeitlang schien es, als wären alle Vorbereitungen umsonst gewesen. *Venera 7* übermittelte nur 35 Minuten lang Daten und fiel dann aus. Zuerst befürchteten die Ingenieure in der Bodenstation, daß mit ihr dasselbe passiert war wie mit den vorangegangenen Sonden. Aus dem Lautsprecher drang nur weißes Rauschen, als einer der Funktechniker plötzlich noch ein anderes Signal wahrzunehmen glaubte. Durch das scharfe Zischen kaum erkennbar drang das abgeschwächte Signal der *Venera-7*-Sonde, auch die Druck- und Temperaturmessungen funktionierten immer noch. Dafür gab es nur eine Erklärung: Die Sonde fiel nicht mehr, sondern übertrug nun von der Oberfläche aus. Vielleicht war sie bei der Landung umgefallen, so daß das Signal gestört wurde. Auf jeden Fall war sie dort! 23 Minuten lang drängten sich die Wissenschaftler in heller Aufregung zusammen und lauschten auf die ersten Radiosignale von der Oberfläche eines anderen Planeten.

Wenn auch ihr Erfolg ein Grund zum Feiern war, stimmten die übertragenen Daten doch eher ernüchternd. Es gab absolut keinen Zweifel mehr – die von Lomonossow geweckten Hoffnungen würden sich nicht erfüllen. Der Planet, der unserem Zuhause ein bißchen ähnlich sein sollte, hat eine Atmosphäre, die fast ausschließlich aus Kohlendioxid besteht und keinen Sauerstoff und Stickstoff enthält wie unsere. Der Luftdruck beträgt auf der Oberfläche 90 Atmosphären, soviel wie in einem Kilometer Wassertiefe auf der Erde. Die Temperatur ist mit 470 °C hoch genug, um Zinn, Blei, Zink usw. zu schmelzen, organische Materie könnte dort nicht existieren. Venus und Erde hätten kaum verschiedener sein können.

OBEN *Die Sonde* Venera 7 *hatte keine Kameras an Bord und konnte keine Bodenproben nehmen, widerstand jedoch extremen Temperaturen und hohem Druck. Sie war 1970 die erste Sonde, die den Sinkflug durch die heiße Venusatmosphäre unbeschadet überstand und der eine erfolgreiche Landung gelang.*

GEGENÜBER *Die Sonde* Pioneer Venus Orbiter *nahm diese Bilder der Venus im ultravioletten Licht auf – nur so sind Details in der Wolkendecke zu erkennen.*

Auf der anderen Seite der Bahn

Schon lange vor Beginn des Raumfahrtzeitalters wußte man, daß die Atmosphäre des Mars nicht so undurchdringlich sein konnte wie die der Venus. Christiaan Huygens sah 1656 durch sein Teleskop weiße Polarkappen auf dem roten Planeten und hielt sie für Zeichen einer Atmosphäre. William Herschel war aber schließlich derjenige, der als erster erkannte, daß die Marsatmosphäre nicht besonders dicht sein konnte. Nachdem er Uranus entdeckt hatte, war er inzwischen zum Hofastronom von König George III. aufgestiegen. Er richtete sein Teleskop gerade rechtzeitig auf den Mars, um ihn direkt vor einem Stern vorbeiziehen zu sehen. Seiner Erwartung nach mußte das Licht des Sterns zu flackern beginnen, da es auf dem Weg zur Erde durch die Marsatmosphäre gestört wurde. Er konnte aber kaum Veränderungen feststellen – eine dichte Atmosphäre konnte es also nicht geben.

Das globale Marsklima

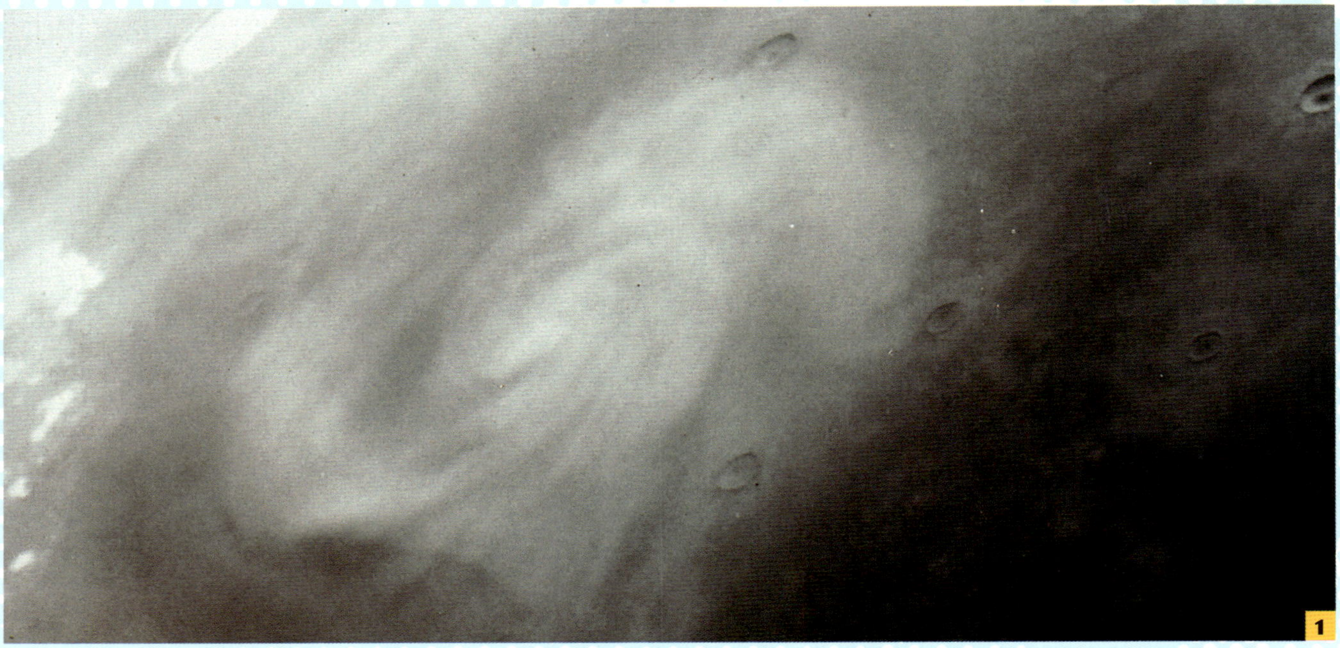

1

Zwar erreicht Mars nicht auch nur annähernd die Variabilität der unterschiedlichen Wettersysteme auf der Erde, andererseits findet sich für die riesigen Sandstürme, die hauptsächlich im Sommer auf der Südhälfte des Mars wüten, nichts Vergleichbares auf der Erde. Als die *Viking*-Landekapseln der NASA den Mars erreichten, bestand endlich Gelegenheit, das Wettergeschehen direkt von der Oberfläche aus zu beobachten, so daß die Wissenschaftler mit der Erforschung der großen Stürme beginnen konnten.

Da die Rotationsachse des Mars fast dieselbe Neigung aufweist wie die der Erde, gibt es dort auch ähnliche Jahreszeiten, allerdings dauern sie länger. Während des Marssommers kann die Temperatur in Äquatornähe mittags kurzzeitig bis auf angenehme 22 °C steigen. Wenn im Frühling die Temperatur zunimmt, steigt die Luft am Äquator auf, in Bodennähe bildet sich dadurch eine Zone sehr niedrigen Luftdrucks. Sie saugt kältere Polarluft an. Der entstehende Wind kann eine Geschwindigkeit von mehreren hundert Kilometern erreichen, das reicht trotz der dünnen Marsluft aus, um erhebliche Mengen Staub aufzuwirbeln. Wenn die Stürme den Äquator erreichen, werden die Staubmassen von den aufsteigenden Luftströmungen weit nach oben in die Atmosphäre transportiert. Die nun rotgefärbte Luft bewegt sich zurück zu den Polen. Da die Staubteilchen mehr Sonnenenergie absorbieren, werden die Stürme weiter aufgepeitscht, mehr Staubteilchen nach oben gesaugt, und das Wetter gerät so in einen Teufelskreis. Manchmal kann dies dazu führen, daß sich eine Staubschicht um den gesamten Planeten bildet. Der Wind läßt nur dann nach, wenn der Staub in der oberen Atmosphäre so dicht wird, daß die Planetenoberfläche nicht weiter von der Sonne erwärmt werden kann.

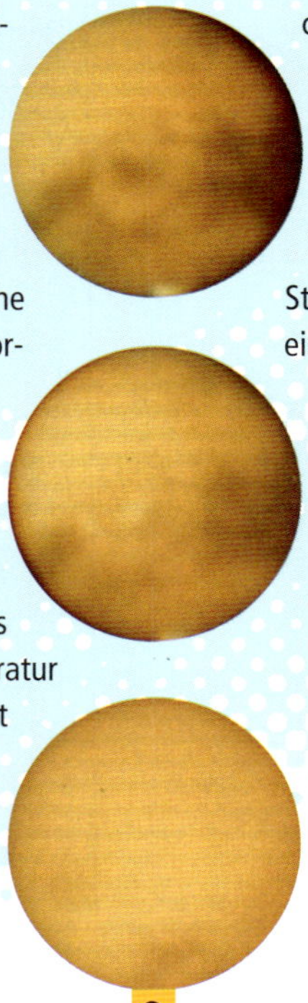

2

1 *Eine riesige Staubwolke wirbelt über den leeren Marsebenen, aufgenommen von einem der* Viking*-Orbiter.*

2 *Die Bildsequenz zeigt die Entwicklung eines Sandsturms auf dem Mars, aufgenommen 1973 vom Lowell-Observatorium in Flagstaff, Arizona. Das obere Bild zeigt den Sturm in seiner Entstehung – nur acht Tage später war der gesamte Planet von Staub eingehüllt (unteres Bild).*

Die ersten konkreten Hinweise kamen am 14. Juli 1965, als sich die NASA-Sonde *Mariner 4* dem Mars bis auf 10 000 km näherte. Wie in Kapitel 3 erwähnt, machte die Mission durch 21 Schwarzweißfotos der kraterübersäten Oberfläche Schlagzeilen, sie erforschte jedoch auch die Atmosphäre. Man hatte ursprünglich geschätzt, daß der Druck in der Marsatmosphäre ein Zehntel der Erdatmosphäre betragen würde, die Messungen ergaben aber, daß er nur ein Hundertstel betrug. Das bedeutete, daß die Atmosphäre sehr dünn war, etwa so dünn wie am höchsten Punkt von David Simons' Ballonreise. Mars unterschied sich deutlich von Venus, abgesehen von einem wichtigen Aspekt. Das Spektroskop der *Mariner 4* fand große Mengen Kohlendioxid – tatsächlich besteht die Marsatmosphäre zu etwa 90 % aus diesem Gas. Damit ist die Erde, mit nur Spuren von Kohlendioxid, aber 78 % Stickstoff und 20 % Sauerstoff, eine Ausnahme unter den drei Planeten.

Eine so dünne Atmosphäre schien im Vergleich zur Venus auf den ersten Blick von Vorteil, doch die Ingenieure, die der Sonde eine sanfte Landung ermöglichen sollten, stellte sie vor eine schwierige Aufgabe. Die Reibungshitze, die beim Übergang vom luftleeren Raum in die Marsatmosphäre entstand, erforderte immer noch einen starken Schutzschild, außerdem mußte die Sonde eine besonders flache, langgestreckte Flugkurve einnehmen, um ihre Geschwindigkeit für eine weiche Landung ausreichend zu drosseln. Eine so einfache Kugelkonstruktion wie die der *Venera*-Sonden wäre für den Mars ungeeignet, hier mußte ein genau abgestimmter Eintrittskegel entwickelt werden. Für die letzte Phase des Sinkflugs waren ferner ein großer Fallschirm und Bremsraketen nötig. Schließlich waren auch noch die riesigen, globalen Sandstürme zu berücksichtigen. Eine Sonde mußte möglicherweise mit Windgeschwindigkeiten von mehreren hundert Kilometern pro Stunde fertig werden.

Die Russen hatten diese technische Herausforderung schon Jahre vor den Amerikanern angenommen. Die Sonden *Mars 2* und *3* waren in jenem Winter 1971 jedoch zum Scheitern verurteilt. Ursache dafür könnten die unterschiedlichsten Zwischenfälle gewesen sein, der beteiligte Wissenschaftler Michail Marow glaubt jedoch bis heute fest an einen globalen Sandsturm. Vor seinem inneren Auge sieht er, wie die beiden Sonden von starken Winden abgetrieben werden, am Boden entlangschleifen und schließlich polternd liegen bleiben, zerstört oder kaum noch arbeitend. Der Anblick des Marshimmels blieb den Menschen damit weiter verborgen.

OBEN *Die Polkappen des Mars, hier auf einem Foto des Weltraumteleskops Hubble, machten Astronomen schon vor langer Zeit darauf aufmerksam, daß Mars eine Atmosphäre haben könnte.*

Im Sommer 1976 waren die Vorbereitungen der NASA für den Eintritt in die Atmosphäre eines anderen Planeten abgeschlossen. Die Entwicklung des Hitzeschilds für die *Viking*-Marslandemission war Alvin Seiff, Wissenschaftler am Ames-Institut der NASA, übertragen. In diesem Forschungszentrum südlich von San Francisco war auch der erste Hitzeschild der Raumfahrtbehörde überhaupt hergestellt worden. In den späten 60er Jahren hatte es die Raumfahrtpioniere Al Shepard und John Glenn davor bewahrt, bei lebendigem Leib zu verbrennen, als sie in ihren *Mercury*-Kapseln wieder in die Erdatmosphäre eintraten. Der Mars war aber ein heikles Projekt. Es gab viele Unwägbarkeiten – die je nach Höhe unterschiedlichen Druckverhältnisse, die genaue chemische Zusammensetzung der Luft, der Staubanteil, um nur einige zu nennen –, daher erschien es unklug, eine Landung zu versuchen, ohne vorher alle diese Faktoren zu berücksichtigen. Seiff hatte schon fünf Jahre zuvor vorgeschlagen, eine Kamikaze-Mission zum Mars zu schicken, die während ihres Sturzflugs alle notwendigen Messungen durchführen und die Ergebnisse übermitteln konnte. Kürzungen des Budgets hatten eine solche Mission jedoch verhindert, jetzt mußte also bei der ersten *Viking*-Mission alles perfekt funktionieren.

Am 20. Juli 1976 verließ *Viking 1* den Orbit und schoß mit 18 000 km/h in die obere Marsatmosphäre hinein. Innerhalb von Sekunden stieg die Temperatur am Hitzeschild auf 1500 °C. Die Kapselhülle wehrte aber nicht nur die Hitze ab, sie analysierte die chemische Zusammensetzung, Temperaturen und Druckverhältnisse der Umgebung, die so dringend erwartet wurden. Als die *Viking*-Sonde sich immer noch 6 km über dem Boden befand, öffnete sich zischend ein Fallschirm. Die weiße Hauptkappe fächerte auseinander, um die Landekapsel auf gemäßigte 60 m/sec abzubremsen, bevor die Bremsraketen zündeten und sie vorsichtig auf der Marsoberfläche aufsetzte.

Die Augenblicke nach der Landung sind in Kapitel 3 ausführlich beschrieben, am zweiten Tag nach der Landung kamen dann die ersten Farbfotos im kalifornischen JPL der NASA an, auf denen ein von den Wissenschaftlern langersehntes Motiv zu sehen war: der Himmel über dem Mars. Vor der Mission hatte man angenommen, daß er hauptsächlich schwarz sei. Man glaubte, die Atmosphäre sei nicht dicht genug, um das Sonnenlicht ausreichend zu streuen und das charakteristische blaue Licht zu erzeugen, das man von der Erde kennt. Höchstens die horizontnahen Schichten könnten eine leichte Blaufärbung zu bewirken.

Das historische Farbfoto, das kurz darauf veröffentlicht wurde, zeigte jedoch ein bekanntes Motiv: rote Erde und ein klassisches Himmelblau darüber. Einer der *Viking*-Wissenschaftler, Jim Pollack, wurde sofort mißtrauisch und überprüfte noch einmal die Rohdaten, die von der Sonde übertragen worden waren. Er wurde tatsächlich fündig, denn das für die Bildbearbeitung zuständige Team hatte instinktiv das Blau in der Aufnahme verstärkt, so daß der Himmel so aussah, wie sie ihn kannten – azurblau. Pollack erstellte die Aufnahme noch einmal, jetzt aber mit ausgewogenen Farben. Das Ergebnis bot eine weitere Überraschung: Der Himmel war nicht etwa rabenschwarz, sondern lachsrosa. Offensichtlich war der Mars ständig von einem Schleier schwebender roter Staubteilchen umgeben. Der erste »neue« Himmel war wirklich ein außerirdischer Anblick.

Aus dieser öden, felsigen Wüste, die jetzt fester Standort von *Viking 1* war, kam nun also der erste Wetterbericht vom Mars. Der

UNTEN *Genau wie auf der Erde kondensiert auch die Feuchtigkeit der Marsatmosphäre in der Höhe dadurch, daß wärmere Luft an Bergwänden hochsteigt und abkühlt, hier an dem Vulkanriesen Olympus Mons.*

OBEN *Blau oder rosa? Das erste Farbfoto, das die* Viking-*Sonde vom Mars übermittelte, war auf der Erde fehlerhaft bearbeitet worden, so daß es einen blauen Himmel zeigte (links). Erst einige Tage später wurde der Irrtum entdeckt und das Bild korrigiert (rechts).*

Wind wehte schwach, mit etwa 20 km/h, aus wechselnden Richtungen, was sich für uns aufgrund der geringen Dichte eher wie ein Hauch von 2 km/h anfühlen würde.

Die Höchsttemperatur betrug tagsüber –31 °C, die Tiefsttemperatur lag nachts bei eisigen –100 °C. Es gab keinen Treibhauseffekt in dieser Welt. Die dünne Atmosphäre konnte die direkte Sonneneinstrahlung nicht speichern, was in dieser Entfernung von unserem Stern bedeutete, daß der Mars eine gefrorene Welt war. Dies hatte jedoch auch einen Vorteil: Das Wetter war meist leicht vorherzusagen. Ein Tag war wie der andere, vielleicht etwas kälter oder wärmer, je nach Jahreszeit. *Vikings* Vorhersage für den nächsten Tag lautete: »Sonnig und trocken mit Aufheiterungen. Schwach windig und sehr kalt. Die weiteren Aussichten: keine Veränderung.«

Eine Geschichte von drei Erdlingen

Nachdem die Planetenwissenschaftler herausgefunden hatten, wie es um Mars und Venus wirklich bestellt war, fragten sie sich, wie drei Gesteinsplaneten sich so unterschiedlich entwickeln konnten. Warum ist die Atmosphäre der Venus 100mal so dicht wie die der Erde, die wiederum 100mal dichter als die des Mars ist? Wieso entwickelte sich eine Stickstoff-/Sauerstoff-Atmosphäre um die Erde anstatt einer stark kohlendioxidhaltigen? Mit diesen Fragen haben sich viele Forscher jahrelang beschäftigt, inzwischen scheinen sie eine Erklärung gefunden zu haben. Damit sie verständlich ist, muß man jedoch etwas weiter ausholen, bis zu der Zeit vor der Geburt der Planeten.

RECHTS *Frost auf dem Mars: An einem kalten Wintertag sind die nördlichen Marsebenen und die Felsen um* Viking 2 *herum von Rauhreif aus Wasser und möglicherweise Kohlendioxid überzogen.*

Wie in Kapitel 1 dargestellt, waren die drei Planeten sich in der Frühphase ihrer Entstehung wahrscheinlich ziemlich ähnlich, ihre Kerne wuchsen in gleicher Weise mit der aufgenommenen Menge Staub und Asteroiden, die die junge Sonne umkreisten. Da Erde und Venus sich aber weiter entfernt von dem zerstörerischen Sog Jupiters befanden, wurden sie größer als Mars. Mit dem Wachstum der Planeten stieg auch ihre Anziehungskraft, dadurch regneten die Asteroiden und Staubklumpen mit immer größerer Geschwindigkeit auf die Oberfläche nieder, bis sie schließlich beim Aufprall teilweise verdampften, ebenso wie wahrscheinlich auch ein Teil der Einschlagstelle. Die einschlagenden Brocken bestanden hauptsächlich aus Gestein und Wassereis. Der bei den Aufschlägen entstehende Dampf driftete anfangs davon. Ab einer bestimmten Größe der Planeten wurde die Anziehungskraft jedoch so groß, daß er nicht mehr entweichen konnte. Die wachsende Erde wurde bald genau wie die Venus von dicken Dampfwolken eingehüllt. Sie waren mit einer Temperatur von 1500 °C die ersten Atmosphären des Sonnensystems.

Zu diesem Zeitpunkt hatte der Mars bereits eine andere Entwicklung genommen. Da er nur ein Zehntel der Erd- bzw. Venusmasse besaß, konnte Mars die einschlagenden Asteroiden nicht so stark beschleunigen, daß sie verdampften. Es gab zwar geringe Mengen Dampf und andere Gase um den jungen Mars herum, auch Wasser gab es auf der Oberfläche, doch der größte Anteil flüchtiger Chemikalien lag immer noch in fester Form als unterirdische Eisbrocken vor. Als der rote Planet abkühlte, blieb der größte Teil der frühen Atmosphäre in gefrorener Form im Boden gefangen.

Das brachte Mars in eine schlechte Position: Je dünner die Atmosphäre am Anfang war, desto schwieriger war es, sie festzuhalten. Nachdem sich die Planeten gebildet hatten, war immer noch eine große Menge Asteroiden im Sonnensystem vorhanden, und in den nächsten 500 Millionen Jahren gab es reihenweise exorbitante Kollisionen zwischen den Planeten und diesen treibenden Bergmassiven. Die zerstörerischen Einschläge – sehr viel heftiger als der, der als Ursache für das Aussterben der Dinosaurier gilt – schleuderten Teile der Atmosphäre in den Raum. Aufgrund der schwachen Gravitation und der sowieso schon dünnen Atmosphäre hatte Mars darunter viel stärker zu leiden als Erde und Venus.

Es wird viel darüber diskutiert, was während der ersten 500 Millionen Jahre auf Erde und Venus geschehen ist, die plausibelste Theorie ist im Moment wohl die, daß ein Teil des dicken Schleiers abregnete und sich auf der Oberfläche Ozeane bildeten, als die Planeten abkühlten. Dies war mit Sicherheit auf der Erde der Fall. Auf der Venus, die ja der Sonne näher ist und immer heißer war, hätten solche Ozeane wegen der hohen Temperatur nicht entstehen können. Die Venusatmosphäre war ständig mit Wasserdampf gesättigt. Wasserdampf ist bei sichtbarem Licht transparent, reflektiert jedoch infrarotes Licht. Als die Sonnenstrahlen auf die Venus trafen, durchdrang ein kleiner Teil den Dunst und erreichte die Oberfläche, wo er absorbiert wurde. Heißes Gestein strahlte die Energie dann in Form von Wärmestrahlung zurück in die Atmosphäre, wo sie von der dicken Wasserdampfschicht komplett reflektiert wurde. Die Venus blieb heiß.

Gleichzeitig zerlegte ultraviolette Strahlung im oberen Teil der Atmosphäre den Wasserdampf in seine Bestandteile Wasserstoff und Sauerstoff. Wasserstoff ist so leicht, daß er einfach abtrieb, sobald er einmal von den schwereren Sauerstoffatomen getrennt wurde. Ein Teil des Sauerstoffs wurde von dem entweichenden Wasserstoff mitgerissen, der Großteil verband sich jedoch mit den Kohlenstoffatomen und bildete Kohlendioxid, ein weiteres effektives Treibhausgas. Auf diese Weise blieb der Treibhauseffekt erhalten, obwohl die Dampfschicht immer dünner wurde. Der Wasserdampf in der Venusatmosphäre wurde nach und nach durch große Mengen Kohlendioxid ersetzt, das heute noch vorhanden ist. Die Venus wird häufig als Planet mit starkem Treibhauseffekt bezeichnet, als wäre sie zu Anfang kalt gewesen und hätte sich dann erst aufgeheizt. Das ist ein wenig irreführend, denn der Planet war früher ja noch heißer, als er es jetzt ist. Er war jedoch nie in der Lage, die großen Mengen Treibhausgase abzubauen – Wasserdampf bzw. Kohlendioxid –, die ihn umgaben. Die Venus hat sich nie aufgeheizt, sie hat sich einfach nie richtig abkühlen können.

Die Erde war gerade weit genug von der Sonne entfernt, daß die Ozeane abregnen und so das meiste Treibhausgas aus der Atmosphäre auswaschen konnten. Unser Planet trat langsam aus dem »Dampfbad« hervor und kühlte sich ab. Danach bestand die Atmosphäre, ähnlich wie die von Mars und Venus, hauptsächlich aus Kohlendioxid, das bei der Reaktion von heißem Gestein mit Wasser oder Sauerstoff entstanden war. Dieser Zustand hielt etwa zwei Milliarden Jahre an, bis die ersten zur Photosynthese fähigen Algen begannen, sich zu vermehren. Diese Vorgänger der Grünpflanzen nahmen Kohlendioxid aus der Atmosphäre auf und wandelten es in große Mengen Sauerstoff um. Unsere Atmosphäre unterscheidet sich hauptsächlich deshalb von den anderen, weil Leben auf der Erde entstanden ist.

Wolken voller Schwefel

Wie wäre es wohl, durch die Wolken der Venus zu gleiten? Zwischen 1972 und 1985 stießen insgesamt 13 Sonden – davon neun sowjetische – durch die Wolkendecke, um für uns einen Blick auf das Darunterliegende zu erhaschen. Ihre Entdeckungen:

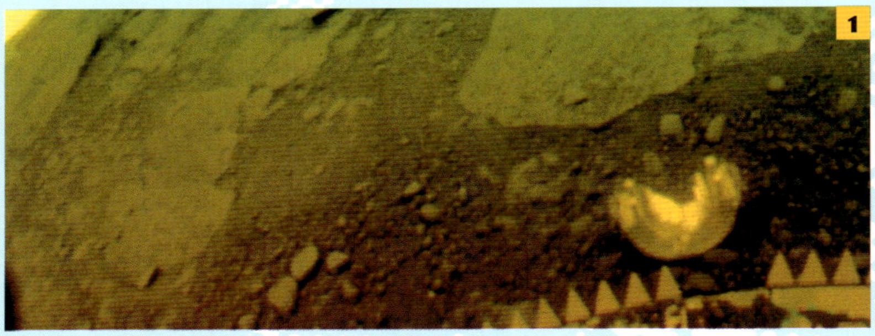

1972 Die Sonde *Venera 8* (UdSSR) war mit einem Photometer ausgerüstet, um die Lichtabsorptionsrate innerhalb der Wolkendecke zu messen. Während des Sinkflugs sank die Intensität zwischen 70 und 40 km aufgrund der dichten, ausgedehnten Wolken dramatisch ab. Obwohl es unterhalb dieser Höhe keine Wolken gibt, könnte man nicht bis zum Boden sehen. Er wird von der dichten Atmosphäre so verdeckt wie der Meeresgrund durch das Wasser. Entgegen allen Erwartungen zeigte *Venera 8* jedoch, daß es in Bodennähe durchaus genügend Licht gibt. Auf der Venus herrschen etwa dieselben Lichtverhältnisse wie an einem trüben Wintertag in Moskau.

1975 Die Sonden *Venera 9* und *10* (UdSSR) landeten und machten die ersten Schwarzweißaufnahmen von der Oberfläche. Sie entdeckten während des Sinkflugs, daß die globale Wolkendecke tatsächlich in drei voneinander abgegrenzte Schichten, mit klaren Zonen dazwischen, getrennt war. Außerdem waren die Wolken längst nicht so dicht wie auf der Erde – sie waren nicht viel mehr als Nebelschleier.

1978 Im Dezember erreichten nicht nur die Sonden *Venera 11* und *12* (UdSSR), sondern auch vier Sonden der *Pioneer-Venus*-Serie (NASA) den Planeten. Die größte amerikanische Sonde war mit einem Infrarotsensor bestückt, der den Treibhauseffekt als Grund für die hohen Temperaturen bestätigte. Alle Sonden maßen einen hohen Schwefelanteil in den Wolkenschichten, was den Verdacht bestätigte, daß die Wolken aus Schwefeldioxid bestehen – vielleicht durch Vulkaneruptionen entstanden. Auf der Venus regnet es Schwefelsäure, allerdings verdampft die Flüssigkeit, bevor sie den Boden erreicht. Die *Venera*-Sonden *11* und *12* entdeckten außerdem, daß es ununterbrochen blitzt.

1982 Die *Venera*-Sonden *13* und *14* (UdSSR) erstellten die ersten Farbaufnahmen, sie zeigten einen orangefarbenen Himmel. Die Erdatmosphäre streut blaues Licht stärker als rotes und gelbes, deshalb ist der Himmel blau. Die Venusatmosphäre ist aber so dicht, daß alles blaue Licht vollständig absorbiert wird, bevor es den Boden erreicht, und nur rotes und gelbes Licht übrig bleibt.

1985 Die Sonden *Vega 1* und *2* (UdSSR) ließen nach der Landung mit Helium gefüllte Wetterballons aufsteigen, die u. a. die Windgeschwindigkeit messen sollten. In Bodennähe ist der Wind extrem schwach – er weht nur mit 1–2 km/h. In größerer Höhe wurden die Ballons von stärkeren Windströmungen erfaßt. *Vega 2* wurde an einer Stelle von einem starken Fallwind mehrere Kilometer nach unten gedrückt. In großen Höhen erreicht der Wind Geschwindigkeiten von mehreren hundert Kilometern pro Stunde. Diese »Superrotation« der Atmosphäre über einem Planeten, der 243 Tage für eine Umdrehung benötigt, ist bis heute ein Rätsel.

1 *Orange Umgebung: Die vulkanische Oberfläche der Venus aus Sicht von* Venera 13.

2 Venera 13 *und* 14 *gehörten zu den größten unbemannten Sonden überhaupt. Die Kugel oben an der Sonde mißt etwa 2 m im Durchmesser, sie enthält die ganze Landekapsel.*

Durch die Atmosphäre

Aus der Ferne betrachtet, bietet die Erde einen friedlichen Anblick, doch der sanfte Übergang vom Himmelblau zum Schwarz des Alls ist in Wirklichkeit eine ausgezeichnete Abwehrmauer gegen alle Versuche, einzudringen. Die Reibungswärme, die entsteht, wenn ein Körper mit mehreren Kilometern pro Stunde in die Atmosphäre eintritt, ist so groß, daß sie Gestein zu Asche verglühen läßt, wie man z.B. an Sternschnuppen sehen kann. Um in die Atmosphäre eines anderen Planeten einzudringen, mußten wir zuerst lernen, unsere eigene sicher zu durchqueren.

In den 50er Jahren begannen die Wissenschaftler, mit den Spitzen von ballistischen Raketen zu experimentieren. Ihr Plan, eine stromlinienförmige Rakete zu bauen, die die Atmosphäre mit ein bißchen Glück wie ein Messer durchschneiden würde, scheiterte schon bei den ersten Tests: Die Raketen wurden bei Wiedereintritt überhitzt. Eine andere Idee: Anstatt die Luft zu durchschneiden, konnte man auch versuchen, sie mit einer Art stumpfem Hammer zu durchschlagen. Durch diesen Frontalangriff entstand ein mehrschichtiges, bewegliches Luftpolster unter der eindringenden Fähre. Dadurch konnte die in der Atmosphäre entstehende Hitze besser von der Fähre abgehalten werden, die Luftpolster dienten zur Isolierung. Mit einer stumpfen Front versehen gelang den bemannten US-Raumfähren *Mercury*, *Gemini* und *Apollo* der Wiedereintritt in die Atmosphäre.

Die Russen wählten einen anderen Weg, um ihre ersten Sonden durch die Atmosphäre der Venus zu bringen. Ihre Raumfahrzeuge waren kugelförmig, dadurch konnten sie eine ähnliche Isolationsschicht aufbauen wie die US-Sonden, waren aber schlechter zu steuern. In der dicken »Suppe« um die Venus fiel dies jedoch nicht ins Gewicht. Die ersten fünf erfolgreichen *Venera*-Sonden besaßen Fallschirme, die sie abbremsten, nachdem die Hitzeschilde sie beim Eindringen in die Atmosphäre geschützt hatten. Von *Venera 9* an waren die Sonden anders konstruiert, sie warfen die Kugelhülle während des Falls ab, wodurch eine uhrenglasförmige Sonde zum Vorschein kam. Oben an dem Uhrenglas war eine flache, breite Scheibe angebracht, die in der unteren Atmosphäre (sie ähnelt dort einer Flüssigkeit mehr als einem Gas) als Bremse fungierte. So wurden die Sonden stark genug abgebremst, um eine Landung zu überstehen.

1

1 *Die Venera-9-Sonde ohne ihre Hitzeschutzhülle, oben ist die kreisförmige Bremsscheibe zu sehen.*

Der Atmosphärenplanet

OBEN *Eine* Voyager-*Aufnahme der erstaunlich komplexen, turbulenten Wolkenstrukturen des Jupiter, die die Wissenschaftler begeisterten. Der Große Rote Fleck war nur einer von mehreren tausend Wirbelstürmen des Planeten.*

Schon vor mehr als 300 Jahren konnte der italienische Astronom Gian Domenico Cassini Jupiter gut genug sehen, um die hellen und dunklen Streifen zu erkennen, mit denen er verziert ist und die seither eine ungebrochene Faszination ausüben. Die Teleskope wurden weiterentwickelt, und die Astronomen beobachteten ganze Nächte lang gebannt, wie sich die rotbraunen und cremefarbenen Bänder aneinander vorbeischoben, manche in derselben, andere in Gegenrichtung des nur zehnstündigen Rotationszyklus' Jupiters. Außerdem war in den letzten drei Jahrhunderten jede Nacht eine bemerkenswerte Struktur zu sehen: der Große Rote Fleck. Man konnte sehen, wie er wuchs und wieder schrumpfte und wie seine Farbe zwischen Rostbraun und Scharlachrot wechselte. 1938 tauchten plötzlich drei weiße Flecken um den roten herum auf, die seitdem seine Begleiter sind. Dennoch ist Jupiter kein Beispiel für Konstanz, sondern für Veränderung. Man könnte keine Karte von ihm zeichnen. Die Gasriesen bestehen ja eigentlich aus nichts als Atmosphäre. Sie sind deshalb weitaus geeigneter als die Gesteinsplaneten, um außerirdische Wetterbedingungen zu studieren.

Im Februar 1979 herrschte große Aufregung im Presseraum der Bodenstation im JPL. *Voyager 1* näherte sich gerade Jupiter und übermittelte spektakuläre Detailaufnahmen. Im Publikum waren Ausrufe des Erstaunens zu hören, sporadisch brandete Applaus auf. Vor allem die Farben sorgten für Begeisterung: Ockergelbe, rote, cremefarbene und braune Ströme flossen ineinander.

Auch der Rote Fleck war in Großaufnahme und in Farbe zu sehen. Er ist ein riesiges Hochdruckgebiet, ein Wirbelsturm mit einer Ausdehnung, die doppelt so groß ist wie die Erdoberfläche. Und er ist beileibe keine Ausnahme, sondern nur der größte von mehreren tausend Wirbelstürmen und Gewittern, die auf dem Planeten wüten. Je mehr Details erkennbar wurden, desto überwältigender erschien den Wissenschaftlern die Komplexität des Gebildes. Als das Bildbearbeitungsteam die Fotos der Öffentlichkeit präsentierte, suchte Teamleiter Brad Smith vergeblich nach Erklärungen. Sein einziger wissenschaftlicher Kommentar lautete: »Alle bisherigen Modelle der Wolkenzirkulation sind wertlos.«

Auf der Erde wird das Wetter durch die Sonne bestimmt. Der helle Stern heizt die Äquatorregion stärker auf als die Pole, durch den Temperaturunterschied werden große Luftmassen in Bewegung gesetzt. In Kombination mit der Erddrehung, die die Luft mit sich zieht, schafft die Sonne konstante, entgegengesetzte Windströmungen – der Passat in Äquatornähe und die Jetstreams in den gemäßigten Breitengraden. Wo diese Windströmungen sich berühren, bilden sich Wirbelstürme. In diesem Licht betrachtet, schien das Wetter auf Jupiter anfangs gar nicht so fremdartig. Man nahm an, daß dort dieselben Mechanismen in Kraft waren, nur daß die größere Masse und Rotationsgeschwindigkeit des Planeten zu mehr Wolkenbändern geführt hatte.

Nachdem die Infrarotsensoren der sich nähernden *Pioneer 10* aber entdeckt hatten, daß Jupiter selbst mehr Wärme erzeugte, als er von der Sonne aufnahm, kam die Vermutung auf, daß auch die Wetterverhältnisse von dem Planeten selbst geschaffen wurden und nichts mit der Sonneneinstrahlung zu tun hatten. *Voyager* brachte die Bestätigung: Die Sonde meldete, daß die Temperatur des Planeten überall fast dieselbe war – die Pole waren kaum kälter als die Äquatorregion.

Jupiters inneres Glühen

In den frühen 70er Jahren kamen zwei Wissenschaftler in den USA, Frederick Bussé und John Hart, auf die Idee, anhand von kleinen Jupitermodellen zu prüfen, ob das Planeteninnere für die charakteristische Wolkenbildung die Ursache sein konnte. Wie in Kapitel 4 beschrieben, ist das Innere des Jupiter nicht fest, sondern eine Kugel aus flüssigem Wasserstoff. Theoretisch bildet eine flüssige, schnell rotierende Kugel ineinander verschachtelte Zylinder aus, die sich mit unterschiedlichen Geschwindigkeiten bewegen. Die beiden Wissenschaftler vermuteten, daß die Wolkenflecken an der Planetenoberfläche Querschnittsflächen solcher Zylinder sein könnten. In diesem Fall hätten die Bänder nichts mit der Sonne zu tun, sondern wären statt dessen Kennzeichen der inneren Jupiterstruktur. Tatsächlich erzeugten ihre Modelle des rotierenden Planeten – komplizierte Konstruktionen, die Jupiters gewaltige Anziehungskraft zu simulieren versuchten – die erwarteten Zylinder. Das Modell funktionierte also in der Theorie, aber wie war es in der Realität?

Auch die Jupiteruntersuchungen von *Voyager 1* und *2* gaben keinen genauen Aufschluß. Es gab andere Theoretiker, die die Sonne in ihren Computersimulationen als Energiequelle verwendeten und sehr ähnliche Wetterstrukturen erhielten. Beide Parteien – die »externen« wie die »internen« – behaupteten, daß die Testergebnisse ihre Theorien belegten, aber niemand hatte wirkliche Beweise zu bieten.

UNTEN *Das Innere von Saturn – eine Simulation des Anblicks, der jeden erwartet, der es wagt, in die Wolkendecke des beringten Planeten einzudringen.*

UNTEN *Im Dezember 1994 entdeckte das Hubble-Raumteleskop einen sich entwickelnden neuen Sturm auf Saturn.*

Während auf der Erde heftig diskutiert wurde, zog *Voyager 2* unbeirrt weiter durch das Sonnensystem. Die Wolkenbänder des Saturn waren zwar feiner, aber offensichtlich desselben Ursprungs wie die auf Jupiter. Wieder bestanden beide Seiten auf der Richtigkeit ihrer Theorien. Die

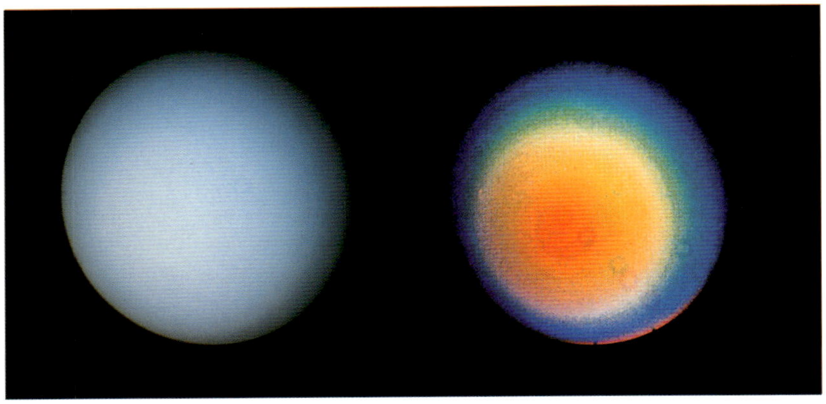

RECHTS OBEN *Als die* Voyager-2-*Kamera Uranus im infraroten Bereich aufnahm, wurden in dem scheinbar unverbindlich glatten Äußeren (links) die Wolkenbänder erkennbar, die typisch für alle Gasriesen sind (rechts).*

UNTEN *Der Große Schwarze Fleck, den* Voyager 2 *1989 entdeckt hatte, war verschwunden, als das Hubble-Teleskop 1996 dieses Bild aufnahm. Statt dessen ist ein kleinerer Sturm neu aufgetaucht (rechts unten im Bild), der sich heute bereits wieder auflöst.*

Entscheidung fiel schließlich durch Uranus. Wie wir wissen, liegt die Rotationsachse des Uranus horizontal. Im Jahr 1986 zeigte sein Südpol fast genau auf die Sonne, der Nordpol lag bereits seit 20 Jahren im Dunkel. Wenn die Sonne das dortige Wetter bestimmte, mußte es sich gravierend von dem unterscheiden, was auf Jupiter und Saturn beobachtet wurde. Die Windströme hätten vielmehr von Süden ausgehend nach Norden verlaufen müssen. Anfangs konnte man nicht erkennen, was geschah. Die blasse, aquamarinblaue Kugel zeigte der *Voyager*-Kamera keinerlei Eigenheiten. Als die Bildqualität jedoch besser und die Kontraste schärfer wurden, kristallisierte sich unter Zuhilfenahme von Infrarotaufnahmen eine Antwort heraus. Auf Uranus existierten dieselben Wolkenbänder wie auf Jupiter und Saturn. Auch war der Äquator geringfügig wärmer als die anderen Regionen. Bussé und Hart sahen ihre Annahmen bestätigt. Diese Planeten benötigten die Sonne nicht – sie schufen ihr eigenes Wetter.

Wie zum Beweis stellte sich heraus, daß auf Neptun, der nur ein Tausendstel der Energiemenge erhält, die die Erde aufnimmt, besonders abwechslungsreiche Wetterverhältnisse herrschen. *Voyager 2* entdeckte weiße Wolkenfetzen, die sich innerhalb von zehn Minuten bildeten und wieder verschwanden. Sogar der Große Schwarze Fleck, den das *Voyager*-Team 1989 erspäht hatte, war verschwunden, als das Hubble-Teleskop 1996 auf den entferntesten Gasriesen ausgerichtet wurde. Die veränderlichen Wolken auf Neptun bestätigten zudem eine Beobachtung, die erstmals 1980 bei Saturn festgemacht worden war: Je weiter die Planeten von der Sonne entfernt sind, desto schneller bewegen sich ihre Wolkenbänder um sie herum. Wie sollte das möglich sein, wenn sie nicht selbst die treibenden Kräfte waren?

Die Diskussion ging weiter. Um ganz sicher zu sein, mußten die Wissenschaftler noch tiefer in diese Gaswelt eindringen, in die Atmosphäre, um zu erfahren, wie es dort aussah, wo es kein Tageslicht gab.

Welten wechselhaften Wetters

1

Falls Sie gerade eine Rundreise durch das Sonnensystem planen, richten Sie sich auf chaotische Wetterverhältnisse ein. Auf Mars, der ersten Station, hat der Wintereinbruch am Südpol bereits eisige Spuren hinterlassen. Während die Temperaturen weiter fallen, beginnt es leicht zu schneien, und zwar Kohlendioxid. Die Reise führt nun in die Gluthitze der Venus, hier begegnet man oft einer ganz anderen Art Schnee – aus reinem Metall. In den Tälern der Venus ist es so heiß, daß einige Metalle verdampfen, und nachdem man helle Kuppen auf den etwas kühleren Gipfeln hoher Berge gesichtet hat, vermuten manche Wissenschaftler nun, daß es sich dabei um kondensiertes Metall handeln könnte. Die Nebelwelt des Saturnmonds Titan hält eine andere Erfrischung für müde Reisende bereit: Es regnet flüssiges Methan. Bei nur einem Sechstel der Erdanziehungskraft trudeln die Tropfen gemächlich dem Boden entgegen und wachsen dabei auf etwa 1 cm Durchmesser an, sie sind damit doppelt so groß wie Regentropfen auf der Erde.

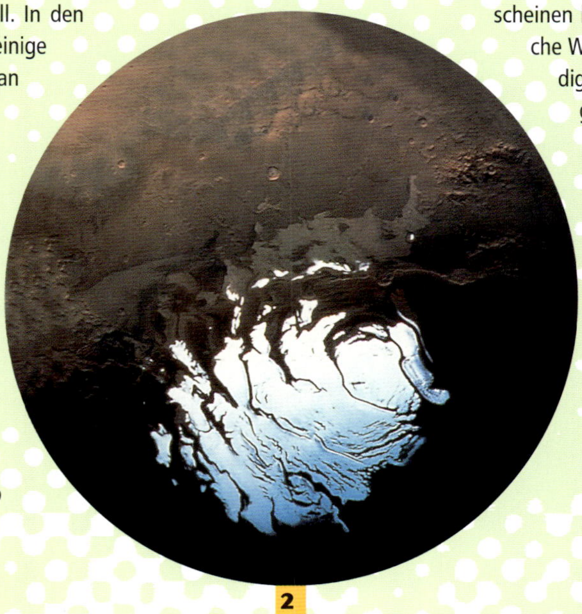

2

All diese Anblicke verblassen jedoch angesichts der Erhabenheit riesiger Atmosphärenwirbel auf den Gasplaneten – allen voran der Große Rote Fleck auf Jupiter. Seit 300 Jahren wird dieser Fleck bereits durch das Teleskop beobachtet, aber es gibt ihn wahrscheinlich schon viel länger. Wie kann ein Wirbelsturm, der auf der Erde höchstens ein paar Tage dauert, so lange Zeit Bestand haben?

Die *Voyager*-Sonden bekamen während ihrer Vorbeiflüge 1979 die Gelegenheit, je 30 Stunden lang die atmosphärischen Bedingungen auf Jupiter aus der Nähe zu beobachten. Der Rote Fleck und die anderen großen Stürme sahen aus wie immer, dazwischen beobachteten die Kameras jedoch, wie sich Tausende kleinerer Sturmwirbel bildeten und wieder verschwanden. Die Sonden deckten einen gravierenden Unterschied zwischen kleinen und großen Stürmen auf. Kleine Stürme werden durch gegenläufige Wolkenbänder von den Rändern großer Stürme gelöst. Innerhalb von ein bis zwei Tagen werden sie jedoch durch die entgegengesetzten Kräfte aufgerieben. Die großen Stürme dagegen halten sich scheinbar dadurch, daß sie einfach mit den Strömen schwimmen, d. h. sie lassen sich von den seitlichen, gegenläufigen Bändern »herumwirbeln«.

Der tatsächliche Ablauf bleibt rätselhaft, obwohl es viele Theorien gibt. Der Rote Fleck und die anderen langlebigen Stürme scheinen kleinere Wirbel zu »verschlingen«. Manche Wissenschaftler glauben, daß ihre Beständigkeit in der oberen Atmosphäre darauf gründet. Andere vermuten einen unbestimmten Energielieferanten tief im Innern von Jupiter, der die Wirbel immer wieder »aufzieht«. Es könnte aber auch sein, daß Stürme auf einem Planeten von der Größe Jupiters einfach länger als 300 Jahre brauchen, bevor sie nachlassen.

1 *Der immerwährende Sturm: Jupiters Großer Roter Fleck.*
2 *Der Südpol des Mars ist mit gefrorenem Kohlendioxid bedeckt.*

Rendezvous mit einem Gasriesen

Die Idee, eine Sonde in die Atmosphäre des Jupiter zu schicken, war nicht neu. Schon die ersten Konzepte der *Voyager*-Missionen, die im NASA-Forschungszentrum Ames entworfen wurden, beinhalteten Raumfähren, die kleinere Sonden in jeden der Gasriesen schicken sollten. Der frühere Mitarbeiter Alvin Seiff erinnert sich, daß er damals darauf hinwies, wie schwer es vor allem werden würde, in Jupiter einzudringen. Der Grund dafür liegt darin, daß jeder Körper, der sich einem Planeten nähert, von dessen Anziehungskraft erfaßt wird. Eine Sonde zur Erde würde in der Atmosphäre auf mindestens 11 km/sec beschleunigt werden. Auf Jupiter liegt die minimale Eintrittsgeschwindigkeit bei 60 km/sec, also über 210 000 km/h!

Ende der 70er Jahre erhielten Seiff und sein Team von Ingenieuren schließlich den Auftrag, die Sonde zu realisieren. Die von ihm entworfenen Kapselhüllen waren inzwischen beim Eintritt in die Atmosphäre von Mars und Venus getestet worden, Jupiter bedeutete jedoch den schwersten Härtetest für die Ingenieurskunst. Zuerst mußte der Eintritt selbst bewältigt werden, und dann war der ansteigende Druck zu berücksichtigen, mit dem die Sonde auf ihrem Weg nach innen fertigwerden mußte. Im Zentrum Jupiters beträgt der Druck mehrere Millionen Atmosphären. So tief konnte die Sonde natürlich nicht gelangen, wohl aber tief genug, um der Sonneneinstrahlung zu entgehen und das Rätsel der Stürme zu ergründen. Das Team entschied sich für ein durchlässiges Design, so daß die Gase ungehindert durch die Sonde hindurchströmen konnten, das aber hieß, daß die steigenden Temperaturen sie zerstören würden.

Seiff hätte nie gedacht, daß er so lange darauf warten mußte, zu sehen, ob sich sein Konzept auszahlte. Die *Galileo*-Mission – eine Raumfähre, die um den Jupiter kreisen und dort die Sonde aussetzen sollte – wurde mehrfach zurückgeworfen. Neue Zielsetzungen der NASA, Startverschiebungen und vor allem die Explosion des Space-Shuttles *Challenger* im Jahr 1986 führten schließlich dazu, daß die Mission mit zehn Jahren Verspätung den Jupiter erreichte. Endlich, im Juli 1995, trat der *Galileo*-Orbiter in den Gravitationsbereich des größten Planeten im Sonnensystem ein.

Er setzte eine Sonde von der Größe eines Fasses aus und schickte sie geradewegs in Richtung der chaotisch wirbelnden Wolkenmassen. Die *Galileo*-Sonde war nicht nur die erste, die in Kontakt mit der Atmosphäre eines Gasriesen kam, sie wurde auch zum schnellsten bisherigen Flugkörper. Als sie in die Atmosphäre eintrat, wirkte das 228fache(!) der Erdanziehungskraft auf sie ein. Ihre Außenhülle erwärmte sich auf das Dreifache der Oberflächentemperatur der Sonne. Aber obwohl sich die Sonde auf unbekanntem Gebiet und eine Milliarde Kilometer von zu Hause entfernt befand, war sie nicht allein. Hunderte von Wissenschaftlern auf der Erde verfolgten jede ihrer Bewegungen. Ihre Augen und Ohren bzw. Teleskope und Satellitenschüsseln waren ausgerichtet, all ihre Hoffnungen lagen darauf, daß die Sonde möglichst lange überdauerte. Schnell war die Sonde auf 100 km/h abgebremst, nun lagen 60 Minuten des spektakulärsten Flugs aller Zeiten vor ihr: ein gemächliches Eindringen in die obere Atmosphäre des komplexesten Wolkengebildes im ganzen Sonnensystem.

SEITE 185 *Der Windplanet:* Voyager 2 *machte diese Großaufnahme von Wolkenfeldern, die mit 1500 km/h um den Planeten Neptun getrieben werden.*

USA

Ein erster Blick

Die Daten, die während dieser Stunde übermittelt wurden, öffneten die Tür zu einer anderen Welt. Abgesehen von den Windströmungen sendete die *Galileo*-Sonde auch langersehnte Informationen über die chemische Zusammensetzung von Jupiter, die Temperaturen und Druckverhältnisse in der Atmosphäre des Gasriesen und die Beschaffenheit der Wolken in diesem wundersamen Himmel. Bis heute sind die Wissenschaftler dabei, die in dieser kurzen Zeit übermittelten Daten auszuwerten.

Jener Sinkflug war ein Triumph für Bussé und Hart. Während die Sonde tiefer eindrang, registrierte sie ansteigende Windgeschwindigkeiten, von 400 km/h in der oberen Wolkendecke bis zu 600 km/h in 40 km Tiefe. Danach blieb der Wind bis 130 km Tiefe konstant, wo die Sonde schließlich zerstört wurde. Daß die Windgeschwindigkeit dort größer ist, wo die Sonneneinstrahlung nachläßt, bestätigt, daß Jupiters Wetterbedingungen von ihm selbst erzeugt werden.

Und was war mit den Wolken selbst? Die Wissenschaftler hatten erwartet, daß Jupiter mit drei Wolkenschichten aufwarten würde: von außen nach innen Ammoniak, Ammoniumhydrosulfid und Wasserdampf. *Galileo* hätte auf dem Weg nach unten alle drei Schichten durchqueren müssen, doch der eigens für die Analyse der Umgebung entworfene Fühler, der an einem Ausleger angebracht war – ein Trübungsmesser – übermittelte konstante Meßwerte. Es handelte sich wahrscheinlich um eine große Blase aus Ammoniumhydrochlorid, jedoch fand sich weder Wasserdampf noch Ammoniak. Wie sich herausstellte, war die Sonde in einem ungewöhnlich trockenen Gebiet Jupiters niedergegangen, in dem heißes Gas aus dem Planeteninnern aufstieg. Unter den Wissenschaftlern war es bald als die »Sahara Jupiters« bekannt, durch ihre Teleskope konnten sie noch mehrere solcher Gebiete erkennen, die über den ganzen Planeten verstreut waren. Sie hatten einfach großes Pech gehabt. Deshalb wissen wir bis heute nicht, wie die innere Jupiteratmosphäre tatsächlich aussieht.

GEGENÜBER *Die* Galileo*-Sonde löste sich am 8. Oktober 1989 aus ihrer Halterung am Space-Shuttle* Atlantis*. Die Sonde, die sechs Jahre später in die Atmosphäre Jupiters eindringen sollte, war zwischen dem* Galileo*-Orbiter und der weißen Transportrakete angebracht.*

OBEN *Eine Computeranimation der oberen Wolkendecke auf dem Saturnmond Titan. Was wird die* Huygens*-Sonde wohl jenseits dieser eisigen Wolkenschicht vorfinden, wenn sie Titan im Jahr 2004 erreicht?*

Eine zweite Chance

Es wird lange dauern, bevor wir wieder die Gelegenheit bekommen, in das Innere eines Gasriesen zu sehen. Die Atmosphäre eines anderen Objekts wird früher in Reichweite sein. Um Saturn kreist der rätselhafte Titan. Er ist der einzige Mond des Sonnensystems, der eine signifikante Atmosphäre besitzt, und er ist wie Venus vollständig von Wolken umhüllt und die vielleicht faszinierendste Welt des ganzen Sonnensystems. Ein Ort, an dem es eigentlich keine Atmosphäre geben dürfte, besitzt eine Gashülle, die dichter ist als die der Erde. Seine Atmosphäre ist abgesehen von der unseres Planeten die einzige, die hauptsächlich aus Stickstoff besteht. Die allgegenwärtige, rotbraune Färbung läßt auf ähnliche organische Stoffe schließen, wie sie auch in Autoabgasen enthalten sind. Wie es wohl unter den kalten, zwielichtigen Wolken dieses Mondes aussieht? Am 27. November 2004, wenn die Sonde *Huygens* der Europäischen Raumfahrtbehörde ESA sie erreicht, werden wir es herausfinden. Und dieses Mal wird es eine Neuerung geben. Eine Kamera wird während des gesamten, zweieinhalb Stunden dauernden Abstiegs Aufnahmen der fremdartigen Umgebung machen. Wir werden zum ersten Mal miterleben, wie es ist, vom Himmel auf eine fremde Welt hinabzusinken.

7

Spuren von Leben?

Die Sonde steht bewegungslos auf dem roten Planeten. Acht Tage lang hat die Sonde *Viking 1* atemberaubende Bilder vom Mars zur Erde gesendet, doch ihre eigentliche Mission beginnt erst jetzt. Ein automatischer Hebelarm wird ausgefahren, eine kleine Schaufel gräbt sich direkt neben einem »Shadow« genannten Felsblock in den rauhen Boden. Die Wissenschaftler auf der Erde sind machtlos, sie können nur hoffen, daß die Roboterarme so arbeiten, wie es die sorgfältigen Planungen vorsehen, denn da die Datenübertragung 18 Minuten dauert, ist keine direkte Einflußnahme möglich.

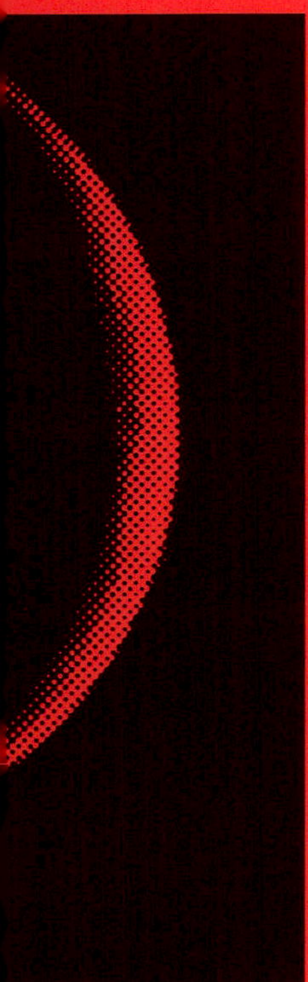

Die Schaufel fährt wieder nach oben und hält über einem Trichter an, der auf einem Metallwürfel mit 30 cm Durchmesser angebracht ist. Die Erde rinnt in den Trichter, der gleichzeitig einen Halbkreis beschreibt, so daß sie gleichmäßig auf die drei Experimente verteilt wird, die in dem Würfel untergebracht wurden. Auf diese Marsproben haben die Wissenschaftler lange Monate gewartet, während die Sonde noch unterwegs war. Jetzt beginnen sie sofort mit der Arbeit. »Das PR-Licht ist an!«, ruft jemand in der Bodenstation. Die Suche nach Hinweisen auf Photosynthese hat begonnen. Dies ist die Stunde der Wahrheit. Die Wissenschaft geht nun konkret der Frage nach, die die Menschheit seit Jahrhunderten beschäftigt: Gibt es Leben auf anderen Planeten?

Drei Tage später, am 31. Juli 1976, kündigte Chuck Klein, der führende Biologe des *Viking*-Projekts, vor einer großen Zahl von Journalisten und Fernsehkameras »wichtige, einzigartige und aufregende« Neuigkeiten an. Als die Reporter hörten, was er zu sagen hatte, gerieten sie beinahe außer sich. Die Abendnachrichten meldeten später, daß möglicherweise Leben auf dem Mars entdeckt worden war. Seit der bemannten Mondlandung der *Apollo 11* sieben Jahre zuvor war der NASA nicht mehr soviel Aufmerksamkeit zuteil geworden.

Was Klein bekanntzugeben hatte, war natürlich nicht ganz so dramatisch wie die Entdeckung »kleiner grüner Männchen«. Der wissenschaftliche Mitarbeiter Carl Sagan hatte es sich selbst

SEITEN 190–191 *Die Sonne leuchtet über der nach heutigem Wissensstand einzigen Welt, auf der der Lebensspender Wasser existiert: der Erde.*

zur Aufgabe gemacht, die *Viking-1*-Fotos nach Hinweisen auf Bewegungen zu untersuchen, zum Zeitpunkt von Kleins Pressekonferenz hatte er jedoch bereits aufgegeben und gespottet: »Bis jetzt ist offensichtlich noch kein Felsbrocken aufgestanden und weggelaufen.« Kleins Ziel war nicht so leicht erkennbar. Zusammen mit seinem Team von Biologen war er der Frage nachgegangen, ob möglicherweise mikroskopisches Leben auf diesem kalten, öden Planeten existieren konnte, und hatte an einer Versuchsreihe gearbeitet, die diese Frage zweifelsfrei beantworten konnte. Der 28. Juli war noch nicht vorbei, als bereits die ersten, erstaunlichen Ergebnisse eintrafen. Nur zweieinhalb Stunden nachdem die Bodenprobe in den vorgesehenen Behälter gefallen war, starrte Vance Oyama ungläubig auf die Resultate. Der Biochemiker am Ames-Laboratorium der NASA hatte ein Experiment entworfen, bei dem die Marserde mit einer Art chemischer »Hühnersuppe« besprüht wurde.

LINKS OBEN *Diese Aufnahme entstand, als* Viking 1 *mit der Suche nach Leben auf dem Mars begann.*

RECHTS OBEN *Die* Viking-2-*Sonde schiebt einen Stein zur Seite, um an die darunterliegende Erde zu gelangen. Die Wissenschaft rätselte: »Gibt es Mikroben auf dem Mars?«*

OBEN *Nicht bewegen: Die überzählige Kamera der* Viking*-Mission »übt« mit den Wissenschaftlern des JPL in Pasadena, Kalifornien. Die* Viking*-Kameras arbeiteten sehr langsam, die Bilder wurden aus vertikalen Streifen von links nach rechts zusammengesetzt. Diese Aufnahme dauerte so lange, daß die Wissenschaftler links schon längst gegangen waren, während die auf der rechten Seite immer noch posieren mußten.*

Falls sie, wie Oyama hoffte, lebende Bakterien enthielt, die auf »irdische Kost« ansprachen, müßten sie diese in Gas umwandeln, und genau dieses sollte in dem Experiment nachgewiesen werden. Man vermutete, daß Lebewesen, die an so einem unwirtlichen Ort wie dem Mars existierten, nicht sehr aktiv sein könnten. Oyama war darauf vorbereitet, Wochen oder gar Monate darauf zu warten, daß irgend etwas passierte. Tatsächlich mußte er aber überhaupt nicht warten. Laut den ersten Ergebnissen war eine große Sauerstoffblase aufgestiegen, nachdem nur ein Teelöffel der »Brühe« zugegeben worden war. Der Boden schien voller Leben zu sein.

Am 30. Juli um 19.30 Uhr begann die *Viking*-Sonde damit, die Ergebnisse des zweiten Experiments zu übertragen. Sie trafen in Form eines langen Computerausdrucks ein und waren so faszinierend, daß der Leiter des Experiments, Gil Levin, alle Mitarbeiter feierlich auf der ersten Seite unterschreiben ließ. Das »labelled-release« (etwa: markierte Freisetzung) genannte Experiment ähnelte Oyamas Test, allerdings enthielt Levins Testflüssigkeit radioaktiven Kohlenstoff. Würde sie von eventuell existierenden Marsmikroben verarbeitet, entstünde radioaktives Gas, daß der bordeigene Geigerzähler aufspüren mußte. Der Ausdruck zeigte deutlich, was geschehen war. »Die Chancen, daß irgend etwas passieren würde, waren minimal«, sagte Levin, »als wir sahen, daß die Kurve anstieg, trauten wir unseren Augen nicht.« Der Geigerzähler hatte fast sofort nach Beigabe der Nährlösung ausgeschlagen.

Zweifel

Obwohl Levin und Oyama mit Ergebnissen konfrontiert wurden, die sie vor dem Start ohne Zögern positiv bewertet hätten, kamen dem Biologenteam bald erste Zweifel. Marserde schien sogar aktiver zu sein als der fruchtbarste Erdboden. Wie hatte eine so schnelle Reaktion erfolgen können? Handelte es sich vielleicht gar nicht um biologische Aktivität, konnte möglicherweise etwas anderes in den Bodenproben die Ursache für die Gasproduktion sein? Drei Tage nach Chuck Kleins Pressekonferenz und fast eine Woche, nachdem das dritte Experiment begonnen hatte, meldete die *Viking*-Sonde, daß auch dieses offensichtlich positiv ausgefallen war. Der Biologe Norm Horowitz hatte seinen Test, bei dem durch Zersetzung Gas frei wird, konzipiert, um Hinweise auf Photosynthese zu entdecken, Zeichen primitiver Pflanzen auf dem Mars. Auch Horowitz verwendete radioaktiven Kohlenstoff, allerdings gasförmigem Kohlendioxid beigefügt. Nachdem die Bodenprobe einige Tage lang Gas und Licht ausgesetzt war, schien sie einen Teil des Kohlenstoffs »fixiert« zu haben, genau wie dies bei Pflanzen auf der Erde geschieht.

Das Biologenteam war inzwischen hochgradig angespannt. Levin bestand darauf, daß die positiven Ergebnisse die Existenz von Leben bewiesen. Allerdings gewann eine andere Erklärung im Team mehr und mehr an Gewicht. Das Vorhandensein einer reaktiven, korrosiven Substanz hätte die drei positiven Ergebnisse erklären können. Wasserstoffperoxid, ein weitverbreitetes Bleichmittel, würde sehr schnell reagieren und zu denselben Resultaten führen. Die drei Tests konnten allein keine sicheren Antworten liefern. Klein wartete daher auf das Ergebnis eines vierten *Viking*-Tests, das nicht von dem Biologenteam durchgeführt wurde.

Schon am 28. Juli sollte der Marsboden auch auf organische Substanzen hin untersucht werden. Das sind Substanzen, die auf Kohlenstoff und Stickstoff aufgebaut sind, die Moleküle sind oft besonders groß und komplex und bilden das Fundament allen Lebens, das wir kennen. Falls es Leben auf dem Mars gab, mußten organische Rückstände in der Bodenprobe zu finden sein. Als die Schaufel zum zweiten Mal ausholte, gab es jedoch eine Panne. Die Kontrollampe, die im JPL aufleuchten sollte, sobald das Gewicht der Probe in der Testapparatur registriert wurde, blieb dunkel. Da sehr viele Befehle an *Viking 1* gesendet wurden, mußte man weitere sechs Tage warten, bevor die Suche nach organischen Stoffen wiederholt werden konnte. Aber der Test stand unter keinem guten Stern, die Schaufel verklemmte sich auf dem Weg zum Einfüllstutzen. Zu diesem Zeitpunkt waren die Chemiker bereits der Verzweiflung nahe, denn obwohl die integrierte Waage immer noch nichts anzeigte, hatten sie auf einem der *Viking*-Fotos ein kleines Häufchen Erde direkt neben dem Trichter liegen sehen. Sie tippten darauf, daß etwas Erde – nicht genug, um registriert zu werden, aber genug für das Experiment – auch hineingefallen war, und setzten den Versuch fort. Sie gingen ein großes Risiko ein, denn die Ausrüstung hatte 55 Millionen Dollar gekostet (das entspricht dem heutigen Gegenwert von 165 Millionen Dollar), und falls sich in der Apparatur keine Erde befunden hätte, wäre der Versuch gescheitert gewesen. Sie hatten Glück, der Versuch gelang, doch das Testergebnis bewies, daß ohne jeden Zweifel keinerlei organisches Material in der Marserde enthalten war – es gab keine Spuren von Leben. Für die Biologen war der Disput damit beendet. Die positiven Ergebnisse waren durch eine reaktive Substanz im Boden zustande gekommen. Die intensive ultraviolette Strahlung der Sonne, die die dünne Marsatmosphäre durchdringen konnte, hatte die Marserde irgendwie in eine stark ätzende Masse umgewandelt. Sollte jemand es wagen, sie zu betreten, würden die chemischen Bestandteile seine Haut zersetzen. Der Traum von Leben auf dem Mars endete abrupt.

OBEN *Die Ingenieure bei dem Versuch, alle Testapparaturen für die Suche nach Leben auf dem Mars in eine nur 30 cm große Schachtel einzubauen. Sie wurden gerade rechtzeitig für die* Viking-*Starttermine fertig.*

Norm Horowitz, der sich bereits vor der Landung so sicher gewesen war, daß es kein Leben auf dem Mars gab, daß er behauptet hatte, mit Freuden einen Löffel davon mit Salat zu verspeisen, zog sein Angebot zurück, allerdings nur aufgrund des ätzenden Peroxids. Ein anderer Mitarbeiter der *Viking*-Mission, Gerald Soffen, hatte 15 Jahre Arbeit in die Suche nach außerirdischem Leben gesteckt, er verließ das JPL als desillusionierter Mann. Er ging nach Harvard, um dort zu unterrichten. An seinem ersten Arbeitstag schrieb er an die Tafel: »Goodbye Mars, hello Earth.« Der Mars, sagte er, ist ein Planet für Geologen, nicht für Biologen.

Das Zeitalter der Träume

OBEN *Der holländische Astronom Christiaan Huygens (1629–1695) vertrat als erster seinen Glauben an die Existenz außerirdischen Lebens.*

Seit Beginn des Weltraumzeitalters hat sich viel verändert. Noch gegen Ende des 19. Jahrhunderts wurde das Thema Leben auf dem Mars von anerkannten Wissenschaftlern ernsthaft diskutiert. Als man den Guzman-Preis in Paris aussetzte – stattliche 100 000 Francs für denjenigen, der den ersten Kontakt zu Außerirdischen herstellte –, wurde der Mars ausdrücklich aus dem Wettbewerb ausgeschlossen. Mit einem Marsianer zu sprechen, war viel zu einfach, glaubte man, denn deren Existenz galt ja als gesichert.

Die Marsbevölkerung verdankte ihre Scheinexistenz jener Zeit vor allem dem Aufsehen, das der italienische Astronom Giovanni Schiaparelli durch die Entdeckung der Marskanäle leichtfertig ausgelöst hatte (siehe Kapitel 3). Der holländische Astronom Christiaan Huygens hatte jedoch schon 200 Jahre zuvor über außerirdisches Leben im Sonnensystem spekuliert. Galilei und Kopernikus hatten erkannt, daß die Erde keinen Sonderstatus im Sonnensystem innehat, Huygens tat den nächsten logischen Schritt:

Ein Mann, der mit Kopernikus übereinstimmt,
daß unsere Erde genau wie die anderen Planeten um die Sonne kreist
und von ihr erwärmt wird, kann zuweilen nicht umhin,
zu glauben, daß auch sie ausgestattet sind mit Haus und Hof,
mit Bewohnern gar, gerade so wie die Erde.

Christiaan Huygens, Neue Muthmaßungen von den Erd-Kugeln und deren Schmuck, 1690

Huygens beschäftigte sich mit einer Frage, die uns auch heute noch bewegt: Ist die Erde wirklich etwas so Besonderes? Wenn sie nur eine von vielen Welten ist, die um die Sonne kreisen, konnte dann nicht auch auf anderen Planeten Leben entstanden sein? Dieser Traum hatte die Pioniere der Raumfahrt angespornt. Die meisten Wissenschaftler hatten als Jugendliche die Sciencefiction-Geschichten von H. G. Wells und Edgar Rice Burroughs gelesen – Erzählungen von Prinzessinnen auf der Venus und den Reisen des John Carter aus Virginia zum Mars. Es dauerte nicht lange, bis sie als Illusionen entlarvt wurden.

Zuerst endete der Mythos der Venus. Radiowellen hatten bereits vermuten lassen, daß dort Temperaturen von mehreren hundert Grad herrschten, die ersten unbemannten Missionen bestätigten dann, daß es sich um eine heiße, ätzende Kugel handelte.

LINKS *Bakterien unerwünscht:* Mariner 2 *wurde vor dem Start in einem keimfreien Raum aufbewahrt, damit sie die Venus nicht verseuchen konnte.*

Man kann es heute kaum glauben, doch die erste Venussonde *Mariner 2* wurde vor dem Start noch schnell desinfiziert, damit sie den Planeten beim Aufprall nicht etwa mit eingeschleppten Bakterien verseuchen würde. Es gibt auf der Erde kaum eine Möglichkeit, Leben so gründlich abzutöten, wie dies die Schnellkochtopf-Atmosphäre der Venus täte.

Auch in den späten 60er Jahren war die NASA noch auf außerirdisches Leben im Sonnensystem eingestellt. Die Astronauten und Gesteinsproben, die zurück- bzw. vom Mond zur Erde gelangten, wurden aus Angst vor Verseuchung unter Quarantäne gestellt. Die Sorgen waren letztlich unbegründet. Die Tests ergaben, daß es nicht nur keinerlei Anzeichen für Leben auf dem Mond gab, sondern daß auch fast der gesamte Boden völlig ausgetrocknet und durch die ultraviolette Strahlung der Sonne vollkommen unfruchtbar geworden war. (Die NASA-Sonde *Lunar Prospector*, gestartet 1998, hat vor kurzem Hinweise auf winzige Mengen Wassereis tief innerhalb dunkler Krater in den Polarregionen des Mondes gefunden, der Großteil des Untergrunds ist jedoch trockener als jede Wüste der Erde.)

Jupiter schied als nächster aus. Der Science-fiction-Autor Arthur C. Clarke, Ideengeber für die Entwicklung von Nachrichtensatelliten, hatte die Theorie aufgebracht, es gäbe Lebensformen, die wie gasgefüllte Ballons in den Jupiterwolken umhertrieben. Noch 1969, nachdem er erfahren hatte, daß die Venus unglaublich heiß ist, erklärte er, Jupiter hätte die größten Chancen auf Leben in diesem Sonnensystem. Die beiden *Voyager*-Sonden und kürzlich auch die *Galileo*-Sonde, fanden jedoch eine äußerst turbulente Jupiteratmosphäre vor. Es ist höchst unwahrscheinlich, daß eine Lebensform die extremen Temperatur- und Druckunterschiede überstehen könnte – in einem Moment die Gluthitze im Innern des Planeten, im nächsten aber schon die dünne, kalte Atmosphäre.

Die *Viking*-Mission beendete schließlich alle Spekulationen über den Mars. Es schien, als ob alles Leben jenseits der Erde verbrannt, verstrahlt, ausgetrocknet oder zersetzt wäre. Huygens' Traum war ausgeträumt. Der Weltraum schien ziemlich verlassen.

Ein zweiter Glückspilz?

UNTEN *Die beste Detailaufnahme des Jupitermonds Europa. Der* Galileo-*Orbiter flog in nur 560 km Höhe über seine erstarrte, zerfurchte Oberfläche hinweg. Das Gelände ähnelt frappierend der Antarktis auf unserem Planeten.*

Als *Voyager 2* sich 1979 Jupiter näherte, rechnete das Team keine Sekunde lang mit Hinweisen auf Leben. An der Mission war nicht ein Biologe beteiligt. Die Wissenschaftler bereiteten sich vielmehr darauf vor, vier Gasriesen und ganze Gruppen von Monden, die sie umkreisten, zu studieren. Auch von den Monden erhoffte sich niemand Schlagzeilen. Brad Smith, der Leiter des *Voyager*-Bildauswertungsteams, hatte nichts anderes erwartet, als unförmige Klumpen vereisten Gesteins vorzufinden, gezeichnet von einem Milliarden Jahre dauernden Meteoritenbeschuß. Tatsächlich entsprach dann nur Kallisto den geringen Erwartungen. Die anderen drei Jupitermonde boten Attraktionen. Io war besonders außergewöhnlich, er erwies sich als eine Welt, die überquoll von aktiven Vulkanen. Ganymed, der größte Mond des Sonnensystems, überraschte mit einer bizarr gezeichneten Oberfläche, die aussah, als ob man sie mit einem riesigen Rechen bearbeitet hätte, während sie gerade gefror. Am rätselhaftesten war jedoch Europa. Seine Oberfläche war fast spiegelglatt, sie mußte noch vor kurzer Zeit geschmolzen gewesen sein, aber wodurch?

In den Monden wirkt eine Kraft, die für ihre Erwärmung sorgt. Die kolossale Gravitation Jupiters verformt die ihn umkreisenden Monde derartig, daß die dabei entstehende Wärme ihr Inneres schmilzt. Auf Io, der Jupiter am nächsten kreisende Mond, ist die Temperatur hoch genug, um Gestein zu schmelzen und unzählige Vulkane zu schaffen. Ganymed, der von den drei Monden am weitesten entfernte, wurde in der Vergangenheit weniger stark erwärmt, dadurch entstand die seltsame Zeichnung seiner inzwischen gefrorenen Oberfläche. Europa befindet sich genau in der Mitte – es ist dort nicht zu heiß und nicht zu kalt. Es deutet alles darauf hin, daß dort ideale Bedingungen für die Existenz des wichtigsten Lebensbausteins herrschen: Wasser.

Die Möglichkeit eines Ozeans aus Wasser, der sich unter der Eiskruste Europas befinden könnte, hat die Biologen mit neuer Hoffnung erfüllt. Sie hatten die Erde schon zum »Glückspilz unter den Planeten« erklärt. Die Venus ist zu nah an der Sonne und damit zu heiß für Wasser; Mars ist zu weit entfernt und zu kalt. Die Erde ist die goldene Mitte. Wasser in flüssiger Form schien das einzige zu sein, was die Erde von den anderen Planeten unterschied, und solange sie die einzige bekannte Wasserwelt ist, beherbergt sie vielleicht auch als einzige Leben. Plötzlich gab es jedoch möglicherweise einen weiteren Ozean im Sonnensystem, einen, den kein Forscher je gesehen hat.

Ein Neubeginn

Die Suche nach Leben hatte bei Jupiter bereits neuen Auftrieb erhalten, doch Saturn stand ihm in nichts nach. Die meisten seiner Monde sind kleine Eiswelten, einer von ihnen hatte jedoch eine Ausnahmestellung. Titan ist der zweitgrößte Mond des Sonnensystems und der einzige, der eine erwähnenswerte Atmosphäre besitzt. Die Astronomen hatten von der Erde aus erkannt, daß sie dort Methan oder Erdgas enthält. Auf der Erde entsteht Erdgas durch Lebewesen, entweder vor oder nach deren Tod. Niemand hielt für möglich, daß es auf Titan auf dieselbe Weise entstanden war – bei –200 °C ist es viel zu kalt für Leben. Die Frage war vielmehr, ob das Methan ein Hinweis auf komplexere organische Substanzen sein konnte, mit anderen Worten, war jene Welt eine Art kosmischer Kühlschrank, in dem die Grundbausteine des Lebens lagerten?

Voyager 1 erreichte die nähere Umgebung von Saturn im November 1980, eine ihrer wichtigsten Aufgaben war eine eingehende Beobachtung von Titan. Sie strich in 4000 km Entfernung an ihm vorbei, konnte aber aufgrund der dichten Atmosphäre die Oberfläche nicht aufnehmen. Ihre Meßgeräte entdeckten jedoch, daß die Gasschicht um Titan größtenteils aus Stickstoff bestand, genau wie die Luft der Erde. Ferner fanden sich auch Methan, Ethan, Wasserstoffzyanid und weitere Substanzen, die zusammen in erstaunlicher Weise der Ursuppe glichen, die vor Milliarden von Jahren zur Entwicklung von Leben auf der Erde geführt haben soll.

Titan und Europa boten mehr als Hoffnungsschimmer. Titan war der Beweis dafür, daß die Bausteine des Lebens auch an anderer Stelle des Sonnensystems existierten. Europa hatte uns gezeigt, daß wir zu borniert gewesen waren – das Leben konnte vielleicht auch an anderen Orten im Sonnensystem Fuß fassen. Ein neuer Berufsstand entwickelte sich – die Exobiologie. Wie konnte Leben unter extremen Bedingungen im Weltraum existieren? Gibt es vielleicht Lebewesen auf der Erde, die auch auf Europa oder in einem Gebiet auf dem Mars, das von der *Viking*-Sonde nicht erkundet worden war, existieren konnten? Diesen Fragen gehen Exobiologen nach – der Biologie des Unbekannten.

LINKS OBEN *Kalte Luft: Man glaubt, daß der Saturnmond Titan unter der dichten Atmosphäre die Bausteine des Lebens in gefrorenem Zustand verbirgt.*

RECHTS OBEN *Dieser Teil der vereisten Oberfläche Europas sieht aus, als wäre er einst geschmolzen und überflutet gewesen, dann aber wieder zugefroren.*

Bis ans Ende der Welt

Eines Abends im Jahr 1978 sahen sich Imre und Roseli Ocampo Friedmann zu ihrer Überraschung in den Abendnachrichten. Zwei Jahre, nachdem die *Viking*-Mission alle Spekulationen über Leben auf dem Mars beendet zu haben schien, erklärte der renommierte Nachrichtensprecher Walter Cronkite dem Publikum, daß die Forschungen zweier Mikrobiologen der Entwicklung vielleicht eine neue Richtung gegeben hatten. Imre Friedmann hatte schon vor längerer Zeit erklärt, daß die *Viking*-Sonde an den falschen Orten nach Leben suchte. Seiner Ansicht nach galt es, nicht im Boden, sondern in den Gesteinsbrocken nach Leben zu forschen.

Begonnen hatte die Geschichte 1961, als dem ungarischstämmigen Wissenschaftler nach zehn Jahren erfolgloser Algensuche in der israelischen Wüste Negev plötzlich ein Stein in die Hand

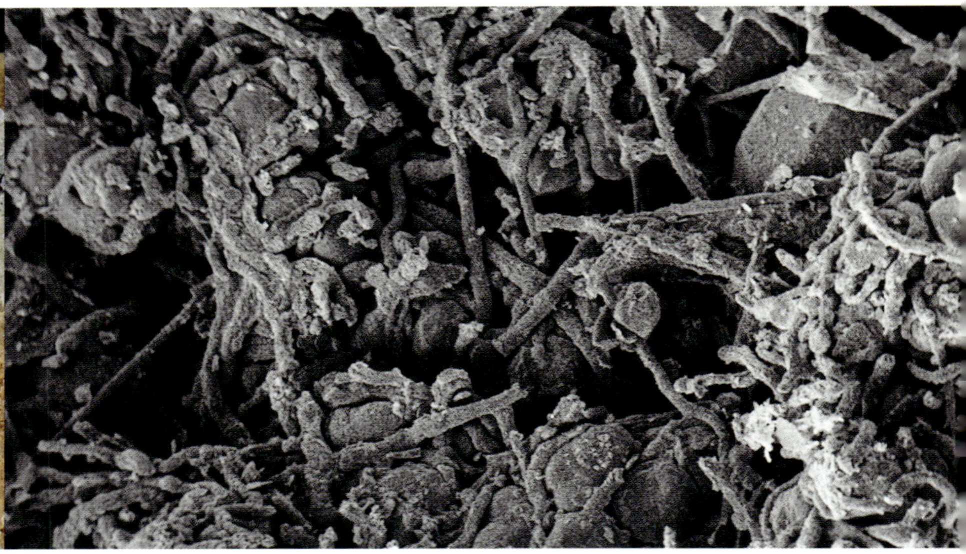

LINKS OBEN *Ein Stück Leben: Dieser Querschnitt eines Sandsteins aus der Antarktis zeigt eine deutliche Grünfärbung direkt unterhalb der Oberfläche, sie steckt voller mikroskopischem Leben.*

RECHTS OBEN *Kryptoendolithen: eine Großaufnahme dieser mikroskopisch kleinen Lebewesen, die innerhalb von Steinen auch bei Temperaturen überleben, die nur selten den Gefrierpunkt überschreiten.*

gedrückt wurde. Sein Universitätskollege, ein Geologe, war auf der Suche nach Öl gewesen, als er zufällig ein Stück Kalksandstein auseinandergebrochen und eine merkwürdig grünliche Färbung wahrgenommen hatte. »Er sagte mir, daß er sie zuerst für Kupfer gehalten hatte, aber das stimmte nicht. Also gab er mir den Stein, falls es sich um Biomasse handelte«, erinnert sich Friedmann.

Er führte einige Tests durch, und die grüne Schicht stellte sich tatsächlich als lebendig heraus – es waren blaugrüne Algen, die sich von kleinen Mengen im Gestein eingeschlossenen Wassers ernährten. Sie überlebten unter scheinbar unmöglichen Bedingungen, denn das Gestein konnte das Wasser auch bei extremer Trockenheit monatelang speichern. In der Folgezeit fand Friedmann überall Algen im Wüstengestein. Er begann, nach porösem Gestein wie Sandstein und Kalkstein zu suchen, deren Oberfläche verräterische Kennzeichen aufwies. Millimeter unter dem Gestein fand er häufig ergiebige grüne Schichten. Friedmann nannte die neuentdeckten Organismen »Kryptoendolithen«, was etwa bedeutet: »die, die sich im Gestein verstecken«.

LINKS *Die extreme Kälte und der Wassermangel in den Dry Valleys der Antarktis ähneln den Bedingungen auf dem Mars und machen sie zu einem idealen Ausdauertestgebiet des Lebens.*

UNTEN LINKS *Einige Wissenschaftler vermuten, daß sich auf dem eisigen Jupitermond Europa Leben um heiße unterirdische Quellen ansiedeln könnte, ähnlich wie um vulkanisch aktive Gebiete unter dem Pazifik.*

UNTEN *Das aus diesem neuseeländischen Geysir austretende Wasser ist kochend heiß, dennoch wuchern Mikroben in den umliegenden Teichen.*

Was ist Leben?

Wir glauben, daß wir Leben auf der Erde instinktiv als solches erkennen würden, wie stünde es aber mit außerirdischen Lebensformen? Das Leben, das wir kennen, basiert ausschließlich auf Kohlenstoffverbindungen. Kohlenstoffatome fügen sich so leicht zu langen Ketten zusammen, in die auch andere Elemente integriert werden, daß ein ganzer Zweig der Chemie nach ihnen benannt ist. Organische Substanzen sind komplexe Verbindungen, die mit einfachen Begriffen wie Protein, Zucker oder Säure benannt sind. Es gibt Millionen von verschiedenen Kombinationsmöglichkeiten für organische Substanzen, das Leben auf der Erde nutzt jedoch nur wenige davon. Muß sich das Leben anderswo auf dieselbe Auswahl beschränken, oder könnte es nicht auch weniger wählerisch sein? Es wäre sogar denkbar, daß sich Leben auf ein anderes Element als Kohlenstoff gründet. Silizium wurde schon häufig als möglicher Ersatz für Kohlenstoff diskutiert. Die Existenz von Leben auf der Basis siliziumhaltiger Stoffe ist absolut denkbar. Es wäre sicher viel zu engstirnig, zu erwarten, daß außerirdisches Leben nur in Form von Zellen mit Genen aus DNS und den bekannten Proteinen existieren könnte.

Vielleicht sollte man Leben nicht in bezug auf seine Bestandteile definieren, sondern in bezug auf sein Verhalten. Charles Darwin hätte gesagt, daß das Leben etwas ist, das sich mit jeder Generation verändert und entwickelt. Aber muß sich das Leben wirklich reproduzieren? Es scheint nur eine einzige grundsätzliche Bedingung für das Leben zu geben: Es benötigt Energie. Alles Leben verbraucht Energie, um seine Existenz zu erhalten, und in einem Universum, das Milliarden von Atomkraftwerken enthält, die man Sterne nennt, besteht daran kein Mangel.

1 *Desoxyribonukleinsäure oder DNS ist der Baustein des Lebens auf der Erde. Die Doppelspirale enthält alle Informationen, die über die Entstehung einer Bakterie, einer Maus oder eines Menschen entscheiden. Leben könnte jedoch auch auf vollkommen anderer Basis entstehen.*

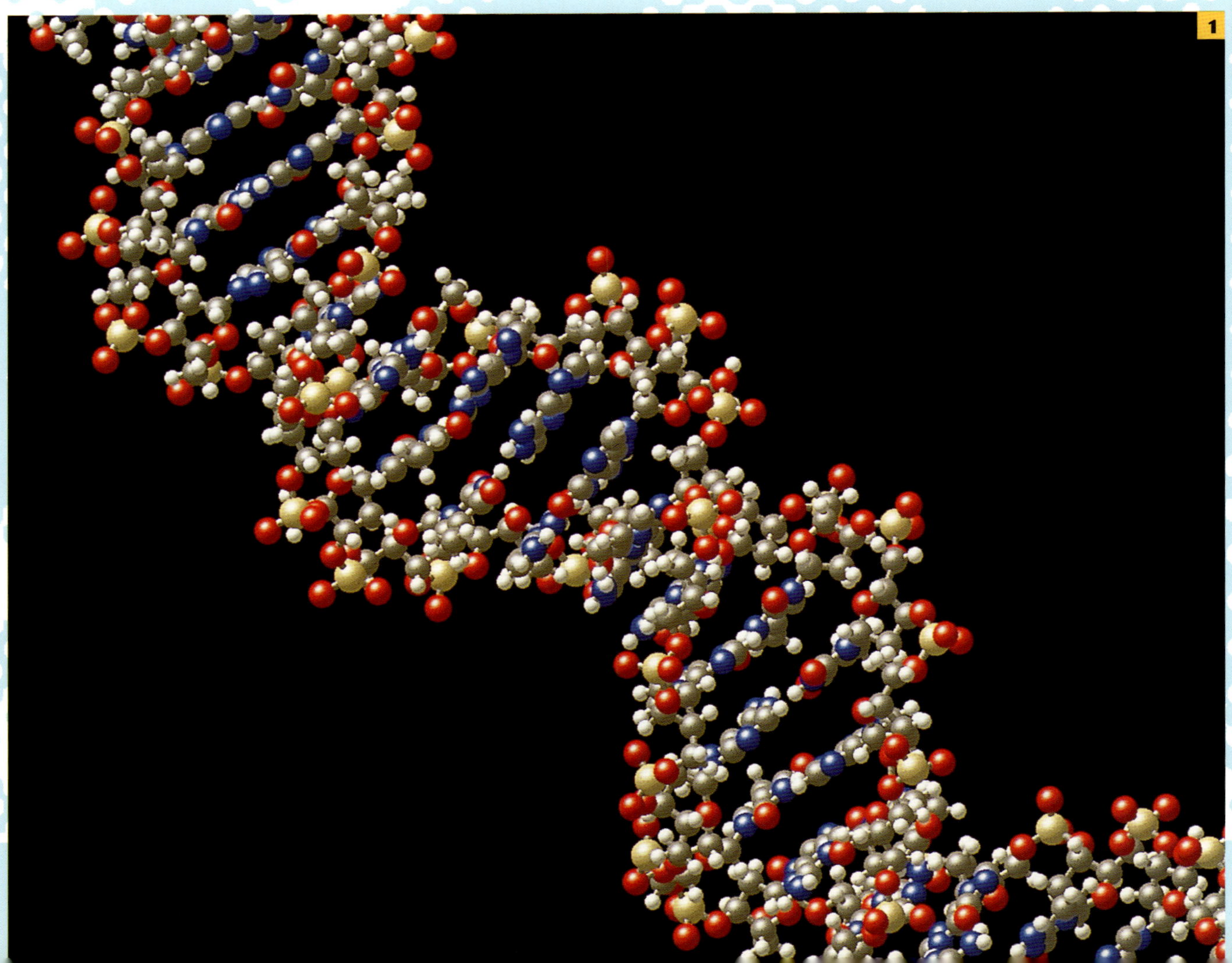

Schon bald stellte Friedmann sich die Frage, ob Leben wohl unter noch ungünstigeren Bedingungen existieren könnte – an Orten, die nicht nur trocken, sondern auch noch extrem kalt sind. Sein Wunsch, zu Forschungszwecken in die Antarktis zu reisen, wurde jedoch nicht ernst genommen. Seine Arbeit in der Wüste Negev hatte nicht gerade Aufsehen erregt. Außerdem hatte die NASA in den 60er Jahren mit großem Aufwand in den antarktischen Dry Valleys nach Leben geforscht, indem dort die Experimente durchgeführt wurden, die später Teil der *Viking*-Mission sein sollten. Wenn diese hochtechnisierten Experimente keine Ergebnisse brachten, was sollte man da von einem Neuling mit einer verrückten Theorie über Leben in den Steinen halten?

Im Sommer 1973 lernte Friedmann Wolf Vishniac kennen, einen Biologen und Mitarbeiter der *Viking*-Mission, dessen Experimente sich ebenfalls mit der Suche nach Leben befaßten, jedoch gerade gestrichen worden waren, um an der Sonde Gewicht zu sparen. Vishniac stand kurz vor einer Exkursion in die Antarktis und versprach ihm, eine Gesteinsprobe vom Südpol mitzubringen.

Einige Monate später bekam Friedmann die Nachricht von einem tragischen Unglücksfall. Einen Tag vor Weihnachten war Vishniac die Hänge des Mount Baldr hinaufgeklettert, um seine Experimente zu überprüfen. Am nächsten Tag wurde sein Körper gefunden, er mußte ausgerutscht und gestürzt sein. Für Friedmann war dies ein doppelter Schlag. Er hatte einen Freund und Verbündeten verloren und mit ihm die Chance, Gestein aus der Antarktis auf Leben hin zu untersuchen.

Im März 1974 erhielt er einen Brief von Helen Vishniac. Sie hatte in den Koffern ihres Mannes einige Steine gefunden, die mit Friedmanns Namen beschriftet waren. Imre und Roseli Friedmann konnten es kaum erwarten, sie im Labor zu untersuchen. Es war ein aufregender Moment, als sie in einer der Gesteinsproben ein wunderschönes Exemplar blaugrüner Algen fanden, einen Organismus, der ohne Schwierigkeiten an einem Ort überlebte, an dem die Temperatur höchstens ein oder zwei Tage im Jahr über den Gefrierpunkt stieg. Sie hatten den Beweis dafür entdeckt, daß das Leben auf der Erde viel widerstandsfähiger war, als man je angenommen hatte.

Es war eine Entdeckung von großer Tragweite, doch sie kam zum falschen Augenblick. Die Entdeckung von Leben in der Antarktis traf gerade drei Wochen nach der *Viking*-Landung auf dem Mars ein. In den Zeitungen spekulierte man noch über die Möglichkeit von Leben auf dem Mars – Leben auf der Erde, so ungewöhnlich es auch sein mochte, war keiner Erwähnung wert. Erst über ein Jahr später, als der *Viking*-Enthusiasmus sich gelegt hatte, hörten die Friedmanns, daß die NASA eine Pressemitteilung über ihre Arbeit herausgeben wollte.

Das Jahr 1978 bedeutete in mehrfacher Hinsicht einen Wendepunkt hinsichtlich der Theorien über das Leben auf der Erde und über außerirdisches Leben. Die Entdeckung von lebenden Organismen in den Dry Valleys der Antarktis, also unter marsähnlichen Bedingungen, hatte gezeigt, wie widerstandsfähig das Leben sein kann. Und im selben Jahr tauchten zwei Männer in einem U-Boot 2400 m tief am Grund des Meeres und entdeckten dabei Leben in der Umgebung eines rauchspeienden Vulkanschlots in der Nähe der Galapagos-Inseln. Bis zu diesem Augenblick hatte als biologischer Grundsatz gegolten, daß alles Leben auf der Erde Sonnenlicht benötigt. Die Organismen dort brauchten dies allerdings nicht – sie waren nie in seiner Nähe gewesen. Statt dessen überlebten sie mit Hilfe der Energie der heißen, aus der Erde austretenden Dämpfe.

UNTEN *Wolf Vishniac sammelte die ersten Proben, die auf die Existenz von Leben in den Dry Valleys hinwiesen. Er starb jedoch in der Antarktis und konnte sie nicht selbst mit nach Hause bringen.*

Wasser ist die Basis

Wenn eine außerirdische Zivilisation mit mir Kontakt aufnehmen und mich fragen würde, worauf das Leben auf der Erde basiert, dann würde ich sagen, auf Wasser. Wasser ist der Grundstoff allen Lebens, das wir kennen, und wo immer es Wasser gibt, gibt es auch Leben.

Chris McKay, Exobiologe der NASA, 1998

Die rasante Entwicklung der Exobiologie hat die *Viking*-Mission und ihre Suche nach Leben längst vergessen lassen. Das letzte Vierteljahrhundert hat gezeigt, daß Leben auch unter verschiedensten extremen Bedingungen möglich ist – ohne Sonnenlicht, bei großer Kälte wie bei großer Hitze –, so lange es Wasser gibt. Keine dieser Lebensformen ist besonders kompliziert, keine ist mehr als einzellig, dennoch handelt es sich um Leben. So ist aus der Suche nach Leben die Suche nach Wasser geworden. Nur wo Wasser ist, kann auch Leben sein. Die Erde ist die einzige uns bekannte Welt, die

UNTEN *Waterworld: Die Aufnahmen des* Viking*-Orbiters zeigen, daß der Mars früher eine Welt mit Flüssen und Tälern gewesen ist. Mangalla Valles, rechts im Bild, liegt nahe einer Ebene, die vielleicht einmal der Grund eines Ozeans war.*

Wasser im Überfluß besitzt. Nur Europa kann heutzutage ähnlich eingestuft werden. Aber wie verhielt es sich in der Vergangenheit, vor Milliarden Jahren, als das Sonnensystem noch jung war? Besaß die Erde damals ein Monopol auf Wasser?

Erde und Venus sind auf recht ähnliche Art und Weise entstanden. Beide bildeten sich aus Kugeln von geschmolzenem Gestein, umgeben von einer Gasschicht. Die Erde kühlte sich mit der Zeit ab, so daß der Wasserdampf abregnen und die Ozeane bilden konnte. Auch auf der Venus könnte es für gewisse Zeit einen Ozean gegeben haben, aber da sie der Sonne näher ist, war es dort immer viel heißer und das Wasser wahrscheinlich immer kurz davor, zu verdampfen, was ja schließlich auch geschah, als der Treibhauseffekt extreme Ausmaße annahm. Könnte es eine kurze, flüchtige Blütezeit des Lebens an den Ufern eines warmen Venusozeans gegeben haben? Wir werden es nie erfahren, denn die extremen Temperaturen der Venusatmosphäre haben längst alle eventuellen Spuren ausradiert.

Die Geschichte des Mars ist eine ganz andere, sie steht ihm geradezu ins »Gesicht« geschrieben. Die Sonde *Mariner 9* trat 1971 in die Umlaufbahn ein und entdeckte, daß diese Welt eine faszinierende Vergangenheit hat. Sie fand enorme Vulkane und tiefe Schluchten, an denen die Geologen ihre helle Freude hatten, aber sie entdeckte auch etwas für die Biologen. Es mußte einmal große Mengen Wasser auf dem Mars gegeben haben. *Mariner* sichtete riesige ausgewaschene Kanäle, die früher von einer halben Milliarde Liter Wasser pro Sekunde überschwemmt worden sein mußten – das 1000fache der Menge, die die Mündung des Mississippi durchfließt.

Während sich die Suche der *Viking*-Landekapseln nach Leben auf dem Mars als aussichtslos herausstellte, führten die dazugehörigen Orbiter die fotografische Erforschung der *Mariner-9*-Sonde weiter und entdeckten ironischerweise zahllose Hinweise darauf, daß der Mars einst wie geschaffen für Leben war. Die südliche Hemisphäre ist übersät mit Tälersystemen und netzartigen Flußbetten mit Nebenflüssen, die nur durch über sehr lange Zeit konstant fließendes Wasser entstanden sein können. Hinsichtlich der Anzahl von Kratern in den Tälern geht man davon aus, daß sie fast vier Milliarden Jahre alt sind. 1976 nahm man allgemein an, daß es wohl nicht lange genug Wasser gegeben hat, um für dauerhaftes Leben zu sorgen. Heute denkt man darüber anders.

Mission zur Erde

Bis heute ist außerhalb der Erde kein Anzeichen von Leben gefunden worden. Aber wie stehen die Chancen für die Zukunft? Wir wissen, daß es an manchen Orten möglicherweise Leben geben könnte und daß es an anderen Orten vielleicht Leben gegeben hat, aber wie wahrscheinlich ist es, daß Leben überhaupt irgendwo entsteht? Um dies zu erfahren, müssen wir der Frage nachgehen, wie das Leben auf der Erde entstanden ist. Genügte das Vorhandensein von Wasser, oder bedurfte es einer Serie unglaublicher Zufälle und eines Planeten mit idealen Voraussetzungen? Wenn wir wissen, wann das Leben auf der Erde begonnen hat, könnten wir vielleicht abschätzen, wie die Chancen für Mars, Europa und ähnliche Welten stehen.

Menschen, Fische, Vögel, Insekten, Dinosaurier: Alle Arten von Lebewesen, die man sich vorstellen kann, haben nach geologischen Maßstäben insgesamt nur den Bruchteil einer Sekunde gelebt. Denn die längste Zeit seiner Existenz war dieser Planet fast ausschließlich von nichts als ein-

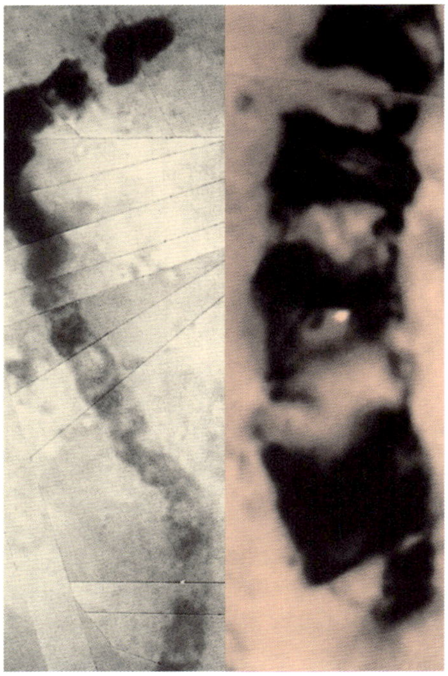

zelligen Protozoen bevölkert. Die Suche nach Hinweisen auf frühes Leben gestaltet sich daher ungleich viel schwieriger als Ausgrabungen uralter Knochen von Affen oder einem Tyrannosaurus rex. Dennoch sind einige dieser mikroskopisch kleinen Fossilien tatsächlich gefunden worden.

Der amerikanische Paläontologe Bill Schopf entdeckte 1991 während Ausgrabungsarbeiten in Westaustralien einen biologischen Schatz, verborgen in uraltem Sedimentgestein. In dem ausgetrockneten Bett eines früheren Sees stieß er auf winzige, mehrgliedrige Würmer, die Überreste primitiver, mikroskopisch kleiner Algen. Sie sind die ältesten Fossilien, die jemals gefunden wurden, und sie besitzen mehr als nur oberflächliche Ähnlichkeit mit heute noch lebenden Organismen. Das Leben hatte sich offensichtlich schon ziemlich weit entwickelt, als die Erde erst eine Milliarde Jahre alt war. Es war zu vermuten, daß es irgendwo noch ältere Fossilien geben mußte. Aber wo sollte man danach suchen? Wir leben auf einem Planeten, der seine Kontinente und Ozeane ununterbrochen selbst erneuert, dessen Vulkane alte Fossilien mit Lava überschüttet und dessen tektonische Platten versteinerte Mikroben Milliarden Jahre lang unter die Erdkruste geschoben haben. Aufgrund der andauernden geologischen Aktivität ist es sehr unwahrscheinlich, daß es heute noch irgendwo Gestein aus der Entstehungsphase gibt. Ob sich Spuren wohl in altem Gestein finden ließen, das bereits von dieser Aktivität betroffen war?

Steven Mojzsis, Mitarbeiter im Scripps Oceanography Institute in San Diego, Kalifornien, nahm 1995 die Suche nach mikroskopisch kleinen Fossilien in mehr als 3,5 Milliarden Jahre altem Gestein auf. Nur an wenigen Stellen auf der Erde gibt es Gestein dieses Alters. Australien ist einer dieser Orte, die eisige Einöde Grönlands ein anderer. Mojzsis suchte einen ganzen arktischen Sommer lang an der Küste Grönlands, schlug Steine auf und sammelte Proben, die er für besonders alt hielt. Er hielt sich dabei an Sedimentgestein, Schichtgestein, das durch Wasser abgesunken war, da er Fossilien vor allem da vermutete, wo es Wasser gegeben hatte. Monate später begann Mojzsis in San Diego mit der Untersuchung der Proben. Dabei entdeckte er etwas, das unser Verständnis von Leben im Sonnensystem grundlegend verändert hat.

OBEN *Unsere Vorfahren: Bill Schopf entdeckte diese winzigen Fossilien in Westaustralien, sie sind 3,5 Milliarden Jahre alt und ähneln der heute bekannten Schraubenalge.*

RECHTS *Friedhof der Steine: Einige der ältesten Gesteinsproben wurden in der schneebedeckten Einöde Grönlands entdeckt, einschließlich Sedimentgesteins, das sich am Grund des frühesten Ozeans der Erde gebildet hat.*

Der zivilisierte Mars

Im Jahr 1894 reiste ein wohlhabender Mann aus Boston in die Wüste von Arizona, um dort ein Observatorium zu bauen. Percival Lowell war dazu angeregt worden, als er von den Beobachtungen des italienischen Astronomen Giovanni Schiaparelli hinsichtlich der »canali« auf dem Mars gehört hatte. Der Italiener hatte damit eigentlich nur die Vertiefungen beschreiben wollen, die er gesehen hatte, doch Lowell hielt sie aufgrund eines Übersetzungsfehlers irrtümlich für künstlich angelegte Kanäle. Er verbrachte Jahre damit, an seinem 61-cm-Teleskop zu sitzen und das feine Netz von Wasserstraßen abzuzeichnen, das er vor Augen hatte. Er arbeitete fast ununterbrochen, wenn der Mars tief stand und das Okular des Teleskops dementsprechend weit vom Boden entfernt war, kletterte er auf eine Leiter, um nichts zu verpassen.

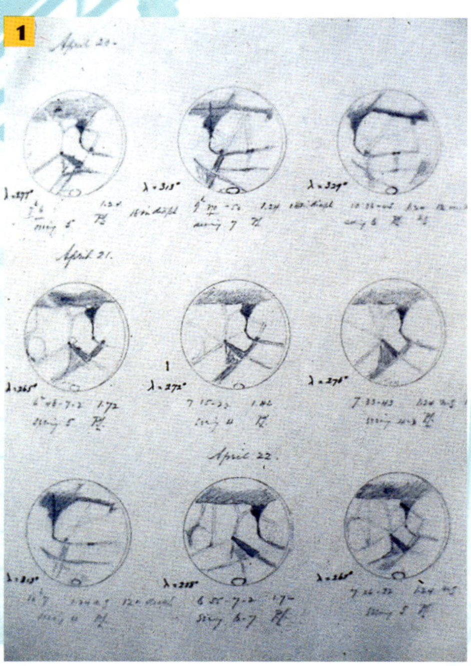

Lowell war vom Mars fasziniert und ein geschickter Vermarkter seiner Ansichten. Er glaubte an eine fortgeschrittene Zivilisation auf dem Mars, die fähig war, eine solch immense Konstruktion zu errichten, die von der Erde aus aussah »wie ein Spinnennetz im Gras an einem Frühlingsmorgen«.

Lowell weigerte sich standhaft, einen Irrtum bezüglich der Marsianer zuzugeben. Wenn andere Wissenschaftler erklärten, daß die Marsatmosphäre zu dünn und die Temperaturen zu niedrig für Wasser in flüssigem Zustand waren, ignorierte er sie einfach. Er hielt die beweglichen schwarzen Muster für bewachsene Gebiete, die mit Schmelzwasser aus den Polarregionen kultiviert wurden.

In einem Punkt hatte Lowell jedoch recht. Er konnte erkennen, daß der Mars ein trockener Planet war. Seine Vorstellung von den Kanälen basierte darauf, daß der Mars im Begriff war, zu verfallen – eine Welt, der das Wasser ausging und die verzweifelt versuchte, an ihrer Lebensweise festzuhalten. Wir wissen heute, daß es keine Kanäle auf dem Mars gibt und auch nie gegeben hat, doch er verfällt tatsächlich. Lowell war mit seinen Einschätzungen einfach drei oder vier Milliarden Jahre zu spät dran.

HINTERGRUND *Percival Lowell an seinem Teleskop bei der Beobachtung der Kanäle, von denen er glaubte, daß sie von Marsianern gebaut worden waren.*

1 *Diese Zeichnungen des Planeten seiner Träume fertigte Lowell während der langen, kalten Nächte an, in denen er arbeitete.*

2 *Eine Weltkarte vom Mars, die Percival Lowell nach jahrelangem Studium durch sein 61-cm-Teleskop im Jahr 1905 veröffentlichte.*

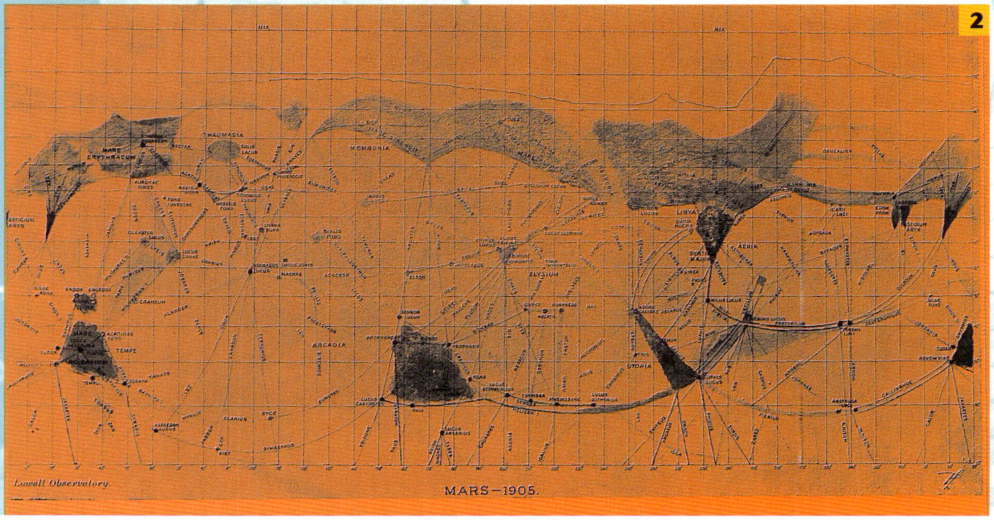

In den Proben waren winzige Körnchen Kohlenstoff eingeschlossen. Konnten sie die verkohlten Überreste einer Bakterienkolonie sein, deren steiniger Lebensraum durch geologische Aktivität zerstört worden war? Mojzsis orderte auf diese Vermutung hin eine mehrere Millionen Dollar teure sogenannte Ionensonde, mit deren Hilfe man bestimmen konnte, ob dieses Stück Holzkohle einmal Leben enthalten hatte. Die Ionensonde erfaßt die relativen Mengenanteile der verschiedenen Kohlenstoff-Isotope in einer Probe. Mit Kohlenstoff meinen Wissenschaftler meist Kohlenstoff-12-Isotop, aber Kohle enthält auch immer einen kleinen Teil Kohlenstoff-13. (Kohlenstoff-13 ist mit Kohlenstoff-12 fast identisch.) Lebende Organismen verwenden jedoch bevorzugt das Kohlenstoff-12-Isotop zum Bau ihrer Aminosäuren und der DNS, da dieses etwas leichter reagiert als Kohlenstoff-13. Wenn in einem Stück Kohle mehr Kohlenstoff-12 vorhanden ist als üblich, dann bedeutet das, daß es einmal Leben enthalten hat. Es ist also eine Art chemisches Fossil. Mojzsis hatte mit seiner Annahme recht gehabt. Die Proben aus Grönland enthielten tatsächlich außergewöhnlich hohe Anteile von Kohlenstoff-12. Sie waren zu Asche gewordene Überreste von uralten Kleinlebewesen. Die größte Überraschung aber war ihr Alter: über 3,9 Milliarden Jahre.

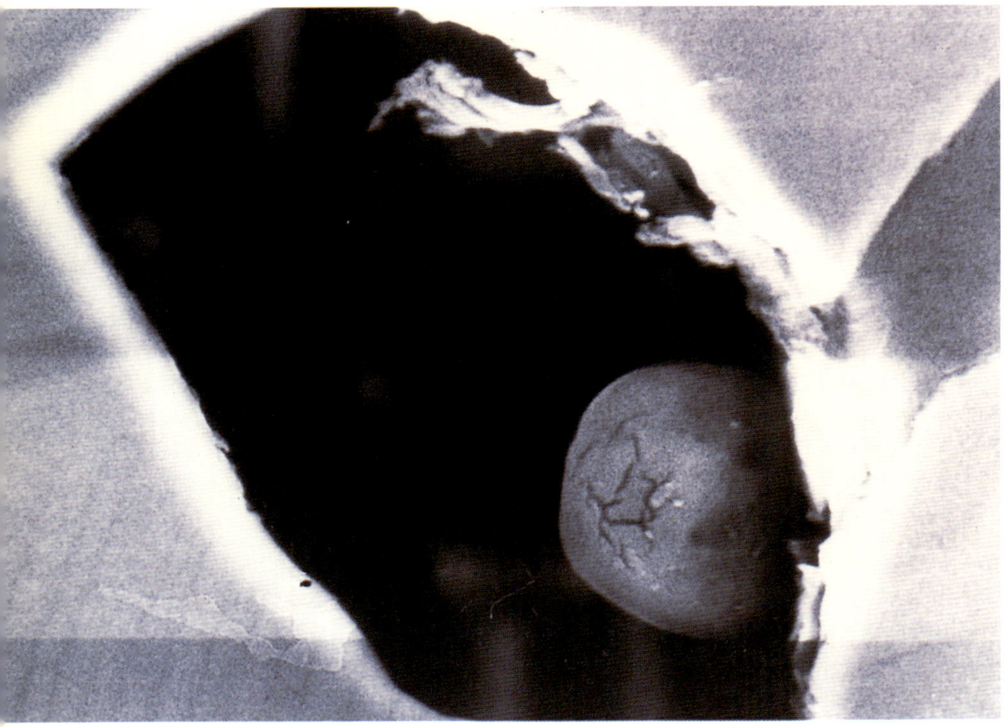

OBEN *Stephen Mojzsis fand dieses winzige Körnchen Kohle (hier in 1000facher Vergrößerung auf der rechten Bildseite zu sehen) in einem 3,9 Millionen Jahre alten Stein in Akilia auf Grönland. Dieses Stück ist alles, was von einer Kolonie primitiver Kleinlebewesen übriggeblieben ist.*

Der Altersunterschied von 400 Millionen Jahren zwischen diesen Proben und denen von Bill Schopf scheint auf den ersten Blick bei solchen Dimensionen nicht weiter ins Gewicht zu fallen, doch er war groß genug, um langgehegte Theorien hinsichtlich der Entstehung von Leben auf der Erde zu widerlegen. Die Ursprünge des Lebens wurden somit nämlich in die Phase des »späten, schweren Bombardements« zurückverlegt (siehe Kapitel 1). Während dieser Phase der Entstehung des Sonnensystems schlugen Meteoriten und Asteroiden mit großer Zerstörungskraft und in viel größerer Zahl auf der Erde ein als heute. Die Planeten hatten sich gerade erst gebildet, und es befanden sich noch große Mengen Trümmerteile in dem Bereich, der heute als leerer Raum zwischen den Planeten gilt. Damals umkreiste die Erde die Sonne in Begleitung eines großen Geröllfelds, das genauso dicht war, wie es der Asteroidengürtel heute ist. Riesige Meteore trafen auf die Erde, schmolzen den Untergrund und verdampften die Ozeane. Diese apokalyptische Phase hielt bis vor 3,8 Milliarden Jahren an, dann trat eine erste Beruhigung ein. (Man kann dies anhand der Krater auf dem Mond belegen, denn nach diesem Zeitpunkt nimmt die Zahl der Einschlagkrater drastisch ab.) Und doch scheint es so, als ob es Bakterien schon lange gab, als das Bombardement schließlich endete. Das Leben verlor keine überflüssige Zeit, es siedelte sich in einer Umgebung an, die der heutigen Erde genauso fremd ist wie der Mars.

Wenn sich das Leben früh auf der Erde entwickelt hat, warum dann nicht auch auf dem Mars? Vor vier Milliarden Jahren besaß der Mars noch eine dichte Atmosphäre. Es gab Regenfälle und Flüsse. Sogar damals war der Mars bereits ziemlich kalt – eher arktisch als tropisch –, doch wie wir heute wissen, kann sich Leben praktisch überall entwickeln, wo es Wasser gibt. Die schnelle Entwicklung des Lebens auf der Erde warf jedoch auch ganz eigene Fragen auf. Die Biologen hatten angenommen, daß es etwa eine Milliarde Jahre dauern würde, bis Leben in den Tümpeln am Rand eines warmen Ozeans entstand, in die verschiedene chemische Substanzen hinein- und wieder herausgespült wurden, sich langsam vermischend und miteinander reagierend, bis dabei schließlich etwas entstand, was primitivem Leben entsprach. Die Proben aus Grönland ließen jedoch darauf schließen, daß das Leben nur einige Dutzend Millionen Jahre für seine Entwicklung benötigt hat. Vielleicht gibt es ja noch eine andere Erklärung.

Leben aus dem All

An einem Tag im Jahr 1871 stand Sir William Thompson (der spätere Lord Kelvin) in der British Association of Science in Edinburgh und hielt eine Ansprache. Er erklärte, daß das Leben durch Meteoriten von fernen Welten zu uns gelangt sein könnte. Seine Theorie war als Antithese gegen den Darwinismus gedacht, den er für Ketzerei hielt. Er bevorzugte die Idee, daß die himmlische Saat des Lebens durch die Tiefen des Alls zu uns gekommen war, gegenüber seiner zufälligen Entstehung hier auf der Erde. Seine Theorie erregte verbreitet Gelächter, vor allem bei der Kirche, dennoch blieb sie ein ganzes Jahrhundert im Gespräch. Man nannte sie »Panspermie«.

Kelvins Geschichte wurde in den letzten knapp 130 Jahren häufig variiert, doch die Grundidee blieb immer dieselbe: Vor langer Zeit kollidierten in einem fernen Teil der Galaxie zwei Welten auf ihren Umlaufbahnen um einen hellen, gelben Stern. Eine davon, sie sah möglicherweise der Erde ähnlich, war voller Leben. Die Trümmer, die bei dem gewaltigen Zusammenprall entstanden waren, wurden hinaus in den leeren Raum geschleudert, und obwohl die meisten von ihnen öde Felsbrocken waren, enthielten einige doch eingefrorene Sporen des Lebens. Millionen von Jahren gingen ereignislos vorüber, bis der Kurs dieser interstellaren Flugkörper durch ein junges Sonnensystem führte. Wieder geraten sie in den Schwerkraftbereich eines Sterns, dieses Mal ist es ein bläulicher, unsere junge Sonne. Nach einer Weile prallen sie auf ihren neuen Umlaufbahnen mit einer unbelebten Erde zusammen, durch die Wucht des Aufpralls werden die bis dahin ruhenden Sporen über den ganzen Globus verstreut. Das Leben kann von neuem beginnen. Eine verrückte Idee? Vielleicht.

UNTEN *Eine heiße Quelle auf dem Mars? Die Spuren, die am Rand dieses Einschlagkraters – eine Großaufnahme von* Mars Global Surveyor *– erkennbar sind, scheinen von Wasser zu stammen. Manche Wissenschaftler glauben, daß Quellen wie diese auf dem Mars immer noch aktiv sein könnten.*

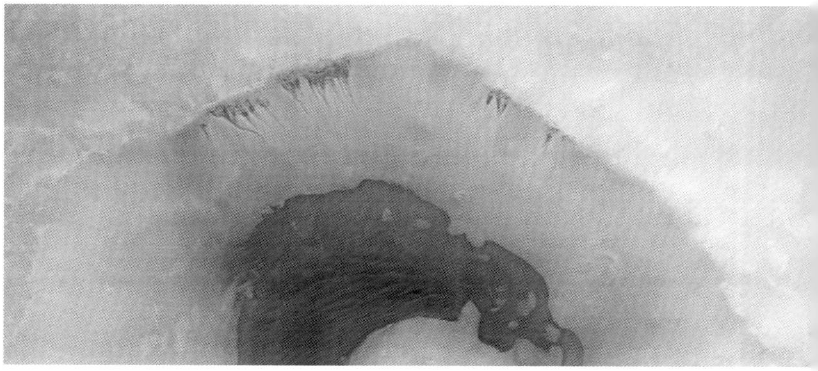

Kelvins Theorie basierte auf einer Entdeckung, die einige Jahre vor seinem Vortrag gemacht worden war: In einigen Meteoriten war organische Materie nachgewiesen worden – kein Leben, aber relativ komplexe Molekülketten aus Kohlen- und Wasserstoff –, die Bausteine des Lebens. Vor vier Milliarden Jahren waren Meteoriten mit organischen Bestandteilen in großer Zahl auf die Erde getroffen. Das bereits fertige organische Material hätte der Entwicklung von Leben entscheidenden Antrieb geben können. Kelvin führte diese Idee noch einen Schritt weiter, doch seine Theorie ist nicht zu belegen. Einige Ereignisse der letzten Zeit werfen jedoch neues Licht auf seine Idee.

Eine halbe Tonne Mars pro Jahr

Eines Nachts in den späten 70er Jahren hatte Hap McSween, Meteoritenexperte an der Universität von Tennessee, eine außergewöhnliche Idee. McSween hatte sich zu der Zeit mit dem Alter einiger Meteoriten beschäftigt, die im Lauf des letzten Jahrhunderts auf der Erde niedergegangen waren. Meteoriten sind kleine Stücke der im Sonnensystem verteilten Trümmer, die auf die Erde treffen. Meistens stammen sie von Asteroiden, die der Erdumlaufbahn zu nahe gekommen sind, und sie haben fast alle dasselbe Alter: 4,5 Milliarden Jahre, genau wie das Sonnensystem. Doch ein kleiner Teil der Meteoriten schien jünger zu sein, nur etwa eine Milliarde Jahre alt, vielleicht sogar noch jünger. Das ergab keinen Sinn. Um so jung zu sein, mußten diese Stücke durch geologische Aktivitäten geschmolzen worden sein, die sich Milliarden Jahre nachdem die Asteroiden zu Gesteinsbrocken abgekühlt waren zugetragen hatten. Alles wies darauf hin, daß diese Stücke nicht von Asteroiden, sondern von einem geologisch aktiven Planeten stammten. Ob diese Meteoriten wohl vom Mars stammen konnten?

McSween schrieb einige Artikel, um folgende Theorie zur Diskussion zu stellen: Ein riesiger Meteor schlägt mit solcher Wucht in einen Marsvulkan ein, daß ein Teil des Marsgesteins in den Raum geschleudert wird. Nachdem dieses vielleicht eine Milliarde Jahre durch das innere Sonnensystem getrieben ist, kreuzt es schließlich die Erdumlaufbahn und stürzt ab. Weshalb Marsgestein? McSween argumentierte, daß von unseren Nachbarwelten nur Venus und Mars groß genug sind, um noch bis vor einer Milliarde Jahren geologisch aktiv gewesen zu sein. Und da der Mars nur ein Zehntel der Masse von Erde bzw. Venus besitzt, können Gesteinsbrocken seine Gravitation viel leichter überwinden und ins All hinaustreiben.

Eine interessante Idee, aber kaum zu beweisen, denn es gab keinerlei Marsgestein, das man mit den Meteoriten vergleichen konnte. Daher nahm sie niemand ernst. Bis zu dem Tag, an dem Don Bogard, Wissenschaftler am Johnson Space Center der NASA in Houston, Routinearbeiten an den so merkwürdig jungen Meteoriten durchführte und eine seltsame Entdeckung machte. Er untersuchte, ob eine grüne Glasader genauso alt war wie der Stein, den sie durchzog. Bei der Analyse der Probe wurde eine ungewöhnliche Mischung von Gasen freigesetzt. Millionen Jahre waren sie in dem Glas eingeschlossen, jetzt entwichen sie. Doch die Gasmixtur stammte nicht von der Erde. Bogard traute seinen Augen kaum, als er die chemische Zusammensetzung des Gases erkannte. Sie war identisch mit der Atmosphäre, die die *Viking*-Sonden mehrere Jahre zuvor untersucht hatten. Das Gas in diesem Meteoriten war »Marsluft«!

Man schätzt heute, daß etwa eine halbe Tonne Marsgestein pro Jahr auf die Erde fällt – Splitter, die vor Millionen Jahren vom Mars abgesprengt wurden. Der größte Teil sind feine Staubpartikel, die natürlich unentdeckt bleiben. Aber es gibt 13 Stücke auf der Erde, die nachweislich vom Mars stammen. Eines davon ist der berühmte Marsmeteorit ALH84001, der 1996 für Aufsehen sorgte, weil man anfangs Marsfossilien in ihm vermutete. Die engagierte Diskussion über das Für und Wider der Existenz von Marsfossilien in diesem Marsgestein ist bis heute nicht beendet, der überwiegende Teil der Meinungen wendet sich inzwischen jedoch gegen die ursprüngliche Vermutung. Sicher ist, daß die Planeten nicht, wie allgemein angenommen wurde, von einem ausgedehnten, kosmischen Vakuum umgeben sind, sondern tatsächlich in Abständen miteinander in merklichem Kontakt stehen. Wenn das Leben von einem Planeten zu einem anderen gelangen könnte, wie lange wäre es dann wohl in der Lage, den unwirtlichen Bedingungen im Weltall standzuhalten?

Interplanetarische Ausbreitung

Im Jahr 1969 spazierte Pete Conrad durch den Oceanus Procellarum. Er war der dritte Mensch auf dem Mond, und während er diesen historischen Spaziergang absolvierte, lief er auch zu dem Platz hinüber, an dem die unbemannte Sonde *Surveyor 3* seit 1967 stand. Er löste das Kameragehäuse von der alten Raumsonde und brachte es zurück zu seiner Landefähre. Wissenschaftler machten später auf der Erde eine überraschende Entdeckung: Einige Bakterien, die sich bereits vor dem Abflug der *Surveyor 3* in der Kamera befunden hatten, erwachten wieder zum Leben, obwohl sie zweieinhalb Jahre lang der eisigen Kälte des Vakuums im All ausgesetzt waren.

Vielleicht hat das Leben auf einem der Planeten begonnen und sich dann auf die anderen ausgebreitet. Wenn Teile des Mars herausgerissen wurden und zur Erde gelangt sind, gibt es mit Sicherheit auch viele Stücke der Erde auf dem Mars. Das junge Sonnensystem war ein Ort voller Trümmer und Kollisionen. Die Planeten wurden laufend von Meteoriten getroffen, die so groß waren wie der, der wahrscheinlich die Existenz der Dinosaurier vor 65 Millionen Jahren beendet hat. Bruchstücke von Venus, Mars, Merkur und Erde flogen wahrscheinlich überall im inneren Sonnensystem herum.

Pete Conrad bewies, daß lokale Panspermie, bei der Sporen nicht von Stern zu Stern, sondern von Planet zu Planet innerhalb eines Sonnensystems gelangen, zumindest möglich ist. Primitive Bakterien können die im Weltraum lauernden Gefahren überstehen, solange sie dem Sonnenlicht nicht direkt ausgesetzt sind. Ein Kameragehäuse oder ein Stein bieten ausreichend Schutz. Studien über Bakterien, die in kalten Gegenden der Erde abgetötet schienen, haben gezeigt, daß manche Spezies auf diese Art Millionen Jahre überleben kann.

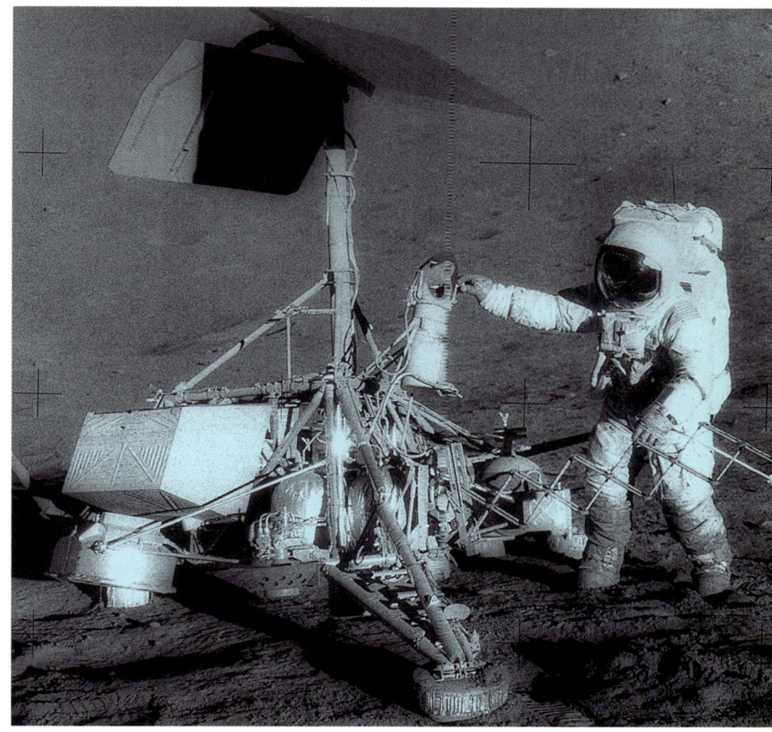

OBEN *Der* Apollo-12-*Astronaut Pete Conrad löst die Kamera der stillgelegten Sonde* Surveyor 3 *und entdeckt durch Zufall Bakterien von der Erde, die darin zweieinhalb Jahre lang überlebten.*

Unter den Exobiologen beginnt sich eine neue Überzeugung durchzusetzen: Wenn sich Leben auf der Erde entwickelt hat, dann wahrscheinlich auch auf dem Mars. Falls diese Entwicklung auf beiden Planeten nicht getrennt voneinander verlaufen war, war die Ausbreitung von der Erde zum Mars, oder umgekehrt, nur eine Frage der Zeit. Das Leben auf der Erde hat möglicherweise seinen Ursprung auf dem Mars. Um dies genauer zu klären, bedarf es natürlich weiterer Reisen zum Mars und eingehender Suche nach Fossilien.

Die größte Entdeckung

Ein wenig Hoffnung besteht noch, daß vielleicht doch Leben auf dem Mars existiert, daß es sich unter Umständen von der Oberfläche an einen sicheren Ort im Innern zurückgezogen hat, als der Planet immer weiter abkühlte. Tief unten, wo die innere Wärme des Planeten noch groß genug ist, um Wasser flüssig zu halten, könnte es noch Leben geben, so wie man jetzt Bakterien entdeckt hat, die mehrere Kilometer unter der Oberfläche im Erdinnern leben. Falls es tatsächlich einmal Leben auf dem Mars gegeben hat, müßten sich Fossilien auf der Oberfläche verteilt finden lassen. Der Mars ist nicht so aktiv wie die Erde. Man muß dort kein abgelegenes Grönland aufsuchen, um Gestein zu finden, das vier Milliarden Jahre alt ist, denn so alt ist der halbe Mars. Man weiß sogar ungefähr, wonach man suchen muß: Die von Imre und Roseli Friedmann in arktischem Gestein entdeckten Algen hinterlassen Fossilien, die leicht an ihrer charakteristischen Maserung zu erkennen sind.

Ein Vierteljahrhundert nach der Enttäuschung bei der *Viking*-Mission bereitet sich die NASA auf eine neue Marsexpedition vor. Die Sonden *Pathfinder* und *Mars Global Surveyor* ebneten den Weg in ein Jahrzehnt von Missionen, die die Suche nach Leben auf dem Mars fortsetzen. Irgendwann in den ersten Jahren des nächsten Jahrtausends werden ein oder zwei automatische

OBEN *Der Panoramablick von der* Mars-Pathfinder-*Station, 1997 auf der Marsoberfläche aufgenommen. Rechts sieht man einen großen Felsbrocken namens Yogi und das Fahrzeug* Sojourner.

Fahrzeuge den roten Planeten eingehend untersuchen und nach Gesteinsbrocken Ausschau halten, die Fossilien von primitiven Marslebewesen in sich bergen könnten. Falls sie Gestein finden, das beweist, daß es wirklich einmal Leben auf dem Mars gegeben hat, wäre das sicherlich die größte Entdeckung in der Geschichte der Astronomie. Aber nicht nur auf Mars ruht alle Hoffnung. Im November 2004 wird die ESA-Sonde *Huygens* auf der Oberfläche des Saturnmonds Titan aufsetzen. Obwohl es auf Titan zu kalt für Leben ist, vermutet man dort die Antworten auf einige Fragen zu seiner Entstehung. Im Lauf der Zeit müssen zahllose Meteoriten auf diesem Mond eingeschlagen sein, und wenn ein Meteorit einschlägt, schmilzt das Eis. Ein Einschlagkrater kann plötzlich zu einem See werden, der so warm ist, daß das Wasser darin 1000 Jahre lang flüssig bleibt. Das ist zwar keine sehr lange Zeit, aber vielleicht lang genug für die ersten Schritte hin zu lebenden Organismen.

Und der Jupitermond Europa? Die Chance, daß sich in einem Ozean unter seiner Eiskruste Leben verbirgt, ist so groß, daß dieser einst unwichtige Mond nun zu den Prioritäten der NASA gehört. In den ersten Jahren des 21. Jahrhunderts wird mit Sicherheit ein Europa-Orbiter starten, der mit einem Radar ausgerüstet ist, das unter der Eiskruste nach Hinweisen auf ein unterirdisches Meer suchen kann. Falls es dort einen Ozean gibt, wird die ehrgeizigste Raummission überhaupt eines Tages wohl die Suche nach Leben darin sein. Im Jahr 2015 scheint die Landung der ersten Raumfähre auf der Eiskruste möglich. Während das spröde Eis unter ihr knirscht, wird die Fähre ein Heizgerät einschalten und beginnen, sich nach unten zu dem Ozean durchzuschmelzen. Wenn die Kruste durchdrungen ist, wird sich ein kleines, an der Fähre befestigtes U-Boot lösen und seine Suche in der Tiefe starten. Erst dann werden wir sagen können, daß wir im wahrsten Sinne des Wortes unsere Zehen in den kosmischen Ozean gehalten haben.

Kleine grüne Männchen

Die Geschichte der Suche nach außerirdischem Leben ist reich an Fehlalarmen. Als 1967 die blinkenden Sterne entdeckt wurden, die man Pulsare nennt, versah die Astronomin Jocelyn Bell sie mit dem Zusatz »LGM« für »little green men« (kleine grüne Männchen). Das war nur zur Hälfte ein Scherz, denn sie mußte erst genau prüfen, ob Pulsare womöglich außerirdische Leuchtbojen waren, bevor sie dies ausschließen und ihre Entdeckungen bekanntgeben konnte. Wenn nur alle ihre Wissenschaftlerkollegen so vorsichtig gewesen wären ...

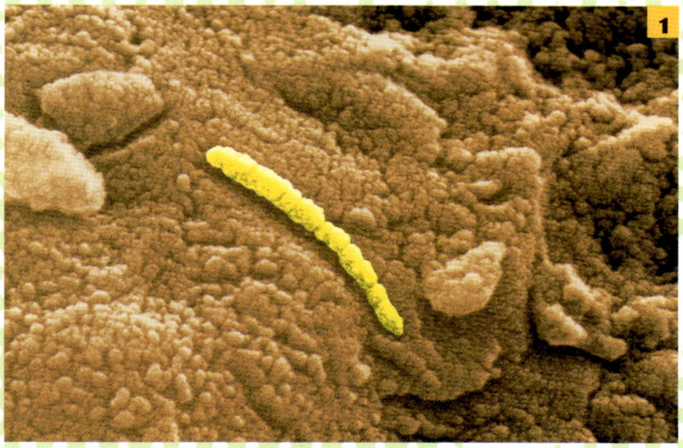

1871 Der deutsche Teilzeitgeologe Otto Hahn behauptete, merkwürdige Muster auf fast allen Meteoriten entdeckt zu haben, die er untersucht hatte. Hahn gab daraufhin die Entdeckung von fossilen Farnen, Korallen und Schwämmen bekannt. Schon bald entlud sich jedoch der Spott der Wissenschaftler über ihm – die Muster waren nichts weiter als Mineralformationen.

1899 Nikola Tesla, einer der Wegbereiter der Elektrizität, fing in seinem Labor in Colorado Signale auf, die, wie er glaubte, vom Mars stammten. Wahrscheinlich handelte es sich um Guglielmo Marconis Versuche, Funksignale über den Ärmelkanal zu senden.

1921 Der angesehene Radiopionier Marconi war der nächste, der nach einer Meldung der *New York Times* auf seiner Forschungsyacht Signale empfing, die möglicherweise von Außerirdischen stammten. Sie hatten wahrscheinlich natürliche Ursachen.

1930 Die *New York Times* titelte: »Leben in Meteoren«. Charles Lipman, Bakteriologe an der Universität von Kalifornien, behauptete, lebende Zellen aus Meteoren in seinem Labor gezüchtet zu haben. Lipman war ein Fachmann, er wußte, daß die Meteoriten nach ihrer Landung auf der Erde verunreinigt wurden, also hatte er sie sterilisiert. Offensichtlich war er nicht gründlich genug vorgegangen. Als seine Arbeit von Kollegen geprüft wurde, erwiesen sich die Bakterienkulturen als bekannt und irdischen Ursprungs.

1961 Bartholemew Nagy und George Claus fanden »organisierte Strukturen« von organischer Materie in Meteoritenmaterial. Als diese von anderen Wissenschaftlern untersucht wurden, stellten sie sich als gewöhnliche Blütenpollen heraus bzw. als ungewöhnlich geformte Mineralkristalle.

1996 Wissenschaftler des Johnson Space Centers der NASA geben die mögliche Entdeckung versteinerter Mikroben in dem Meteoriten ALH84001 bekannt, der vom Mars stammt. Unter einem Hochleistungs-Elektronenmikroskop waren kleine, wurmähnliche Objekte in Teilen des Steins erkennbar. Andere Wissenschaftler behaupteten, daß diese »Würmer« entweder Verunreinigungen waren oder aber Rückstände der Laborvorbereitungen, denen der Stein unterzogen wurde, bevor man ihn unter dem Elektronenmikroskop untersuchen konnte.

The New York Times.

NEW YORK, FRIDAY, SEPTEMBER 2, 1921.

Berlin Bars Sedan Observance; German Party Strife Grows

I. R. T. RECEIVERSHIP PUT OFF FOR A WEEK; MAY BE AVERTED

Harding Names Funston's Son As West Point Candidate

NAMES REPUBLICAN TO PUT O'MALLEY'S CASE BEFORE JURY

BANDHOLTZ TELEGRAPHS TO BE SENT TO MINGO SAYS MINERS WON'T

Deputies' Patrol Reported Repulsed by Miners; Militia Captain Brings Prisoners Into L

FORD CUTS HIS CARS

BAR MEETING

MARCONI SURE MARS FLASHES MESSAGES

Regularity of Signals, London Expert Says, Eliminates Atmospheric Disturbance Theory.

WAVES TEN TIMES OURS

J. H. C. Macbeth Declares It Would Be Simple Matter to Arrange a Code.

William Marconi is now convinced that he has intercepted wireless messages from Mars, J. H. C. Macbeth, London manager of the Marconi Wireless Telegraph Company, Ltd., said at a Rotary Club luncheon at the McAlpin yesterday. Mr. Macbeth added by way of prediction, that should this prove to be so, it will be only a question of time before inventive genius and ingenuity in deciphering unknown codes will evolve a method of communication between the two planets.

Signor Marconi's announcement nearly two years ago that he had caught wireless signals with wave lengths far in excess of those used by the highest powered radio stations in the world aroused a storm of scientific controversy in this country and Europe. Numerous explanations were offered disputing the ...

1 *Elektronenmikroskop-Aufnahme des Meteoriten ALH84001 vom Mars. Der »Wurm« ist höchstwahrscheinlich eine Verunreinigung, die auf der Erde entstand.*

2 *Die Meldung von Marconis Empfang außerirdischer Signale ging um die Welt.*

8

Suche nach neuen Welten

Mehr als fünf Milliarden Kilometer von der Erde entfernt schaltet sich das Bildverarbeitungssystem einer alten Raumsonde quietschend und krachend ein. Nach fast einem Jahrzehnt Funkstille hat sie gerade zum ersten Mal wieder eine Kommandosequenz empfangen und einen Auftrag erhalten. Seit sie 1981 die Saturnringe passiert hatte, war die Kamera von *Voyager 1* nicht mehr in Betrieb.

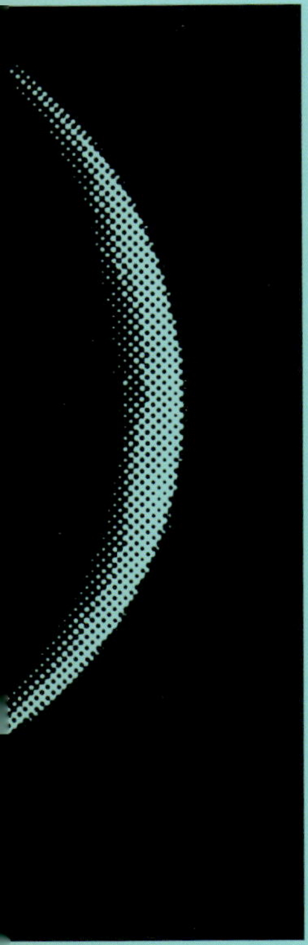

Bei dieser Begegnung wurde die Sonde jedoch nach oben aus der Ebene der Planetenbahnen geschleudert und hat nun, während sie sich mit 60 000 km/h entfernt, einen beneidenswerten Ausblick auf das ganze Sonnensystem. Der Planetenforscher Carl Sagan hatte sich jahrelang bemüht, seine Vorgesetzten bei der NASA davon zu überzeugen, daß eine Panorama-Aufnahme der Sonne all die Zeit und den Aufwand wert wäre. Eigentlich gehört sie nicht in den Bereich Wissenschaft, sondern in die Romantik, die Chance, die Erde und ihre Nachbarplaneten einmal so zu sehen, wie sie sich einem Astronauten darböten, der diesen Teil der Galaxie durchquert. Jetzt, da das *Voyager*-Team bald aufgelöst wird, wurde seinem Drängen schließlich nachgegeben. Am Valentinstag 1990 hat die Kamera der *Voyager* damit begonnen, nach jenen Lichtpunkten zu suchen und sie aufzunehmen. Bald wird sie eine Fotoserie zur Erde senden, die diesen Titel tragen könnte: »Das Sonnensystem. Alter: 4,6 Milliarden Jahre«.

Im Verlauf der drei Monate, die auf den ersten Schnappschuß an diesem Valentinstag folgten, übermittelte *Voyager 1* nach und nach Bilder von einer fernen Sonne und sechs ihrer Planeten: Erde, Venus, Jupiter, Saturn, Uranus und Neptun. Merkur verlor sich in dem gleißenden Sonnenlicht, Mars und Neptun waren so schwach zu sehen, daß die Kamera der *Voyager* sie nicht erfassen konnte. In dem Bildverarbeitungsteam kannte man die 60 Fotos, die die Sonde auf ihrem Weg durch das Sonnensystem aufgenommen hatte, bald als »Familienporträt«. In den Fotolabors des JPL versuchte man, die Fotos zu einem Gesamtbild zusammenzumontieren, zu Anfang waren die Planeten jedoch nicht einmal auf dem besten Fotopapier zu erkennen. Also nahm

SEITEN 214–215 *Der Lagunen-Nebel im Sternbild Schütze – diese Wolke ist sowohl Geburtsstätte als auch Sterbebett für Sterne und wahrscheinlich auch für Planeten.*

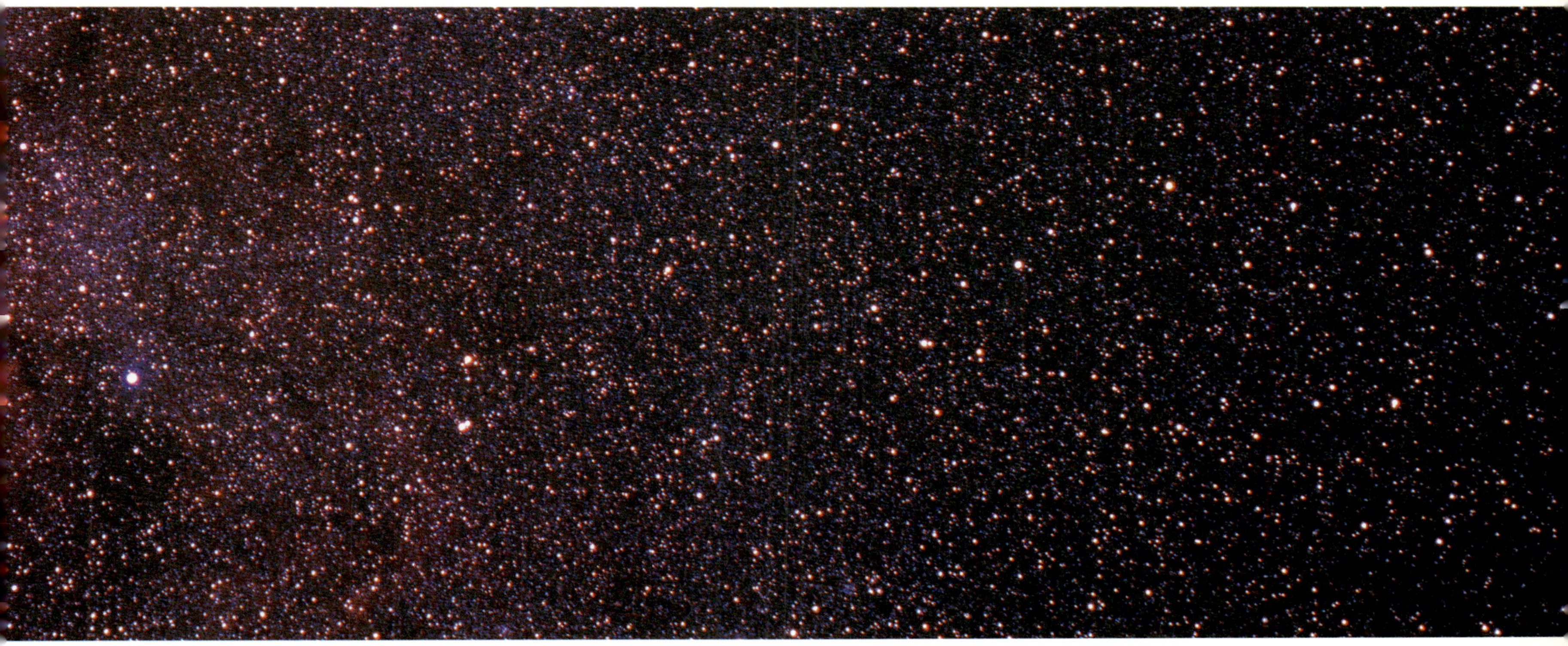

man schließlich die Einzelbilder der kleinsten Planeten – Erde und Venus – und verkleinerte sie so stark, bis sie gerade noch als Lichtpunkte erkennbar waren. Bei dieser minimalen Vergrößerung ergaben die Fotos aneinandergelegt von der Venus bis zum Neptun eine Länge von sechs Metern. Das sind die Dimensionen in unserem Sonnensystem.

Eigentlich ist das Familienporträt keine gelungene Aufnahme. Ein Blick auf die Erde läßt keine Wolken, Kontinente oder auch nur Ozeane erkennen, sondern nur einen blassen, bläulichen Fleck. Uranus und Neptun sind nicht einmal Punkte, ihre Umrisse wurden durch die Bewegung der Sonde verwischt. Aber darum geht es nicht. Es ist eine Momentaufnahme: So sah das Sonnensystem ein paar Augenblicke lang am 14. Februar 1990 aus. Hätte es vor 4,5 Milliarden Jahren bereits eine so weit entwickelte Technologie gegeben, würde sich das Bild ganz anders darstellen.

OBEN *Ein Staubkorn im All: Die Sonne ist nur einer von Hunderten von Milliarden Sternen allein in unserer Galaxie. Auf diesem Bild sind nur einige unserer nächsten Nachbarn zu sehen.*

Erde und Venus wären von Rauchwolken eingehüllt, der Saturn hätte keine Ringe, der Mars dafür aktive Vulkane und Flüsse.

Das Sonnensystem hatte bereits ein mittleres Alter erreicht, als es zum ersten Mal fotografiert wurde. Es wäre kurzsichtig und arrogant, zu glauben, daß alles immer so aussieht wie heute. Der Zahn der Zeit nagt an allem.

In diesem letzten Kapitel werfen wir einen Blick in die Zukunft. Wie wird sich das Bild im Verlauf der kommenden Zeitalter verändern und wie werden die Welten aussehen, die einmal unsere alternde Sonne umkreisen?

Im Jahr 1 000 000 000

Würden wir in einer Milliarde Jahren in unser Sonnensystem zurückkehren, fänden wir wahrscheinlich eine Erde vor, die in eine dichte Wolke aus Gas gehüllt ist. Unsere Instrumente würden Kohlendioxid und Spuren von Wasserdampf in der Atmosphäre registrieren, die Temperaturen lägen bei mehreren hundert Grad Celsius. Leben wäre bei dem herrschenden Außendruck unmöglich.

Diese denkbare Zukunft der Erde ist das Werk der Sonne. Für uns sieht sie zwar immer gleich aus, aber auch die Sonne ist einem Alterungsprozeß unterworfen. In etwa einer Milliarde Jahren wird sie um zehn Prozent heller sein. Laut den meisten Berechnungen wird dies katastrophale Folgen für die Erde haben, sie wird eine ähnliche Entwicklung nehmen wie die Venus vor mehreren Milliarden Jahren – hin zu einem verstärkten Treibhauseffekt. Das Wasser der Ozeane wird mit der ansteigenden Temperatur schneller verdunsten, und je mehr Wasserdampf sich in der Atmosphäre befindet, desto einfacher wird dieses Treibhausgas die Wärme speichern. Diese Wechselwirkung führt schließlich dazu, daß alles Wasser der Ozeane verdampft und die Erde unbewohnbar wird.

Diese alptraumhafte Vision ist jedoch nur eins von vielen Schicksalen, die die Erde erwarten könnten. Auch andere Entwicklungen sind möglich. Immer präsent ist natürlich die Gefahr, das Leben auf unserem Planeten könnte durch den Aufprall eines großen Meteoriten ausradiert werden. Es gibt aber auch ein Ereignis, das leichter vorherzusagen ist. Eines Tages wird das flüssige Erdinnere sich auf eine kritische Temperatur abkühlen und dann plötzlich fest werden. Nicht einmal Geologen können genau vorhersagen, wann dies passieren wird; es könnte noch eine Milliarde Jahre, aber auch weit weniger lang dauern. Das wird zwar nicht das Ende vulkanischer Aktivität oder der Plattentektonik bedeuten – Erdmantel und -kern werden immer noch sehr heiß sein –, doch das Magnetfeld der Erde wird dann nicht mehr existieren. Ohne dieses unsichtbare Kraftfeld wird die Atmosphäre durch die von der Sonne einströmenden Partikel Stück für Stück in den Weltraum hinausgerissen. Die Erde würde eine ausgetrocknete, beinahe luftleere Welt, dem Mars ähnlicher als der Venus.

UNTEN *Das Familienporträt – aus fünf Milliarden Kilometern Entfernung nahm die Sonde* Voyager 1 *diese Schnappschüsse auf; von links nach rechts: Mars, Erde, Jupiter, Saturn, Uranus und Neptun.*

Schöne neue Welten

Von welcher Seite man es auch betrachtet, die Erde scheint dem Untergang geweiht. Während die Erde ihren Glanz verliert, könnte der Mars sich zu einer neuen Perle entwickeln. In einer Milliarde Jahren könnte die zusätzliche Wärme von der Sonne das Wasser schmelzen, das im Untergrund des roten Planeten eingeschlossen ist. In den Tälern, die während der *Viking*- und *Mariner*-Missionen entdeckt wurden, könnten wieder Flüsse entstehen, der Himmel könnte von staubigem Pink in Blau umschlagen, die Atmosphäre wäre voller Wasserdampf und Kohlendioxid, das an den Polkappen freigesetzt wurde. Falls die Menschheit immer noch existiert, könnte sie vielleicht von dem blauen auf den roten Planeten wechseln, sobald dies nötig wird. Und wenn sie nachts zum Himmel aufschauen, werden die Menschen nicht mehr dieselben Planeten sehen wie wir heute.

Sonden im All

Die genannten Sonden werden von der Erde aus nicht mehr gesteuert und treiben im Weltraum. Sie befinden sich in Umlaufbahnen um die Sonne, den Mond oder andere Planeten. Wenn nicht anders erwähnt, kreisen sie um die Sonne.

USA
1959 Pioneer 4
1960 Pioneer 5
1962 Ranger 3
Mariner 2
Ranger 5
1964 Mariner 3
Mariner 4
1965 Pioneer 6
1966 Pioneer 7
1967 Mariner 5
Explorer 35 – Mondumlaufbahn
Pioneer 8
1968 Pioneer 9
1969 Mariner 6
Mariner 7
1971 Mariner 9 – Marsumlaufbahn
1973 Explorer 49 – Mondumlaufbahn
Mariner 10
1974 Helios 1 (in Zusammenarbeit mit der BRD)
1975 Viking 1 – Marsumlaufbahn
Viking 2 – Marsumlaufbahn
1976 Helios 2 (in Zusammenarbeit mit der BRD)
1978 International Cometary Explorer
(in Zusammenarbeit mit der ESA)
1989 Galileo – Jupiterumlaufbahn
1990 Ulysses
1993 Mars Observer
1994 Clementine
1995 SOHO
1996 Near Earth Asteroid Rendezvous
1996 Mars Global Surveyor – Marsumlaufbahn
1997 Cassini (Saturnumlaufbahn 2004)
1998 Lunar Prospector – Mondumlaufbahn
1998 Deep Space 1
1998 Mars Climate Orbiter (Marsumlaufbahn 1999)

Der Saturn wird immer noch von sepiabraunen Wolkenbändern umgeben sein, aber die Ringe könnten fehlen. Einige Wissenschaftler nehmen an, daß die häusergroßen Eisblöcke in den Ringen in 100 Millionen Jahren angefangen haben werden, zusammenzuklumpen. Während sie sich zusammenschließen, werden die entstehenden Haufen auf die sie umgebenden Körper Schwerkräfte ausüben. Nach einer gewissen Zeit werden die gleichmäßigen Trümmerringe zerstört sein. Ein Teil der kleineren Eisbrocken wird direkt in den Saturn stürzen und in die gasförmige Wolkenschicht eingehen. Andere werden einfach abdriften oder, falls sie sich zu nahe kommen, durch die Gravitation hinaus in die Dunkelheit geschleudert werden. Der schönste Anblick des Sonnensystems wird zu einer kahlen braunen Kugel.

Zu diesem Zeitpunkt könnte Neptun möglicherweise die Rolle des Saturn als attraktivster Planet des Sonnensystems übernommen haben. Triton, Neptuns einnehmender Mond, dreht sich im Gegensatz zu allen anderen größeren Trabanten des Systems in Gegenrichtung zur Rotation seines Mutterplaneten. Die an- und abschwellende Gravitationskraft führt dazu, daß Neptun Triton langsam immer näher an sich heranzieht. Tritons Bestimmung ist es jedoch nicht, von dem Eisriesen vereinnahmt, sondern von ihm zerrissen zu werden. In Kapitel 4 wurde die unsichtbare Linie beschrieben, die ein Mond nicht überschreiten darf – die Roche-Grenze, innerhalb der die Gravitationskräfte eines nahen Planeten und seines Monds so stark voneinander abweichen, daß der Mond zerbricht. Das ist Tritons Schicksal: auseinandergerissen zu werden von der großen Kraft des mächtigen blauen Riesen. Triton ist allerdings ein großer Mond, viel größer als der, aus dem die Saturnringe entstanden. Eines Tages wird die blaue Perle am Rand des Sonnensystems von einem sanft glitzernden Band eingefaßt werden, gegen das sich die Saturnringe klein ausnähmen.

Im Reich eines Riesen

Aus der Sicht einer Menschheit, die während ihrer gesamten Existenz zu einem unveränderten Himmel aufgesehen hat, erscheinen solche Veränderungen dramatisch, ja katastrophal. Doch auch sie füllen noch nicht das letzte Kapitel. Das endgültige Schicksal des Sonnensystems liegt in den Händen des Körpers, der die Planeten geschaffen hat. Die Sonne kann nicht ewig bestehen, dessen sind wir sicher. Aber wann und wie wird die Sonne all dem ein Ende setzen?

Im Jahr 1868 saß Jesuitenpater Angelo Secchi, tief über sein Spektroskop gebeugt, auf einer Aussichtsplattform der St.-Ignatius-Kirche in Rom und beobachtete den Nachthimmel. Er wußte, daß die Sterne Licht in unterschiedlichen Bereichen abgeben. Manche, wie Wega, zeigten bläuliche Färbung, andere, wie unsere Sonne, waren im gelben Bereich stärker ausgeprägt. Secchi hatte damals bereits einen Katalog veröffentlicht, in dem 300 Sterne nach Farben geordnet aufgelistet waren. In diesem Jahr fand er jedoch einen neuen Typ Stern, der feuerrotes Licht abstrahlte. Als er dieses Licht mit der Flamme eines gewöhnlichen Bunsenbrenners verglich, stellte er fest, daß beide dasselbe chemische Element enthielten. Er nannte seine »himmlische« Entdeckung daher »Kohlenstoffsterne«.

Die Astronomen fanden später heraus, daß Secchis Einteilung der Sterne in farbliche Kategorien nicht unbedingt auf unterschiedliche Sterntypen hinwies, sondern auf verschiedene Entwicklungsstufen. Die Menschen werden zwar nie in die Lage geraten, Zeuge der Geburt und des

Todes eines einzigen Sterns zu sein, am Nachthimmel sind jedoch alle Entwicklungsstufen von Sternen gleichzeitig zu beobachten. Im Lauf des 20. Jahrhunderts hat man viel über die Energieproduktion im Innern der Sterne erfahren. Theoretiker können bereits die »Lebensgeschichte« jedes Sterns nachzeichnen, unabhängig von seiner Größe. Sie erkannten, daß Secchis Kohlenstoffstern die Zukunft der Sonne vorwegnahm.

Ein Stern entsteht aus einer kollabierenden Wolke – hauptsächlich aus Wasserstoff –, die unter ihrem eigenen Gewicht so lange kontrahiert, bis Druck und Temperatur in ihrem Kern eine permanente Kernfusion auslösen (siehe Kapitel 5). Milliarden Jahre verschmelzen dann tief in ihrem Innern Wasserstoffatome zu schwererem Helium. In dieser Phase seiner Entwicklung kann man einen sonnenähnlichen Stern an seiner gelblichen Färbung erkennen. Irgendwann geht dem Stern jedoch der Wasserstoffvorrat im Zentrum aus, sein Kern hat dann einen großen Anteil Helium. Der Heliumkern beginnt, sich zusammenzuziehen, dabei steigt seine Temperatur so weit an, bis eine Fusion der Heliumkerne einsetzt. So beginnt das letzte Kapitel in der Geschichte eines Sterns von der Masse der Sonne. In seinem Innern wird nun Helium zu Kohlenstoff verschmolzen. Der Stern ist jetzt viel heißer und heller, als es die Sonne zuvor war, und er hat sich auf die 100fache Größe ausgedehnt. Der Stern ist zu einem Roten Riesen geworden.

In der Sterbephase des Sonnensystems, die etwa in sechs oder sieben Milliarden Jahren beginnt, wird sich die Sonne ausdehnen und den Planeten ein gewaltsames Ende bereiten. Der rotglühende Stern wird so groß, daß er die Umlaufbahn von Merkur einnimmt. Merkur selbst wird zu diesem Zeitpunkt allerdings schon nicht mehr existieren. Der Planet, der in der Antike für seinen leichtfüßigen Lauf über den Nachthimmel gerühmt wurde, ist längst von der vordringenden Atmosphäre des alternden Sterns abgebremst worden. Der kleine Planet wird schließlich in die Sonne fallen. Erde, Mars und Venus werden dieser Art der Vereinnahmung wohl entgehen, doch der Sonnenwind bläst immer stärker – er wird auf das Zehn- bis Hundertfache seiner jetzigen Intensität ansteigen – und erodiert erst die Gashülle der Venus und dann die der Erde. Ihre steinigen Oberflächen werden öde und leblos in der sengenden Hitze schmoren. Kurze Zeit später erleidet Mars dasselbe Schicksal.

Flüchtiges Tauwetter

Jenseits des Asteroidengürtels könnte die Entwicklung der Sonne zu einem Roten Riesen positivere Konsequenzen haben. Die Eismonde von Jupiter und Saturn werden wärmer sein, als sie es in der Geschichte des Sonnensystems jemals waren. Die Oberfläche des Jupitermonds Europa wird zwar wahrscheinlich gefroren bleiben, doch die Geschichte des weiter entfernten Saturnmonds Titan könnte eine interessante Wendung nehmen.

Zwei Wissenschaftler aus Arizona, Ralph Lorenz und Jonathan Lumine, haben in Zusammenarbeit mit Chris McKay vom Ames-Institut der NASA in Kalifornien berechnet, daß auf Titan über 500 Millionen Jahre Tauwetter einsetzen und seine Oberfläche in dieser Zeit sogar bewohnbar werden könnte. Da Titan eine dichte Atmosphäre besitzt, wird er in der Lage sein, die Wärmestrahlung der alten roten Sonne zu speichern. Im Moment beträgt die Temperatur auf diesem Mond ungefähr eisige –200 °C. In sechs oder sieben Milliarden Jahren könnte die Oberflächentemperatur jedoch mit Hilfe des Treibhausgases Methan und der im Vergleich zu heute viel größeren Energieproduk-

Sonden im All (Fortsetzung)

UdSSR
1959 Luna 1
1961 Venera 1
1962 Mars 1
1963 Luna 4 – kreist um das Erde-Mond-System
1964 Zond 1 und 2
1965 Luna 6
Zond 3
Venera 2
1966 Luna 10, 11 und 12 – Mondumlaufbahn
1968 Luna 13 – Mondumlaufbahn
1971 Luna 19 – Mondumlaufbahn
Mars 2 – Marsumlaufbahn
Mars 3 – Marsumlaufbahn
1973 Mars 4
Mars 5 – Marsumlaufbahn
Mars 7
1974 Luna 22 – Mondumlaufbahn
1975 Venera 9 und 10 – Venusumlaufbahn
1978 Venera 11 und 12
1981 Venera 13 und 14 – Venusumlaufbahn
1983 Venera 15 und 16 – Venusumlaufbahn
1984 Vega 1 und 2
1988 Phobos 1
Phobos 2 – Marsumlaufbahn

Japan
1985 Sakigake
Susei
1998 Nozomi (Marsumlaufbahn 1999)

Europa
1985 Giotto

Nicht zu vergessen die vier Sonden, die das Sonnensystem verlassen haben:

USA
1972 Pioneer 10
1973 Pioneer 11
1977 Voyager 1 und 2

Leben und Sterben der Sterne

1

Sterne werden aus Gaswolken geboren, die zu dichten Kugeln kontrahieren. Ihre Lebenserwartung hängt von ihrer Masse ab: je größer sie sind, desto kürzer leben sie. Wenn die Materie zu Anfang der Kontraktion beginnt, aufgrund der Gravitationskraft in Richtung Zentrum zu stürzen, steigt die Temperatur an, und die Sphäre leuchtet auf. Schließlich wird durch die Kontraktion im Zentrum eine kritische Temperatur von etwa 15 Millionen Grad erreicht, und die Kernfusion setzt ein, bei der Wasserstoff zu Helium verschmilzt. Als unmittelbare Folge der Energieproduktion entsteht ein Sternwind, der alles Gas verweht, das noch in Richtung des Sterns treibt. Dieser Effekt schützt den Stern paradoxerweise vor dem Überhitzen: Der aufgebaute Druck im Kern verhindert, daß noch mehr Gas kontrahieren kann, und stoppt so den Temperaturanstieg. Das alles geschieht in bemerkenswert kurzer Zeit, nur ein Prozent der Lebenserwartung eines Sterns geht vorüber, bis er in eine lange, stabile Phase eintritt. Dann, meistens nach einigen Milliarden Jahren, wenn ein Großteil des Wasserstoffs im Kern des Sterns zu Helium umgewandelt ist, zieht sich der Kern wieder zusammen, und die Temperatur steigt an. Dadurch beginnt der Wasserstoff in der zuvor kühleren Hülle wieder, zu fusionieren, und im Kern setzt eine neue Reaktion ein, bei der Helium u. a. zu Kohlenstoff umgewandelt wird. Infolge dieser neuen Kernfusion dehnt sich der Stern dramatisch aus. Unsere Sonne wird etwa eine Milliarde Jahre lang ein Roter Riese bleiben. Während der Stern sich weiter aufheizt und noch weitere explosive Kernreaktionen ausgelöst werden, beginnt er, sich zu »schälen«. Er stößt einen Teil seiner Materie ab und kollabiert zu einer heißen, unglaublich dichten Kugel, die man als Weißen Zwerg bezeichnet. Damit enden alle Kernreaktionen, und der Zwerg gibt seine Energie langsam ab wie ein glimmendes Stück Holzkohle, bis sein Licht für immer verlöscht.

1 *Dieser Stern ist 2100 Lichtjahre entfernt, er verlischt mit Glanz und Gloria. Das faszinierende Foto wurde im August 1997 vom Hubble-Raumteleskop aufgenommen. Unsere Sonne könnte eines Tages genauso enden.*

tion der Sonne auf weniger als −100 °C ansteigen. Das hört sich zwar nicht sehr einladend an, bedeutet für diese kalte Welt aber eine Menge. Die momentan gefrorene Oberfläche von Titan besteht wahrscheinlich aus einem Wasser-Ammoniak-Gemisch, bei einer Erwärmung um 100 °C würde daraus ein Meer von beißendem, verdünntem Reinigungsmittel.

Dieser Ozean ist der Ursuppe der Erde zwar vielleicht nicht sehr ähnlich, aber da er reich an organischen Substanzen ist, könnte er dennoch den Weg des Lebens ein Stück weit gehen. Dieses zweite Experiment zur Entstehung von Leben würde etwa eine halbe Milliarde Jahre dauern. Es ist allerdings äußerst unwahrscheinlich, daß Menschen Zeugen dieses Schauspiels sein werden.

Die Sonne wird etwa eine halbe Milliarde Jahre lang ein Roter Riese bleiben, bevor sie die letzte Apokalypse ihrer Existenz durchläuft. In einem letzten Schub von Energie wird sie ihre äußere Gashülle ins All schleudern und die sterbenden Planeten einem letzten, gewaltigen Windstoß aussetzen, der tausende Male so stark sein wird wie zur Zeit. Kein Wissenschaftler wagt eine Vorhersage darüber, wie die Planeten es verkraften werden, wenn ein Viertel der Sonnenmasse an ihnen vorbeirauscht. Nur soviel sei gesagt, was von der Sonne übrigbleibt – ein dichter, weißglühender Kern, in dem keine Kernreaktionen mehr stattfinden –, wird nicht mehr ausreichen, um sie zu erwärmen, ihre Wolken zu bewegen oder ihre eisüberzogenen Oberflächen zu schmelzen. Dieser Zeitpunkt, das Sonnensystem wird etwa zwölf Milliarden Jahre alt sein, bedeutet das Ende.

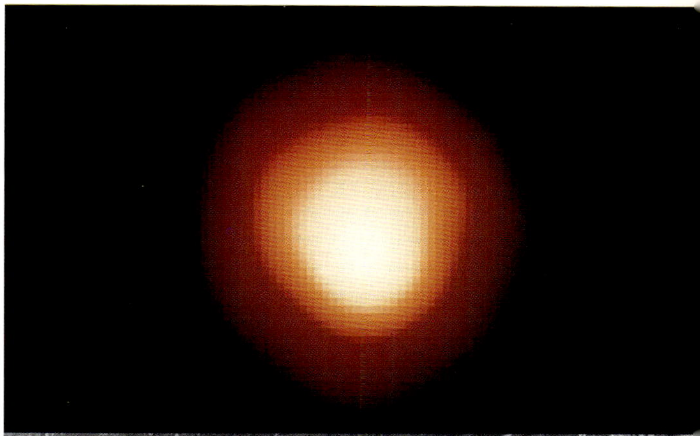

Die nächste Schwelle

An einem Donnerstagmorgen im Jahr 1600 endete ebenfalls eine Existenz. Giordano Bruno war gerade wegen Ketzerei auf einem Scheiterhaufen in Rom verbrannt worden, weil er gesagt hatte, die Sonne sei vielleicht nicht der einzige Stern, der Planeten besitze. Acht Jahre hatte man ihn bereits in den Kerker gesperrt, weil er diese und ähnliche Ansichten geäußert hatte und dadurch für die Kirche absolut untragbar geworden war. Bruno sah in jedem Stern am Nachthimmel eine andere Sonne mit einer eigenen Erde und einem eigenen Jesus. Er erklärte sein Modell ein volles Jahrzehnt, bevor Galilei behutsam anregte, daß die Erde sich um die Sonne dreht.

Gab es wirklich überall am Nachthimmel kosmische Zwillinge von Erde oder Jupiter? Könnten weit entfernte Sonnensysteme auch noch lange nach dem Ende unseres eigenen bestehen bleiben? Brunos Theorie blieb Jahrhunderte lang nichts als Spekulation und Phantasterei. Planeten, die andere Sterne umkreisen – wenn es sie überhaupt gäbe –, wären viel zu klein, um sie selbst mit den besten Teleskopen unserer Zeit erkennen zu können. Dennoch wurden 1984 Hinweise auf ein anderes Sonnensystem entdeckt, als zwei Astronomen eine Infrarotaufnahme von einer Wolke erstellten, die den Stern Beta Pictoris umgibt (siehe Kapitel 1).

Wissenschaftler vermuten, daß sich Teile der Wolke eines Tages zusammenklumpen und eine Planetenfamilie wie unsere bilden werden. Tatsächlich gab es Anzeichen dafür, daß dies schon geschah. Die Staubscheibe um Beta Pictoris war nur von der Seite zu sehen, deshalb konnte man

GANZ OBEN *Die expandierende Atmosphäre des Roten Riesen Beteigeuze – ihr Durchmesser ist 300mal so groß wie der unserer Sonne. Irgendwann wird auch die Sonne so aufblühen.*

OBEN *Die Verbrennung von Giordano Bruno (1548–1600). Der italienische Philosoph starb für seine Ansicht, daß um andere Sterne andere Erden kreisen, die ihre eigene Version von Jesus haben.*

nur schwer erkennen, ob einzelne Gebiete bereits zu Planeten verklumpt waren. Es gab aber einen Hinweis darauf, daß sie auf dem besten Weg dazu waren. Die Staubscheibe war an keiner Stelle besonders heiß, konnte sich also nicht in nächster Nähe des Sterns befinden. Es mußte bereits einen freien Bereich zwischen Staubring und Stern geben, dort kreist möglicherweise schon eine Planetengruppe, die aus dem Staub entstanden ist. Es gab jedoch keine Beweise für die Existenz von Planeten außerhalb unseres Sonnensystems. Inzwischen sind Staubscheiben auch um andere Sterne gesichtet worden. Einige davon stehen senkrecht zu unserer Blickrichtung, in wenigen Fällen konnten Infrarotaufnahmen einen freien Bereich direkt am Stern aufzeigen.

Am 3. Juli 1995 wurde die Existenz anderer Sonnensysteme dann schlüssig bewiesen. Dieses Datum ging als wichtigster Tag in die Geschichte der Astronomie ein, seit die Kopernikanische Revolution die Sonne ins Zentrum des Sonnensystems gesetzt hatte. Die beiden schweizer Astronomen Michel Mayor und Didier Queloz hatten in einem Observatorium in den französichen Alpen Monate damit verbracht, einen Stern zu beobachten, der sich seltsam verhielt. Der Stern 51 Pegasi im Sternbild Pegasus taumelte. Die Unregelmäßigkeit war nicht so groß, daß man sie sehen konnte, aber sie bewirkte eine leichte Veränderung im Spektrum des Sterns. So wie sich die Tonhöhe der Polizeisirene verändert, wenn das Fahrzeug an uns vorbeifährt, können Astronomen leichte Farbveränderungen wahrnehmen, wenn ein Stern sich der Erde geringfügig nähert oder von ihr entfernt. Das Taumeln, das Mayor und Queloz zu erkennen glaubten, war tatsächlich minimal: Der Stern schwankte nur um 10–20 m/sec. Die Bewegung wies jedoch eine gewisse Regelmäßigkeit auf: Sie wiederholte sich etwa alle vier Tage.

Mayor und Queloz vermuteten, daß ein um den Stern kreisender Planet die Ursache für die Schwankung sein könnte. Die Gravitation des Planeten auf seiner Bahn konnte den Stern zum Schwanken bringen. Da der Stern sicherlich eine vielfach größere Masse besaß als der Planet, wäre die Bewegung kaum wahrnehmbar, jedoch vielleicht gerade groß genug, um sich als leichte Farbveränderung zu zeigen, wie sie hier zu erkennen war. Falls diese tatsächlich durch einen Planeten verursacht wurde, glaubten sich Mayor und Queloz in der Lage, auf der Basis ihrer früheren Beobachtungen die Veränderung des Sterns zu einem bestimmten Zeitpunkt in jener Nacht des 3. Juli vorhersagen zu können.

Am nächsten Tag hatten die beiden Astronomen die wichtigsten Daten eines Planeten schriftlich festgehalten. Seine Masse ist etwa halb so groß wie die von Jupiter, ein Jahr dauert dort 4,2 Erdtage, er bewegt sich viermal so schnell durch den Raum wie die Erde, und das in geringerer Entfernung zu seinem Stern als Merkur zur Sonne. Die Beobachtungen waren ein voller Erfolg. Mayor und Queloz hatten die erste Welt außerhalb unseres Sonnensystems entdeckt.

Wandernde Riesen

Bis heute wurden mindestens 17 verschiedene, planetenähnliche Objekte entdeckt, die sich im Orbit um andere Sterne befinden. Alle – einschließlich 51 Pegasi – bis auf zwei sind mit nichts in unserem Sonnensystem vergleichbar. Um den Stern 47 Ursae Majoris kreist ein Planet von etwa der zweieinhalbfachen Masse Jupiters, in etwas größerer Entfernung als Mars um unsere Sonne; die Masse des Planeten bei HD210277 ist dagegen um etwa ein Drittel größer als die von Jupiter, er kreist etwas weiter entfernt als die Erde von der Sonne, und sein Jahr dauert 437 Tage. Alle anderen aber befinden sich in so engen Umlaufbahnen und sind so dicht und massereich, daß sie allem, was wir über Planetenentstehung wissen, widersprechen. Am merkwürdigsten ist vielleicht der Riesenplanet – er ist etwa viermal so groß wie Jupiter – der den Stern Tau Bootis in nur drei Tagen und sieben Stunden umkreist. Er ist so groß und seiner Sonne so nahe, daß er nach Ansicht einiger Wissenschaftler aus verdampftem Gestein bestehen muß. Bis zum Jahr 1995 hatte man angenommen, daß sich Riesenplaneten nur in großer Entfernung von ihren Sternen bilden können. In der Nähe der Sonne, so argumentierte man, wurden die Gase zu stark aufgeheizt, um sich zu einem Festkörper verbinden zu können. Innerhalb unseres bescheidenen Erfahrungshorizonts (siehe Kapitel 1) bilden sich Gasriesen in diesem Sonnensystem nur dort, wo es so kalt ist, daß Wasser gefriert. Dennoch gibt es vielleicht eine Erklärung für die geringe Entfernung zwischen Riesenplaneten und ihren Sonnen, wenn sie dort nicht notwendigerweise entstanden sind.

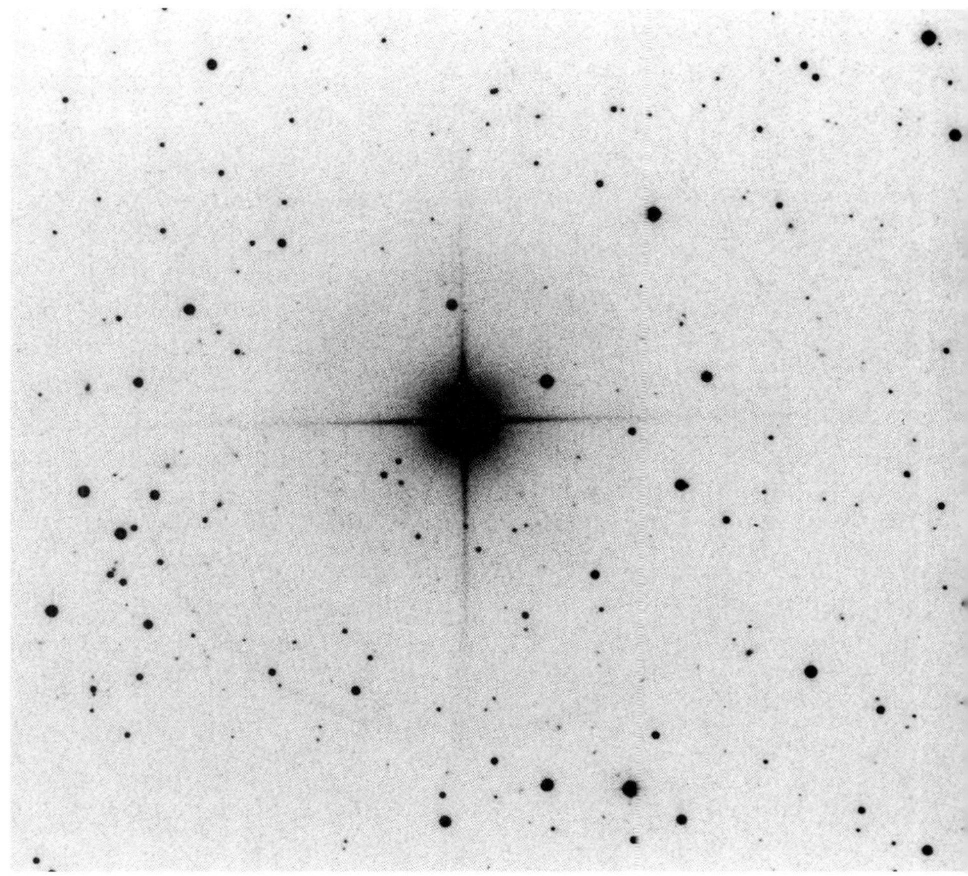

Nach den neuesten Theorien wäre es denkbar, daß Riesenplaneten sich in großer Entfernung zu ihren Muttersternen bilden und sich dann durch den Reibungswiderstand des sie umgebenden Staubs und Gases spiralförmig annähern. Befürworter dieser Vorstellung halten es für möglich, daß Jupiter der letzte in einer ganzen Reihe von Riesenplaneten ist, die sich in unserem Sonnensystem gebildet haben, aber der erste, der nicht in die Sonne gefallen ist. Die Riesenplaneten, die wir jetzt in der Weite des Alls »sehen« können, haben es vielleicht gerade noch geschafft, dem Tod durch Verbrennen zu entgehen.

Es ist verwirrend, zu sehen, wie sehr sich diese »neuen« Planeten von den neun altbekannten unterscheiden. Bei der immer größer werdenden Zahl von Sonnensystemen, die wir kennen, erscheint unser eigenes mehr und mehr als Ausnahme. Bei uns gibt es keine riesigen Jupiter, die innerhalb der Merkurumlaufbahn um die Sonne rasen, keine Planeten, deren Umlaufzeit eher in Stunden als in Tagen angegeben werden muß, keine Wolken aus verdampftem Gestein. Aber das heißt nicht, daß es nirgendwo ein Sonnensystem wie unseres gibt. Es ist nur sehr schwer für uns, sie zu finden. Unsere Sonne taumelt durch die Planetenbewegungen mit etwa 12,5 m/sec. Aber da die Ursache dafür hauptsächlich Jupiter zuzuschreiben ist, dauert jede Taumelbewegung ein Jupiterjahr, das sind fast zwölf Erdjahre. Sterne, deren Taumelbewegung einem kurzen Rhythmus unterliegen, sind leichter aufzufinden. Und warum sind alle neuentdeckten Planeten so massereich? Auch das liegt an unserer Beobachtungsweise. Die Erde läßt die Sonne um 9 cm/sec taumeln, 30mal weniger, als unsere besten Teleskope zu erkennen vermögen. Wir entdecken deshalb nur große Planeten, weil sie die einzigen sind, die ihre Muttersterne so stark ablenken können, daß wir es bemerken.

OBEN *Auf der Suche nach anderen Planeten setzten die Astronomen große Hoffnungen in den Stern 51 Pegasi. 1995 wurde bei ihm als erstem Stern ein Planet entdeckt.*

Blinkende Sterne

OBEN *1997 fotografierte das Hubble-Raumteleskop dieses Doppelsternsystem und entdeckte dabei etwas Merkwürdiges. Am Ende eines leuchtenden Strahls aus glühendem Gas und Staub ist schwach ein Objekt zu erkennen, das für einen Stern zu matt glimmt. Könnte dies vielleicht ein Riesenplanet sein, um ein Vielfaches größer als Jupiter, der aus dem jungen Sonnensystem geschleudert wurde?*

Innerhalb weniger Jahre ist die Vorstellung von Planeten außerhalb des Sonnensystems zur Normalität geworden. Eine vor kurzem durchgeführte Untersuchung an 107 sonnenähnlichen Sternen fand bei sechs von ihnen Planeten. Wer weiß, vielleicht gibt es Milliarden solcher Welten im All. Es erscheint durchaus möglich, daß es Millionen von Planeten wie die Erde gibt und daß die Bedingungen an vielen Orten der Galaxis die Entwicklung von Leben begünstigen. Die Aufgabe, sie aufzuspüren, ist inzwischen zur größten Herausforderung der Astronomie geworden.

Es ist unmöglich, durch die Suche nach taumelnden Sternen Planeten von Erdgröße zu entdecken. Aber es gibt andere, vielversprechendere Methoden, auch wenn sie technisch anspruchsvoller sind. Wenn sich ein weit entfernter Planet von der Erde aus gesehen genau vor einem Stern vorbeischiebt, schirmt er einen Bruchteil von dessen Lichtemission ab. Die Helligkeit des Sterns wird dadurch minimal verändert, der Effekt gleicht einem Wimpernschlag. Durch die Erdatmosphäre würde die Störung vollkommen verwischt, sogar ein Windstoß über dem Teleskop würde stärkeres Flimmern verursachen. Außerhalb der Atmosphäre stünden die Chancen deutlich besser, man muß nur darauf hoffen, daß sich eine Planetenumlaufbahn genau in Blickrichtung befindet. Im Jahr 2001 wird die französische Raumsonde *Corot* in eine Umlaufbahn geschossen und das All nach Hinweisen auf blinkende Sterne absuchen. Sie wird zwar nicht die Planeten selbst, möglicherweise aber ihre Umrisse erspähen können.

Vielleicht wird es sogar schon früher möglich sein, die flüchtigen Hinweise auf erdähnliche Planeten zu lokalisieren. Stanton Peale, Planetenforscher am Santa-Barbara-Institut in Kalifornien, hat darauf verwiesen, daß die ungewöhnliche Erscheinung der Lichtkrümmung, ein Effekt, der aus Albert Einsteins Relativitätstheorie folgt, sich als wertvolles Hilfsmittel erweisen könnte. Wenn sich ein Planet genau auf unserer Sichtlinie vor einem mehrere Lichtjahre entfernten Stern vorbeibewegt, lenkt er kurzfristig dessen Licht ab, so als wäre er eine kleine Linse. Für den Bruchteil einer Sekunde wird der Stern zwei- oder dreimal heller aufleuchten als normal. Bis jetzt hat man noch nicht versucht, den Himmel mit einem Teleskop nach diesem Flackern abzusuchen, doch bis zur Jahrtausendwende dürfte man damit begonnen haben.

Was ist ein Bild wert?

Nachdem Galilei 1610 jene vier Punkte entdeckt hatte, die Jupiter umkreisten, bewies er der Welt, daß Sehen auch Glauben bedeutet. Die sorgfältigen Berechnungen von Kopernikus waren zwar theoretisch wertvoll, wirklich überzeugt war bis zu jener nächtlichen Entdeckung in Florenz aber niemand davon, daß die Erde nicht das Zentrum des Universums ist. Vier Monde auf Umlaufbahnen um einen anderen Planeten. Ein Bild, das mehr sagt als tausend Worte. Wieviele Bilder von taumelnden Sternen würden Wissenschaftler wohl für ein exaktes Foto eines fremden Planeten geben?

Das Hubble-Raumteleskop ist eine hervorragende Konstruktion – ein Höhepunkt der Technologie des 20. Jahrhunderts. Von seinem Aussichtspunkt in 600 km Höhe kann es Berge auf dem Mars erkennen, die nur etwa 30 km Durchmesser haben. Um Berge auf einem Planeten eines ande-

ren Sonnensystems zu fotografieren, müßte man allerdings ein Teleskop von der Größe der USA ins All schießen. Dazu wird es wohl kaum kommen, ein verschwommenes Foto von einem der neuentdeckten Planetenriesen liegt aber vielleicht bald im Bereich des Möglichen.

Planeten sind deshalb schwer zu erkennen, weil sie kein eigenes Licht produzieren, sondern nur das ihrer Sonne reflektieren. Einen Planeten aufzuspüren, das ist, als suche man nach einem Stück schwacher Glut in einem bullernden Ofen. Auch der Blick auf infrarote Strahlung, die Planeten aufgrund ihrer inneren Wärme abgeben, hilft nicht viel weiter. Im Bereich sichtbaren Lichts ist die Sonne in unserem Sonnensystem eine Milliarde mal so hell wie die Planeten und gibt zehn Millionen mal so viel Infrarotstrahlung ab. Die Chancen auf einen Planetenfund sind also eher schlecht, aber im Infrarotbereich sind sie dennoch deutlich besser.

Im Jahr 2000 wird sich zwei Teleskopen – eines in Arizona, das andere auf Hawaii stationiert – eine günstige Gelegenheit bieten, einen der Riesenplaneten, von deren Existenz die Beobachter taumelnder Sterne felsenfest überzeugt sind, im infraroten Bereich zu fotografieren. Um die so weit entfernten, undeutlichen Objekte erfassen zu können, wenden diese Teleskope einen Trick an; beide bestehen eigentlich aus zwei nebeneinanderstehenden Spiegeln und nutzen die Tatsache, daß Licht in Form von Wellen auftritt. Beide Spiegel werden genau auf den Stern ausgerichtet,

OBEN *Ein Sonnensystem in der Entstehung. Die Entdeckung von Riesenplaneten, die um andere Sonnen kreisen, hat die bisherigen Theorien über die Entstehung von Planeten ins Wanken gebracht. In diesem Modell, erstellt von Wissenschaftlern im kalifornischen Santa Cruz, hat ein Planet von der Größe Jupiters eine Schneise in die Scheibe aus Staub und Gas geschlagen, die einen jungen Stern umgibt.*

OBEN *Das Keck-Zwillingsteleskop von Mauna Kea auf Hawaii. Es könnte uns das erste Foto eines Riesenplaneten im Orbit eines fremden Sterns bringen.*

GEGENÜBER *Das erste von vielen. Das Hubble-Teleskop ist zwar sehr leistungsfähig, aber nicht in der Lage, Planeten im Orbit weit entfernter Sterne zu erkennen. Sobald die neue Generation von Mehrfachspiegel-Teleskopen baureif ist, wird Hubble Gesellschaft bekommen.*

die extrem genaue Einstellung ermöglicht es dann, daß die Wellenberge der von dem Stern ausgehenden Lichtwellen von einem Spiegel, die Wellentäler aber von dem anderen Spiegel aufgefangen werden. Überlagert man die Bilder, so verschwindet der Stern – die Lichtwellen heben sich gegenseitig auf. Dies betrifft jedoch nur die Mitte des Bilds. Falls sich direkt neben dem Stern ein Planet befindet, müßte er plötzlich wie aus dem Nichts auftauchen und sichtbar werden.

Um Planeten von der Größe der Erde entdecken zu können, müßten die Spiegel das Sonnenlicht noch wirkungsvoller ausblenden können. Wollte man ein so schwach leuchtendes Objekt ausmachen, benötigte man ein Spiegelsystem von mindestens 60 m Durchmesser, das außerdem nicht von der Erdatmosphäre getrübt wird. NASA und ESA haben die Planung einer solch kühnen Mission tatsächlich bereits in Betracht gezogen, ihr Name: *Terrestial Planet Finder*. Zwischen 2010 und 2020 könnte *Planet Finder* fertiggestellt und auf dem Weg zu einer Umlaufbahn um die Sonne sein, 50 Millionen Kilometer von der Erde entfernt.

Sehen oder nicht sehen

Das erste Foto, wenn es denn hier eintreffen sollte, könnte eine Million Fragen aufwerfen, aber nur eine davon ist unabdingbar. Gibt es Leben auf dieser anderen Erde? Eine notwendige Bedingung für die Entstehung von Leben ist das Vorhandensein von Wasser in flüssiger Form, ein Planet, der Leben entwickelt, darf also weder zu nah dran noch zu weit von seiner Sonne entfernt sein. Außerdem muß er genug Masse besitzen, um eine Atmosphäre an sich binden zu können. Das Foto würde einige Fragen beantworten, aber es wäre erst der Anfang.

RECHTS OBEN *Kurz vor Weihnachten des Jahres 1995 wollte das Hubble-Forschungsteam die Fähigkeiten des leistungsfähigsten Teleskops der Welt testen und richtete das Teleskop auf eine leere Stelle im Weltraum, nicht größer als ein Sandkorn, die sich direkt über der Deichsel des Großen Wagens befand. Zu Beginn des neuen Jahres stellten die Wissenschaftler fest, daß das Nichts nach 240 Stunden Belichtung zu einem Raum voller Galaxien geworden war – über 1000 bis dahin unbekannte Sternensysteme waren zu sehen. Wenn dies der durchschnittlichen Galaxiendichte entspricht, muß das Universum mehr als 200 Milliarden Galaxien beinhalten. Unsere Sonne ist nur eine von mehreren hundert Milliarden Sternen allein in unserer Galaxie, und im letzten Jahrzehnt des 20. Jahrhunderts wurden nur Hinweise auf Planeten um eine Handvoll der allernächsten Sterne gefunden. Wir haben heute noch keine Vorstellung davon, welcher Prozentsatz der Sterne Planetensysteme ausgebildet hat, doch Schätzungen steigen. Dieses Hubble-Foto gibt Grund zur Hoffnung, daß auch an anderer Stelle des Universums Leben existiert.*

1993 passierte die Sonde *Galileo* die Erde und führte ein recht merkwürdig anmutendes Experiment durch – sie suchte nach Leben auf unserem Planeten. Sie kam nicht nahe genug, um künstlich angelegte Felder in der Wüste oder das typische Liniengewirr städtischer Straßennetze ausmachen zu können, die wir von Satellitenbildern her kennen. *Galileo* sah das Azurblau der Ozeane und das Braun der Kontinente, doch nichts an den zugegebenermaßen wunderschönen Bildern wies auf Leben hin. Erst die Messungen, die das Experiment abschlossen, ließen Anzeichen dafür erkennen. Bei der Analyse der Erdatmosphäre entdeckte der Spektrometer der *Galileo* Sauerstoff im roten Bereich des Spektrums. Im Infrarotbereich fand er Spuren von Methan.

Sauerstoff ist ein hochgradig reaktives Gas, das sofort aus der Atmosphäre verschwinden würde, wenn Algen und andere Pflanzen nicht konsequent für ausreichend Nachschub sorgten. Daß neben Sauerstoff auch noch Methan vorhanden ist, verstärkt die Wahrscheinlichkeit von Leben noch, denn Sauerstoff zerlegt Methan sofort. Nur durch konstante Methanquellen wie Bakterien und Tiere auf der Oberfläche wird seine Präsenz erklärbar.

Galileo führte einen Probelauf der Tests durch, die man an entfernten Planeten unternehmen wird, wenn erste Aufnahmen zur Verfügung stehen. Natürlich besteht keine Hoffnung, auf diesen unscharfen Bildern Zeichen von Zivilisationen zu entdecken. Aber genauso wie Jesuitenpater Secchi damals das Licht ferner Sterne mit Hilfe seines Prismas analysiert hatte, so werden Astronomen eines Tages ihre Teleskope ausrichten, um das Licht ferner Planeten zu zerlegen. Diese Planetenforscher werden nach Spuren von Gasen suchen, die für die Menschheit weltbewegende Neuigkeiten bedeuten würden.

Als William Herschel 1781 ein Objekt entdeckte, das dann den Namen Uranus erhielt, begann die Geschichte der Suche nach neuen Planeten. Durch Herschels Entdeckung hatte das Sonnensystem plötzlich die doppelte Ausdehnung. 1930 erkannte Clyde Tombaugh die flüchtige Präsenz Plutos auf einem Paar Fotoplatten und schob die Grenze so weiter nach außen. Tombaugh setzte die Begrenzungspfähle an die neun Planeten, die unser Sonnensystem ausmachen, doch auch sie haben nur symbolischen Wert. Längst sind weitere Planeten in viel größerer Entfernung gefunden worden. Vielleicht werden 100 Jahre zwischen Tombaughs Entdeckung und dem Moment vergehen, in dem ein Planet gefunden wird, der wirklich als Verwandter der Erde bezeichnet werden kann. Dann wird die gesamte Galaxis einfach Teil unserer Nachbarschaft sein.

Mond- und Planetenmissionen in chronologischer Reihenfolge

Die Daten beziehen sich auf die Starts der Sonden

1957

UdSSR Sputnik 1 (4. Okt. 1957)
Eintritt in Erdumlaufbahn

UdSSR Sputnik 2 (3. Nov. 1957)
Eintritt in Erdumlaufbahn

1958

USA Explorer 1 (1. Febr. 1958)
Eintritt in Erdumlaufbahn

USA Vanguard 1 (17. März 1958)
Eintritt in Erdumlaufbahn

USA Pioneer 0 (17. Aug. 1958)
versuchter Mondumlauf (Fehlstart)

UdSSR Luna 1958A (23. Sept. 1958)
versuchter Mondflug?
(Fehlstart)

USA Pioneer 1 (11. Okt. 1958)
versuchter Mondumlauf (Fehlstart)

UdSSR Luna 1958B (12. Okt. 1958)
versuchter Mondflug?
(Fehlstart)

USA Pioneer 2 (8. Nov. 1958)
versuchter Mondumlauf (Fehlstart)

UdSSR Luna 1958C (4. Dez. 1958)
versuchter Mondflug? (Fehlstart)

USA Pioneer 3 (6. Dez. 1958)
mißlungener Vorbeiflug am Mond
(Fehlstart)

1959

UdSSR Luna 1 (2. Jan. 1959)
Vorbeiflug am Mond (Landeversuch?)

USA Pioneer 4 (3. März. 1959)
Vorbeiflug am Mond

UdSSR Luna 1959A (16. Juni 1959)
versuchte Mondlandung? (Fehlstart)

UdSSR Luna 2 (12. Sept. 1959)
Aufschlag auf dem Mond

UdSSR Luna 3 (4. Okt. 1959)
Vorbeiflug am Mond

USA Pioneer P-3 (26. Nov. 1959)
versuchter Mondumlauf (Fehlstart)

1960

UdSSR Luna 1960A (15. April 1960)
vers. Vorbeiflug am Mond (Fehlstart)

UdSSR Luna 1960B (18. April 1960)
vers. Vorbeiflug am Mond (Fehlstart)

USA Pioneer P-30 (25. Sept. 1960)
versuchter Mondumlauf (Fehlstart)

UdSSR Marsnik 1 (Mars 1960A)
(10. Okt. 1960)
versuchter Marsflug (Fehlstart)

UdSSR Marsnik 2 (Mars 1960B)
(14. Okt. 1960)
versuchter Marsflug (Fehlstart)

USA Pioneer P-31 (15. Dez. 1960)
versuchter Mondumlauf (Fehlstart)

1961

UdSSR Sputnik 7 (4. Febr. 1961)
versuchte Venuslandung

UdSSR Venera 1 (12. Febr. 1961)
Vorbeiflug Venus (Kontakt verloren)

USA Ranger 1 (23. Aug. 1961)
versuchter Testflug zum Mond

USA Ranger 2 (18. Nov. 1961)
versuchter Testflug zum Mond

1962

USA Ranger 3 (26. Jan. 1962)
verfehlte den Mond

USA Ranger 4 (23. April 1962)
Aufschlag auf Mond (Kontakt verloren)

USA Mariner 1 (22. Juli 1962)
Vorbeiflug Venus gescheitert (Fehlstart)

UdSSR Sputnik 23 (25. Aug. 1962)
geplanter Vorbeiflug an der Venus

USA Mariner 2 (27. Aug. 1962)
Vorbeiflug an der Venus

UdSSR Sputnik 24 (1. Sept. 1962)
geplanter Vorbeiflug an der Venus

UdSSR Sputnik 25 (12. Sept. 1962)
geplanter Vorbeiflug an der Venus

USA Ranger 5 (18. Okt. 1962)
geplanter Aufschlag auf dem Mond

UdSSR Sputnik 29 (24. Okt. 1962)
Vorbeiflug an Mars gescheitert

UdSSR Mars 1 (1. Nov. 1962)
Vorbeiflug an Mars (Kontakt verloren)

UdSSR Sputnik 31 (4. Nov. 1962)
geplanter Vorbeiflug an Mars

1963

UdSSR Sputnik 33 (4. Jan. 1963)
versuchte Mondlandung

UdSSR Luna 1963B (2. Febr. 1963)
versuchte Mondlandung (Fehlstart)

UdSSR Luna 4 (2. April 1963)
versuchte Mondlandung

UdSSR Cosmos 21 (11. Nov. 1963)
Venustestflug geplant?

1964

USA Ranger 6 (30. Jan. 1964)
Aufschlag auf Mond (Kameraversagen)

UdSSR Venera 1964A (19. Feb. 1964)
Venusflug gescheitert (Fehlstart)

UdSSR Venera 1964B (1. März 1964)
Venusflug gescheitert (Fehlstart)

UdSSR Luna 1964A (21. März 1964)
Mondlandung geplant (Fehlstart)

UdSSR Cosmos 27 (27. März 1964)
Venusflug geplant

UdSSR Zond 1 (2. April 1964)
Vorbeiflug Venus (Kontakt verloren)

UdSSR Luna 1964B (20. April 1964)
versuchte Mondlandung (Fehlstart)

UdSSR Zond 1964 (4. Juni 1964)
versuchte Mondlandung (Fehlstart)

USA Ranger 7 (28. Juli 1964)
Aufschlag auf dem Mond

USA Mariner 3 (5. Nov. 1964)
Vorbeiflug an Mars geplant

USA Mariner 4 (28. Nov. 1964)
Vorbeiflug an Mars

UdSSR Zond 2 (30. Nov. 1964)
Vorbeiflug an Mars (Kontakt verloren)

1965

USA Ranger 8 (17. Febr. 1965)
Aufschlag auf dem Mond

UdSSR Cosmos 60 (12. März 1965)
Mondlandung geplant

USA Ranger 9 (21. März 1965)
Aufschlag auf dem Mond

UdSSR Luna 1965A (10. April 1965)
Mondlandung geplant? (Fehlstart)

UdSSR Luna 5 (9. Mai 1965)
Mondaufschlag (sanfte Landung geplant)

UdSSR Luna 6 (8. Juni 1965)
Mondlandung geplant

UdSSR Zond 3 (18. Juli 1965)
Vorbeiflug am Mond

UdSSR Luna 7 (4. Okt. 1965)
Mondaufschlag (sanfte Landung geplant)

UdSSR Venera 2 (12. Nov. 1965)
Venus verfehlt (Kontakt verloren)

UdSSR Venera 3 (16. Nov. 1965)
Venuslandekapsel (Kontakt verloren)

UdSSR Cosmos 96 (23. Nov. 1965)
Venuslandung geplant?

UdSSR Venera 1965A (23. Nov. 1965)
Venusflug gescheitert (Fehlstart)

UdSSR Luna 8 (3. Dez. 1965)
Mondaufschlag (Landung geplant?)

1966

UdSSR Luna 9 (31. Jan. 1966)
Mondlandekapsel

UdSSR Cosmos 111 (1. März 1966)
Mondumlauf verfehlt?

UdSSR Luna 10 (31. März 1966)
Mondumlauf

UdSSR Luna 1966A (30. April 1966)
Mondumlauf geplant? (Fehlstart)

USA Surveyor 1 (30. Mai 1966)
Mondlandekapsel

USA Explorer 33 (1. Juli 1966)
versuchter Mondumlauf

USA Lunar Orbiter 1 (10. Aug. 1966)
Mondumlauf

UdSSR Luna 11 (24. Aug. 1966)
Mondumlauf

USA Surveyor 2 (20. Sept. 1966)
versuchte Mondlandung

UdSSR Luna 12 (22. Okt. 1966)
Mondumlauf

USA Lunar Orbiter (6. Nov. 1966)
Mondumlauf

UdSSR Luna 13 (21. Dez. 1966)
Mondlandekapsel

1967

USA Lunar Orbiter 3 (4. Feb. 1967)
Mondumlauf

USA Surveyor 3 (17. April 1967)
Mondlandekapsel

USA Lunar Orbiter 4 (8. Mai 1967)
Mondumlauf

UdSSR Venera 4 (12. Juni 1967)
Venussonde

USA Mariner 5 (14. Juni 1967)
Vorbeiflug an der Venus

UdSSR Cosmos 167 (17. Juni 1967)
geplante Venussonde

USA Surveyor 4 (14. Juli 1967)
versuchte Mondlandung

USA Explorer 35 (IMP-E) (19. Juli 1967)
Mondumlauf

USA Lunar Orbiter 5 (1. Aug. 1967)
Mondumlauf

USA Surveyor 5 (8. Sept. 1967)
Mondlandung

UdSSR Zond 1967A (28. Sept. 1967)
geplanter Testflug zum Mond (Fehlstart)

USA Surveyor 6 (7. Nov. 1967)
Mondlandekapsel

UdSSR Zond 1967B (22. Nov. 1967)
geplanter Testflug zum Mond
(Fehlstart)

1968

USA Surveyor 7 (7. Jan. 1968)
Landekapsel

UdSSR Luna 1968A (7. Febr. 1968)
geplanter Mondumlauf (Fehlstart)

UdSSR Zond 4 (2. März 1968)
Testflug

UdSSR Luna 14 (7. April 1968)
Mondumlauf

UdSSR Zond 1968A (23. April 1968)
geplanter Mondflug (Fehlstart)

UdSSR Zond 5 (15. Sept. 1968)
Mondumlauf und Rückkehr zur Erde

UdSSR Zond 6 (10. Nov. 1968)
Mondumlauf und Rückkehr zur Erde

USA Apollo 8 (21. Dez. 1968)
bemannter Mondumlauf

1969

UdSSR Venera 5 (5. Jan. 1969)
Venussonde

UdSSR Venera 6 (10. Jan. 1969)
Venussonde

UdSSR Zond 1969A (20. Jan. 1969)
Mondumlauf geplant (Fehlstart)

UdSSR Luna 1969A (19. Febr. 1969)
Mondfahrzeug an Bord? (Fehlstart)

UdSSR Zond L1S-1 (21. Febr. 1969)
Mondumlauf geplant (Fehlstart)

USA Mariner 6 (25. Febr. 1969)
Vorbeiflug an Mars

USA Mariner 7 (27. März 1969)
Vorbeiflug an Mars

UdSSR 1969A (27. März 1969)
geplante Marslandung? (Fehlstart)

UdSSR Mars 1969B (2. April 1969)
geplante Marslandung? (Fehlstart)

UdSSR Luna 1969B (15. April 1969) Bodenentnahme auf dem Mond geplant? (Fehlstart)

USA Apollo 10 (18. Mai 1969) bemannter Mondumlauf

UdSSR 1969C (14. Juni 1969) Bodenentnahme auf dem Mond geplant? (Fehlstart)

UdSSR Zond L1S-2 (3. Juli 1969) Mondumlauf geplant (Fehlstart)

UdSSR Luna 15 (13. Juli 1969) Bodenentnahme auf dem Mond geplant

USA Apollo 11 (16. Juli 1969) bemannte Mondlandung

UdSSR Zond 7 (7. Aug. 1969) Mondumlauf und Rückkehr zur Erde

UdSSR Cosmos 300 (23. Sept. 1969) Bodenentnahme auf dem Mond geplant?

UdSSR Cosmos 305 (22. Okt. 1969) Bodenentnahme auf dem Mond geplant?

USA Apollo 12 (14. Nov. 1969) bemannte Mondlandung

1970

UdSSR Luna 1970A (6. Febr. 1970) Bodenentnahme auf dem Mond geplant? (Fehlstart)

UdSSR 1970B (19. Febr. 1970) Mondumlauf geplant? (Fehlstart)

USA Apollo 13 (11. April 1970) bemannte Mondmission (Landung abgebrochen)

UdSSR Venera 7 (17. Aug. 1970) Venuslandekapsel

UdSSR Cosmos 359 (22. Aug. 1970) geplante Venussonde

UdSSR Luna 16 (12. Sept. 1970) brachte Bodenprobe vom Mond

UdSSR Zond 8 (20. Okt. 1970) Mondumlauf und Rückkehr zur Erde

UdSSR Luna 17/Lunochod 1 (10. Nov. 1970) Mondfahrzeug an Bord

1971

USA Apollo 14 (31. Jan. 1971) bemannte Mondlandung

USA Mariner 8 (8. Mai 1971) Marsumlauf geplant (Fehlstart)

UdSSR Cosmos 419 (10. Mai 1971) geplanter Marsumlauf mit Landekapsel

UdSSR Mars 2 (19. Mai 1971) Marsumlauf/Absturz

UdSSR Mars 3 (28. Mai 1971) Marsumlauf/Landekapsel

USA Mariner 9 (30. Mai 1971) Marsumlauf

USA Apollo 15 (26. Juli 1971) bemannte Mondlandung

UdSSR Luna 18 (2. Sept. 1971) Bodenentnahme auf dem Mond geplant

UdSSR Luna 19 (28. Sept. 1971) Mondumlauf

1972

UdSSR Luna 20 (14. Febr. 1972) Bodenentnahme auf dem Mond

USA Pioneer 10 (3. März 1972) Vorbeiflug an Jupiter

UdSSR Venera 8 (27. März 1972) Venuslandung

UdSSR Cosmos 482 (31. März 1972) geplante Venussonde

USA Apollo 16 (16. April 1972) bemannte Mondlandung

UdSSR Sojus L3 (23. Nov. 1972) geplanter Mondumlauf (Fehlstart)

USA Apollo 17 (7. Dez. 1972) bemannte Mondlandung

1973

UdSSR Luna 21/Lunochod 2 (8. Jan. 1973) Mondfahrzeug

USA Pioneer 11 (5. April 1973) Vorbeiflug an Jupiter und Saturn

USA Explorer 49 (RAE-B) (10. Juni 1973) Mondumlauf/Radioastronomie

UdSSR Mars 4 (21. Juli 1973) Marsumlauf verfehlt

UdSSR Mars 5 (25. Juli 1973) Marsumlauf

UdSSR Mars 6 (5. Aug. 1973) Marslandung (Kontakt verloren)

UdSSR Mars 7 (9. Aug. 1973) Vorbeiflug an Mars (Landung verfehlt)

USA Mariner 10 (4. Nov. 1973) Vorbeiflug an Venus und Merkur

1974

UdSSR Luna 22 (2. Juni 1974) Mondumlauf

UdSSR Luna 23 (28. Okt. 1974) versuchte Bodenentnahme auf dem Mond

1975

UdSSR Venera 9 (8. Juni 1975) Venusumlauf und -landung

UdSSR Venera 10 (14. Juni 1975) Venusumlauf und -landung

USA Viking 1 (20. Aug. 1975) Marsumlauf und -landung

USA Viking 2 (9. Sept. 1975) Marsumlauf und -landung

UdSSR Luna 1975A (16. Okt. 1975) geplante Bodenentnahme auf dem Mond?

1976

UdSSR Luna 24 (9. Aug. 1976) Bodenprobe auf dem Mond genommen

1977

USA Voyager 2 (20. Aug. 1977) Vorbeiflug Jupiter/Saturn/Uranus/Neptun

USA Voyager 1 (5. Sept. 1977) Vorbeiflug an Jupiter und Saturn

1978

USA Pioneer Venus 1 (20. Mai 1978) Venusumlauf

USA Pioneer Venus 2 (8. Aug. 1978) Venussonde

USA ISEE-3/ICE (12.Aug. 1978) Vorbeiflug an den Kometen Giacobini-Zinner und Halley

UdSSR Venera 11 (9. Sept. 1978) Venusumlauf und -landung

UdSSR Venera 12 (14. Sept. 1978) Venusumlauf um -landung

1981

UdSSR Venera 13 (30. Okt. 1981) Venusumlauf und -landung

UdSSR Venera 14 (4. Nov. 1981) Venusumlauf und -landung

1983

UdSSR Venera 15 (2. Juni 1983) Venusumlauf

UdSSR Venera 16 (7. Juni 1983) Venusumlauf

1984

UdSSR Vega 1 (15. Dez. 1984) Venuslandung und Vorbeiflug an Komet Halley

UdSSR Vega 2 (21. Dez. 1984) Venuslandung und Vorbeiflug an Komet Halley

1985

Japan Sakigake (7. Jan. 1985) Vorbeiflug an Komet Halley

ESA Giotto (2. Juli 1985) Vorbeiflug an Komet Halley

Japan Suisei (Planet-A) (18. Aug. 1985) Vorbeiflug an Komet Halley

1988

UdSSR Phobos 1 (7. Juli 1988) Marsumlauf und versuchte Landung

UdSSR Phobos 2 (12. Juli 1988) Marsumlauf und versuchte Landung

1989

USA Magellan (4. Mai 1989) Venusumlauf

USA Galileo (18. Okt. 1989) Jupiterumlauf/Sonde abgesetzt

1990

Japan Hiten (24. Jan. 1990) Mondumlauf

ESA Ulysses (6. Okt. 1990) Jupiterumlauf, anschl. Sonnenumlauf

1992

USA Mars Observer (25. Sept. 1992) geplanter Marsumlauf (Kontakt verloren)

1994

USA Clementine (25. Jan. 1994) Mondumlauf/geplantes Asteroidentreffen

1996

USA NEAR (17. Febr. 1996) Treffen mit Asteroid Eros

USA Mars Global Surveyor (7. Nov. 1996) Marsumlauf

GUS (früher UdSSR) Mars 96 (16. Nov. 1996) Marsumlauf und -landung gepl. (Fehlstart)

USA Mars Pathfinder (4. Dez. 1996) Marslandung und -fahrzeug

1997

USA Cassini (15. Okt. 1997) Saturnumlauf

ESA Huygens (15. Okt. 1997) Titansonde

USA AsiaSat 3/HGS-1 (24. Dez. 1997) Vorbeiflug am Mond

1998

USA Lunar Prospector (7. Jan. 1998) Mondumlauf

Japan Nozomi (Planet-B) (3. Juli 1998) Marsumlauf

USA Deep Space 1 (DS1) (24. Okt. 1998) Treffen mit Asteroid und/oder Komet

USA Mars Climate Orbiter (11. Dez. 1998) Marsumlauf

1999

USA Mars Polar Lander (3. Jan. 1999) Marslandung

USA Deep Space 2 (DS2) (3. Jan. 1999) Marsuntersuchung

USA Stardust (6. Febr. 1999) Probe von Kometenkoma entnommen

Japan Lunar-A (Sommer 1999) Mondumlauf, Sonden absetzen

2001

USA Genesis (Jan. 2001) Material des Sonnenwinds entnehmen

USA Mars Surveyor 2001 Orbiter (7. März 2001) Marsumlauf

USA Mars Surveyor 2001 Lander (5. April 2001) Marslandung und -fahrzeug

2002

Japan Muses-C (Jan. 2002) Asteroidlandekapsel, Materialprobe

USA CONTOUR (Juli 2002) Vorbeiflug an drei Kometenkernen

2003

ESA Rosetta (23. Jan. 2003) Kometumlauf und -landung

USA Champollion/DS4 (Mai 2003) Beschaffung von Material eines Kometen

USA Mars Surveyor 2003 (Mai 2003) Marsumlauf und -landung

ESA Mars Express (Juni 2003) Marsumlauf und -landung

USA Europa Orbiter (2003) geplanter Europaumlauf

Japan Selene (2003) Mondumlauf

2004

USA Pluto-Kuiper Express (Dez. 2004) gepl. Vorbeiflug Jupiter/Kuiper-Gürtel

2006

USA Mars Surveyor 2005 (Juli 2005) Marsumlauf und -landung

Die Planeten in Zahlen

PLANET	Äquatordurchmesser (in km und relativ zur Erde)	Masse relativ zur Erde	Dichte relativ zu Wasser	Volumen relativ zur Erde	Durchschnittstemperatur in Grad Celsius (O = Oberfläche) (A = Atmosphäre)	Oberflächenschwerkraft relativ zur Erde	Atmosphäre (Hauptbestandteile)
Merkur	4878 0,38	0,055	5,5	0,06	350(O) tags –170(O) nachts	0,38	Keine
Venus	12 103 0,95	0,81	5,2	0,88	–33(A) tags 480(A) nachts	0,9	Kohlendioxid
Erde	12 756 1,00	1,00	5,5	1,00	22(O)	1,0	Stickstoff, Sauerstoff
Mars	6786 0,53	0,11	3,9	0,15	23(O)	0,38	Kohlendioxid, Argon
Jupiter	142 980 11,0	318	1,3	1316	–150(A)	2,64	Wasserstoff, Helium
Saturn	120 540 9,41	95	0,7	755	–180(A)	1,16	Wasserstoff, Helium
Uranus	51 120 4,11	15	1,3	67	–210(A)	1,11	Wasserstoff, Helium, Methan
Neptun	49 530 3,96	17	1,6	57	–220(A)	1,21	Wasserstoff, Helium, Methan
Pluto	2280 0,18	0,002	2,1	0,015(?)	–230(?)	0,06	Stickstoff?

PLANET	Achsenneigung (in Grad)	Bahnneigung zur Ekliptik (in Grad)	Bahnexzentrizität	Umlaufzeit	Rotationszeit[1]	Durchschnittsentfernung von der Sonne (in Millionen km)	Zahl der bekannten Monde
Merkur	0,0(?)	7	0,206	88 Tage	59 Tage (176 Tage)	57,9	0
Venus	2	3,4	0,007	225 Tage	243 Tage (Ost–West) (117 Tage)	108,2	0
Erde	23,27	0	0,017	365 Tage	23 Std. 56 Min. (24 Std.)	149,6	1
Mars	24,46	1,9	0,093	687 Tage	24 Std. 37 Min.	227,9	2
Jupiter	3.05	1,3	0,048	11,9 Jahre	9 Std. 55 Min.	778,3	16
Saturn	26,44	2,5	0,056(?)	29,5 Jahre	10 Std. 39 Min.	1427	18
Uranus	97,53	0,8	0,047	84 Jahre	17 Std. 14 Min. (Ost–West)	2869,6	15
Neptun	28,48	1,8	0,009	165 Jahre	16 Std. 7 Min.	4496,6	8
Pluto	?	17,2	0,25	248 Jahre	6 Tage 9 Std. (Ost–West)	5900	1

[1] Relativ zu den Sternen. Weicht die Länge eines >Tages< (von Sonnenaufgang zu Sonnenaufgang) deutlich ab, wird dieser Wert in Klammern wiedergegeben.

PLANET	durchschnittliche Bahngeschwindigkeit (in km/sec)	Abplattung
Merkur	47,9	0
Venus	35	0
Erde	29,8	0,003
Mars	24,1	0,009
Jupiter	13,1	0,06
Saturn	9,7	0,1
Uranus	6,8	0,06
Neptun	5,4	0,02
Pluto	4,7	?

Die Monde der Planeten

MOND	Durchschnittsentfernung vom Planeten (in km)	Umlaufdauer (in Tagen)	Durchmesser (in km)
ERDE			
Mond	384 400	27,321	3475,6
MARS			
Phobos	9270	0,32	17x14x11
Deimos	23 400	1,26	9x7x6
JUPITER			
Metis	127 960	0,295	40
Adrastea	128 980	0,298	26x20x16
Amalthea	181 300	0,498	262x146x143
Thebe	221 900	0,675	68x56
Io	421 600	1,769	3660x3637x3631
Europa	670 900	3,551	3130
Ganymed	1 070 000	7,155	5268
Kallisto	1 880 000	16,689	4806
Leda	11 094 000	238,7	10
Himalia	11 480 000	250,6	170
Lysithea	11 720 000	259,2	24
Elara	11 737 000	259,7	80
Ananke	21 200 000	631*	20
Carme	22 600 000	692*	30
Pasiphae	23 500 000	735*	36
Sinope	23 700 000	758*	28
SATURN			
Pan	133 600	0,57	12
Atlas	137 670	0,602	37x34x27
Prometheus	139 350	0,613	148x100x68
Pandora	141 700	0,629	110x88x62
Epimetheus	151 420	0,694	194x190x154
Janus	151 470	0,695	138x110x110
Mimas	185 540	0,942	421x395x385
Enceladus	238 040	1,37	512x495x488
Tethys	294 670	1,888	1046
Telesto	294 670	1,888	30x25x15
Calypso	294 670	1,888	30x16x16
Helene	377 410	2,737	35
Dione	377 420	2,737	1120
Rhea	527 040	4,518	1528
Titan	1 221 860	15,945	5150
Hyperion	1 481 100	21,277	360x280x225
Japetus	3 651 300	79,331	1436
Phoebe	12 954 000	550,4*	230x220x210
URANUS			
Cordelia	49 471	0,33	26
Ophelia	53 796	0,372	30
Bianca	59 173	0,433	42
Cressida	61 777	0,463	62
Desdemona	62 676	0,475	54
Juliet	64 372	0,493	84
Portia	66 085	0,513	108
Rosalind	69 941	0,558	54
Belinda	75 258	0,622	66
Puck	86 000	0,762	154
Miranda	129 400	1,414	472
Ariel	191 000	2,52	1158
Umbriel	266 300	4,144	1169
Titania	435 000	8,706	1578
Oberon	583 500	13,463	1523
NEPTUN			
Naiad	48 000	0,296	54
Thalassa	50 000	0,312	80
Despina	52 500	0,333	180
Galatea	62 000	0,429	150
Larissa	73 600	0,554	192
Proteus	117 600	1,121	416
Triton	354 800	5,877*	2705
Nereide	1 345 500–9 688 500	360,16	240
PLUTO			
Charon	19 640	6,387	1212

(*=Gegenrichtung)

Planeten außerhalb unseres Sonnensystems

Die Planeten im Orbit anderer Sterne (heutiger Stand)

Stern	Masse des Planeten (Jupitermasse=1)	Entfernung des Planeten zum Stern (Erde–Sonne=1)	Umlaufzeit
51 Pegasi	0,47	0,05	4,2 Tage
HD187123	0,52	0,04	3,1 Tage
Ypsilon Andromeda	0,68	0,06	4,6 Tage
55 Cancri	1,9	0,11	14,6 Tage
Rho Corona Borealis	1,1	0,23	39,6 Tage
HD217107	1,28	0,04	7,1 Tage
HD210277	1,37	1,15	1,2 Jahre
16 Cygni B	1,5	0,6–2,7 (ovale Bahn)	2,2 Jahre
Gliese 876	2,1	0,21	60,3 Tage
47 Ursae Majoris	2,8	2,11	2,98 Jahre
14 Herculis	3,3	2,5	4,43 Jahre
HD195019	3,43	0,14	18,3 Tage
Tau Bootis	3,87	0,04	3,3 Tage
HD168443	4,1	0,2	70 Tage
Gliese 86	4,9	0,11	15,3 Tage
70 Virginis	6,6	0,43	117 Tage
HD114762	10	0,3	84 Tage

Weiterführende Literatur

Beatty, J. Kelly (Hrsg.): *Die Sonne und ihre Planeten*, Weinheim 1983

Bizony, Piers: *Die internationale Raumstation*, München 1997

Calder, Nigel: *Die launische Sonne widerlegt Klimatheorien*, Wiesbaden 1997

Ders.: *Das Geheimnis der Kometen*, Frankfurt a. M. 1981

Ders.: *Einsteins Universum*, Frankfurt a. M. 1980

Esser, Michael: *Der Griff nach den Sternen*, Basel/Boston/Berlin 1999

Fischer, Daniel u. Zimmer, Harro (Hrsg.): *Weltraum aktuell* 1998/99, Stuttgart 1998

Goenner, Hubert: *Einsteins Relativitätstheorie*, München 1997

Hamel, Jürgen: *Geschichte der Astronomie*, Basel/Boston/Berlin 1998

Lang, Kenneth R.: *Die Sonne, Stern unserer Erde*, Berlin/Heidelberg/New York 1996

Lewis, John S.: *Bomben aus dem All*, Basel/Boston/Berlin 1997

Lexikon der Astronomie. *Die große Enzyklopädie der Weltraumforschung in zwei Bänden*, Freiburg i. Br. 1989

Lorenzen, Dirk H.: *Raumsonde Galileo*, Stuttgart 1998

Mackowiak, Bernhard: *Energie vom Mars?* Stuttgart 1996

Ders.: *Warum leuchten Sterne?* Stuttgart 1995

Möhlmann, Diedrich: *Kometen, Himmelskörper aus den Anfängen des Sonnensystems*, München 1997

Moore, Patrick u. Hunt, Garry: *Atlas des Sonnensystems*, Freiburg i. Br. 1985

Paturi, Felix R.: *Harenberg Schlüsseldaten Astronomie*, Dortmund 1996

Puttkamer, Jesco von: *Der erste Tag der neuen Welt*, Frankfurt a. M. [2]1981

Roth, Günter D.: *Planeten beobachten*, München 1998

Ders.: *Handbuch für Sternenfreunde – zwei Bände*, Berlin/Heidelberg/New York 1996

Roth, Hans: *Der Sternenhimmel*, Basel/Boston/Berlin 1998

Schneider, Reto U.: *Planetenjäger*, Basel 1997

Sullivan, Walter: *Schwarze Löcher*, Frankfurt a. M. 1980

Vollmer, Albert: *Sintflut und Eiszeit – Kosmische Umweltkatastrophen*, Obernburg o. J.

Wielen, Rudolf (Hrsg.): *Planeten und ihre Monde*, Heidelberg [2]1997

Zitscher, Helmuth: *Zur Anschaulichkeit eines wissenschaftlichen Weltbildes*, Kiel 1997

Internet-Adressen

Allgemein

www.nasa.gov/ – die Startseite: Willkommen bei der NASA!

www.iki.rssi.ru – die russische Raumfahrtbehörde

www.jsc.nasa.gov – Johnson Space Center; Informationen über bemannte NASA-Missionen

planetary.org – die Seiten der Planetary Society

pds.jpl.nasa.gov/ – Planetendaten der NASA

bang.lanl.gov./solarsys/ – Bilder des Sonnensystems und der historischen Astronomie

photojournal.jpl.nasa.gov – Sämtliche Fotos aller Planeten und Monde, die von den NASA-Sonden je aufgenommen wurden.

seds.lpl.arizona.edu/ – Adresse der Students for the exploration and development of space

www.esrin.esa.it/ – Europäische Raumfahrtbehörde – mit vielen Links zu anderen themenbezogenen Adressen

www.stsci.edu/ – die Seite des Hubble-Raumteleskops

pathfinder.com/Life/space/giantleap/index.html – Reportagen und Aufnahmen des *Life*-Magazins zu wichtigen Ereignissen in der Raumforschung, insbesondere der *Mercury*-, *Gemini*- und *Apollo*-Missionen.

antwrp.gsfc.nasa.gov/apod/astropix.html – Das Weltraumfoto des Tages. Jeden Tag wird ein neues Bild gezeigt, das mit einer Kurzbeschreibung eines Astronomen versehen ist.

www.sci.esa.int – die Wissenschaftsseite der Europäischen Raumfahrtbehörde

Enzyklopädien

nssdc.gsfc.nasa.gov/ – alle Raummissionen in chronologischer Reihenfolge

solar.rtd.utk.edu:81/~mwade/spaceflt.htm – umfassende Chronologie der Raumfahrt

leonardo.jpl.nasa.gov./msl/home.html – Enzyklopädie der Raumfahrt und -missionen.

News

www.hq.nasa.gov/office/pao/NewsRoom/today.html – Meldungen der NASA

www.hq.nasa.gov/osf/ – Allgemeine Nachrichten zur Astronomie (NASA)

Wissen

spacelink.nasa.gov – Quellen für Pädagogen

ceps.nasm.edu/ – das Amerikanische Luft- und Raumfahrtmuseum

www.ccas.ru/~chernov/vsm/main.htm – das Russische Luft- und Raumfahrtmuseum, viele seltene Fotos

windows.ivy.nasa.gov/ – die Fenster der NASA zum Weltraum

www.soest.hawaii.edu/PSRdiscoveries/ – Planetenwissenschaft für Anfänger und Fortgeschrittene

www.sji.org – die San-Juan-Capistrano-Nachrichten aus der Astronomie

Neuentdeckungen

seds.lpl.arizona.edu/billa/tnp.other.html – Zusammenfassung des heutigen Entwicklungsstands, viele Links zu verwandten Adressen

www.obspm.fr/department/darc/planets/encycl.html – Auflistung aller bisher entdeckten Planeten außerhalb des Sonnensystems

Sonne

sohowww.nascom.nasa.gov – die *SOHO*-Mission

www.bbso.njit.edu/ – das Sonnenobservatorium Großer Bär

www.astro.ucla.edu/~obs/intro.html – das Mt.-Wilson-Sonnenobservatorium, täglich neue Bilder

ulysses.jpl.nasa.gov/ULSHOME.html – die Sonnensonde *Ulysses*

Mond

www.jsc.nasa.gov/pao/apollo17/ – Interviews mit Astronauten der *Apollo 17*

nssdc.gsfc.nasa.gov/planetary/lunar – Informationen über alle Mondmissionen

www.hq.nasa.gov/alsj/ – Wiedergabe der gesamten Kommunikation zwischen den Astronauten der *Apollo*-Mondlandung und der Bodenstation in Houston

lunarprospector.arc.nasa.gov – die Sonde *Lunar Prospector*

Venus

cass.jsc.nasa.gov/publications/slidesets/venus.html – Bilder und Informationen

nssdc.gsfc.nasa.gov/photo-gallery/photogallery-venus.html – 3-D-Aufnahmen

www.jpl.nasa.gov/magellan/ – die Venusmission der *Magellan*-Sonde

Mars

www.pdsimage.wr.usgs.gov/PDS/public/mapmaker/mapmkr.htm – eine virtuelle Marsreise

www.fas.org/mars – die Federation of American Scientists, viele Links

www.jpl.nasa.gov/mars – alle geplanten Marsmissionen und die *Mars Pathfinder*

Jupiter

www.isc.tamu.edu/~astro/jupiter.html – Informationen und Links zu anderen Jupiter-Adressen

www.jpl.nasa.gov/galileo/ – die *Galileo*-Mission zu Jupiter und seinen Monden

ccf.arc.nasa.gov/galileo_probe – die *Galileo*-Sonde im Jupiter

Saturn

ringmaster.arc.nasa.gov – die schönsten Aufnahmen von den Saturnringen

www.jpl.nasa.gov/cassini/ – die *Cassini*-Mission zu Saturn und seinen Monden

www.estec.esa.nl/spdwww/huygens – die *Huygens*-Mission zu Titan

Weitere Missionen

nmp.jpl.nasa.gov/ – das New-Millennium-Programm der NASA

quest.arc.nasa.gov/pioneer10/ – zum 25. Geburtstag von *Pioneer 10* und *11*

www.jpl.nasa.gov/mip/voyager.html – alles über *Voyager 1* und *2*

stardust.jpl.nasa.gov/ – die *Stardust*-Kometenmission

www.sci.esa.int/rosetta – die *Rosetta*-Kometenmission

sd-www.jhuapl.edu/NEAR/ – die *NEAR*-Asteroidenmission

Bildnachweis

Der Verlag dankt den folgenden Personen und Institutionen für die Erlaubnis, die zur Verfügung gestellten Bilder und urheberrechtlich geschütztes Material nachzudrucken. Sollte trotz größter Sorgfalt eine Bildquelle übersehen worden sein, bitten wir um Benachrichtigung.

Abkürzungen:
o oben, u unten, r rechts, l links, M Mitte

NASA	National Aeronautics and Space Administration
SPL	Science Photo Library
JPL	Jet Propulsion Laboratory

2 BBC; 6 Russisches Staatsarchiv für Wissenschaft und Technik; 8 BBC; 11l Dr. Chris Riley; 11r Lowell-Observatorium; 12l Lowell-Observatorium; 12r Dr. Chris Riley; 13l Dr. Chris Riley; 13r Dr. Chris Riley; 14 Galaxy Picture Library; 15 Space Telescope Science Institute/NASA/SPL; 16l NASA; 16r Photovault; 17l United States Geological Survey/SPL; 17r Galaxy Picture Library; 18lo Space Telescope Science Institute/NASA/SPL; 18ro NASA/Genesis Space Library; 18lu NASA/SPL; 19 NASA/SPL; 21 Space Telescope Institute/NASA/SPL; 22lo NASA/Genesis Space Photo Library; 22lu AKG London; 23 NASA/SPL; 24lo AKG London; 24lu NASA/Genesis Space Photo Library; 24ru Imperial War Museum; 25 Natural History Museum; 26 NASA/Galaxy Picture Library; 27o NASA/Galaxy Picture Library; 27u NASA; 28 François Gohier/SPL; 30 David Hardy/SPL; 31 NASA/SPL; 33Hintergrund JPL; 33ro JPL; 33ru JPL; 35ro Europäische Raumfahrtbehörde/SPL; 35M AKG London; 35ru Jerry Lodrigoss/SPL; 36 White Sands Missile Range; 37 Simon Fraser/SPL; 38 NASA/SPL; 40 Scala; 41 Image Select; 42 Spacecharts; 44 John Sanford;/SPL; 45 NASA; 47l JPL; 47r NASA; 48 JPL; 49o Russisches Staatsarchiv für Wissenschaft und Technik; 50 John Frost; 51l Russisches Staatsarchiv für Wissenschaft und Technik; 51r John Frost; 52l NASA/Genesis Space Photo Library; 52r NASA; 53 NASA; 54 Galaxy Picture Library; 55 NASA; 56lo Novosti/SPL; 56lu NASA; 56ru NASA; 58 NASA/Genesis Space Photo Library; 59 NASA; 60l Spacecharts; 60M Spacecharts; 60r NASA/SPL; 61l NASA/SPL; 61M NASA; 61r Spacecharts; 62 NASA; 63l Russisches Staatsarchiv für Wissenschaft und Technik; 63r Russisches Staatsarchiv für Wissenschaft und Technik; 64 Genesis Space Photo Library; 65 NASA; 66o NASA/SPL; 66u NASA; 67 NASA; 68 NASA/SPL; 69 NASA; 70l NASA/SPL; 70r Genesis Space Photo Library; 71r NASA/SPL; 72 BBC; 73o Ballistic Missile Defense Organization/Naval Research Laboratory/Lawrence Livermore National Laboratory/SPL; 73u SPL; 75 NASA/SPL; 77l Russisches Staatsarchiv für Wissenschaft und Technik; 77r NASA; 78l National Geographic Society; 78r United States Geological Survey/SPL; 79 National Geographic Society; 80 United States Geological Survey/SPL; 81l Peter Menzell/SPL; 81M Professor Stewart Lowther/SPL; 81r Planet Earth Pictures/Robert Hessler; 82 NASA/SPL; 83 NASA/SPL; 84 NASA/SPL; 85o NASA/SPL; 85u NASA/SPL; 86 NASA/SPL; 87 JPL; 89 NASA; 89r Planet Earth Pictures; 90 Planet Earth Pictures; 91o Royal Astronomical Society; 92 JPL; 93lo JPL; 93ro JPL; 93u JPL; 94 JPL; 94u Planet Earth Pictures; 95 United States Geological Survey/SPL; 96 JPL; 97 United States Geological Survey/SPL; 98 NASA/SPL; 99 JPL; 100 JPL; 101o JPL; 101u Malin Space Sciences NASA; 102o JPL; 102u Genesis Space Photo Library; 103 NASA/SPL; 104 JPL; 106 Space Telescope Science Institute/NASA/SPL; 108 NASA; 109 Genesis Space Photo Library; 110 NASA/Galaxy Picture Library; 111u Galaxy Picture Library; 112 National Radio Astronomy Observatory/Associated Universities Inc./SPL; 114 Colorific!; 115 Royal Astronomical Society; 116o NASA; 116u JPL; 117o Royal Greenwich Observatory/SPL; 117u ET Archive; 119lo NASA; 119ro Genesis Space Photo Library; 119u BBC; 120 NASA/SPL; 121l Planet Earth Pictures; 121M NASA/SPL; 121r NASA/SPL; 122o Galaxy Picture Library; 122u JPL; 124o Genesis Space Photo Library; 124u NASA/JPL; 125o Galaxy Picture Library; 125M NASA/SPL; 125u Galaxy Picture Library; 126o NASA/SPL; 126u SPL; 127o NASA/SPL; 127u NASA/SPL; 128o NASA/SPL; 128u Space Telescope Science Institute/NASA/SPL; 129o United States Geological Survey; 129M NASA/SPL; 129u NASA/SPL; 130 Genesis Space Photo Library; 131 Julian Baum/SPL; 132 NASA/SPL; 133ro Image Select; 133lu L'illustration/Sygma; 133ru SPL; 134o David Parker/SPL; 135o NASA/SPL; 136 NASA; 138 Europäische Raumfahrtbehörde/SPL; 139 ET Archive; 140 ET Archive; 141 Hulton Getty Picture Collection; 142 National Solar Observatory Sacramento Peak; 143l ET Archive; 143r Artephot/A.D.P.C.; 144o David Leah/SPL; 144u ET Archive; 145ro R. Muller Observatoire Midi-Pyrénées; 145l R. Muller Observatoire Midi-Pyrénées; 145 SPL; 146 California Institute of Technology; 147 NASA; 148 Planet Earth Pictures; 149 AKG London; 150 United States Department of Energy/SPL; 151o Royal Astronomical Society; 151u Royal Astronomical Society; 152 BBC; 153 Planet Earth Pictures; 154 Newton Magazine, the Kyoikusha Company; 155 Yi-Ming Wang; 156 Planet Earth Pictures; 157o Genesis Space Photo Library; 157u Richard J. Wainscoat, Peter Arnold Inc./SPL; 158 Europäische Raumfahrtbehörde/SPL; 160 NASA; 161l NASA/SPL; 161r NASA/SPL; 162o NASA; 162u NASA; 163 NASA; 164 NASA/SPL; 165 Europäische Raumfahrtbehörde; 166 Galaxy Space Photo Library; 169l Genesis Space Photo Library; 169r Major David G. Simons; Life Magazine © Time Inc./Katz Pictures; 170 NASA; 171 NASA; 172 Photovault; 173 James Younger; 174l Galaxy Picture Library; 174o Lowell-Observatorium/National Geographic Society; 175 Planet Earth Pictures; 176 NASA/SPL; 177l NASA; 177r JPL; 178 Genesis Space Photo Library; 180o Galaxy Picture Library/Carle Pieters/Brown University; 180u James Younger; 181 Russisches Staatsarchiv für Wissenschaft und Technik; 182 Planet Earth Pictures; 183 BBC; 184lo NASA; 184ro Space Telescope Science Institute/NASA/SPL; 184lu Space Telescope Institute/NASA/SPL; 185 Galaxy Picture Library; 186lo JPL; 186u United States Geological Survey/SPL; 188 NASA; 189 BBC; 190 NASA; 192 NASA/SPL; 193 Planet Earth Pictures; 194 National Geographic Society; 195 National Geographic Society; 196 Hulton Getty Picture Collection; 197 Genesis Space Photo Library; 198 Genesis Space Photo Library; 199l NASA; 199r NASA; 200l E. Imre Friedmann; 200r E. Imre Friedmann; 201o E. Imre Friedmann; 201lu Simon Fraser/SPL; 201ru B. Murton/Southampton Oceanography Centre/SPL; 202 Alfred Pasieka/SPL; 203 mit freundlicher Genehmigung von Ephraim Vishniac; 204 United States Geological Survey/SPL; 205 JPL; 206o J. William Schopf; 206u Simon Fraser/SPL; 207o Lowell-Observatorium; 207u Dr. Chris Riley; 207M Lowell-Observatorium; 208 Steve Mojzsis; 209 Malin Space Sciences/NASA; 211 NASA/SPL; 212 NASA/SPL; 213l NASA/SPL; 213r John Frost Newspapers; 214 Space Telescope Science Institute/SPL; 216 John Sanford/SPL; 218 NASA; 222 Space Telescope Institute/NASA/SPL; 223o Galaxy Picture Library; 223u AKG London; 225 California Institute of Technology Palomar Observatory/Royal Observatory of Edinburgh; 226 NASA; 227 Geoff Bryden; 228 Dr. Fred Espenak/SPL; 229 NASA; 231 NASA

Register

Die *kursiven* Seitenzahlen verweisen auf Abbildungen.